语音信号识别技术与实践

姜 囡 著

东北大学出版社

·沈 阳·

© 姜　囡　2019

图书在版编目（CIP）数据

语音信号识别技术与实践 / 姜囡著. — 沈阳：东北大学出版社，2019.12
ISBN 978-7-5517-2380-0

Ⅰ. ①语… Ⅱ. ①姜… Ⅲ. ①语音识别—研究 Ⅳ. ①TN912.34

中国版本图书馆 CIP 数据核字(2020)第 005380 号

出 版 者：东北大学出版社
地址：沈阳市和平区文化路三号巷 11 号
邮编：110819
电话：024-83683655(总编室)　83687331(营销部)
传真：024-83687332(总编室)　83680180(营销部)
网址：http://www.neupress.com
E-mail: neuph@neupress.com
印 刷 者：沈阳市第二市政建设工程公司印刷厂
发 行 者：东北大学出版社
幅面尺寸：170mm×240mm
印　　张：16
字　　数：287 千字
出版时间：2019 年 12 月第 1 版
印刷时间：2020 年 1 月第 1 次印刷
责任编辑：郎　坤
责任校对：刘乃义
封面设计：潘正一
责任出版：唐敏志

ISBN 978-7-5517-2380-0　　定　价：58.00 元

前 言

“大弦嘈嘈如急雨，小弦切切如私语。嘈嘈切切错杂弹，大珠小珠落玉盘。间关莺语花底滑，幽咽泉流冰下难。冰泉冷涩弦凝绝，凝绝不通声暂歇。别有幽愁暗恨生，此时无声胜有声。”白居易妙笔巧慧，以声绘声，一曲《琵琶行》读来既让人如闻其声、如临其境，又能够深切地体会到作者与演奏者的强烈情感共鸣，这曲千古绝唱充分展示了声音的魅力。

声音是我们体验世界的重要感觉之一，听觉和视觉起着相互补充的作用，听觉甚至比视觉更重要。我们常常能在看见声源之前就听见它，还能通过声音了解那些看不见的信息，比如是谁在说话，声音是否有遮掩，说话者处于怎样的一种情绪状态。

在大数据时代，我们拥有越来越强的计算能力、越来越低的计算成本，人工智能逐渐渗透进我们的生活，在这个智能技术蓬勃发展、熠熠生辉的时代，关于声音、语音的研究，能为当下及未来做些什么呢？我们已经非常熟悉手机里的语音助手，她可以帮助我们查找信息，作日程提醒，甚至可以陪我们聊天，但是目前的语音助手只能识别我们的语言信息，不能辨别我们的情绪，反馈给我们的是音调平平、不带任何情感的声音。想象一下语音助手的未来发展，她能从我们的一声叹息里识别我们的抑郁情绪，然后温柔地告诉我们时间会治愈一切伤痛；她能在一个阴雨的午后，提醒一名独居老人吃药，并用滑稽的语气为老人唱上一段他喜欢的老歌，用声音让家里洒满愉快而明媚的阳光；她能被藏在办案警员的口袋里，偷偷地告诉他嫌疑人是否情绪紧张，是否在说谎，是否为审讯突破的最佳时机……探索不停，未来可期。

本书作者与其团队成员对语音及其情感信息识别具有浓厚的兴趣，在语音识别和情感识别方面迈开了探索的一小步。本书内容是作者及其团队成员在初步研究成果的基础上，按照语音识别的步骤，由浅及深，由易到难，加以归类和整理而成的，旨在为对语音及情感识别感兴趣的初学者提供学习脉络和研究思路。

本书内容分为8章。第1章为语音识别技术概述，介绍了语音识别技术的原理和发展与应用。第2章为语音信号处理基本技术，包括数字化预处理、短时时域处理和频域处理的内容。第3章是语音信号的端点检测和分割，介绍了端点检测的原理和常规检测方法，提出了基于复杂背景条件下的端点检测算法，包括算法流程和实验方法。第4章是语音分割聚类，研究了如何获取一段多人对话语音中说话人身份变动的信息，以及如何确定哪些语音段是由同一个人发出来的。详细介绍了三种方法，包括基于混合特征的分割聚类方法、基于改进双门限端点检测的分割法、基于自组织神经网络的改进 *K*-means 聚类算法。第5章为基于神经网络的语音识别，详述了基于自适应免疫克隆神经网络的语音识别算法原理、流程和实验方法。第6章是伪装语音识别，探讨了在语音被采用伪装手段（如在耳语、假声、模仿他人讲话、捏鼻子讲话以及用手绢或口罩等物品捂嘴讲话等）情况下，如何正确进行语音鉴定的问题。提出了基于 GFCC 与共振峰的声纹提取方法和基于深度置信网络模型的声纹提取方法。第7章是基于语音信号的心理压力分级与识别，探讨了反映心理压力的生理信号和分级实验方法，以及基于语音信号的心理压力识别方法。第8章是不同情感的语音声学特征分析，通过对生气、害怕、高兴、中性、惊讶、悲伤六种情感语音的共振峰频率特征、共振峰走向特征、音节间的过渡特征、音节内的过渡特征、基频曲线特征以及振幅曲线特征进行语音声学特征分析，探索了同一个人的语音在不同情感下表现的特征差异。

本书较全面地总结了课题组近年来关于语音识别、语音与心理压力等级识别、语音与情感分析方面的研究内容。主要章节均以理论介绍、算法流程、实验步骤、结果分析为脉络撰写，内容详尽，循序渐进，适合语音识别及语音情感分析的初学者，希望为在此领域有求知欲的学子打开一扇探索之门。

本书的出版得到了国家自然科学基金项目（61304021）、科技部国家重点研发专项项目（2017YFC0821005）、公安理论及软科学项目（2017LLYJXJXY040）、现场物证溯源技术国家工程实验室开放课题（2017NELKFKT08）、中央高校基本科研业务费（D2018004）、辽宁省自然科学基金项目（2019-ZD-0168，2016010808-301，20170540984）、辽宁省博士科研启动基金项目（201601091）、辽宁省教育厅科学研究一般项目

（L2015198）、中国刑事警察学院重大计划培育项目（D2019005，D2019006，D2019007）、中国刑事警察学院教研项目（2018QNZX19）的资助。

特别感谢中国刑事警察学院研究生郭卉的协助，感谢作者的研究生团队姜艳萍、李诚、谢俊仪、刘景天、张阳、郭卉、仁杰、高旭皓、高爽、付彬、贾俊玮、余琳在本书撰写过程中的大力支持！同时，东北大学出版社对本书出版给予了许多帮助和支持，作者谨借此机会表达深切的谢意。

“道在日新，艺亦须日新，新者生机也。”语音及其情感识别的研究之路漫漫，其探索之方向浩瀚如宇宙，本书仅仅撕开了这个神秘领域的一个小小边角，作者及其团队成员为这一角落照射出来的绚烂光芒所吸引，希望能够与广大读者共同探讨，携手追寻科技之光，砥砺前行，开疆拓土。

限于作者水平和能力，不当之处在所难免，恳请各位专家学者给予批评指正。

著者

2019年8月

目　录

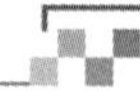

第 1 章　语音识别技术概述

语音识别技术是指计算机能够判断出人说话的内容，其根本目的是使计算机可以具有类似于人的听觉系统，能够获得人的语音并理解其中的意图[1-4]。语音识别的研究有重要意义，特别是对汉语来说，汉字的书写和录入较为复杂，因而通过语音来输入汉字信息就特别重要。而且，计算机键盘的操作也远没有语音输入方便，更加显现出语音识别的便捷性，所以语音识别在计算机智能接口及多媒体中有巨大的应用潜力。

基于统计模式识别的语音识别研究技术目前最为常见[5-7]。一个完整的语音识别系统大致有以下三部分。

① 语音信号的预处理，即预先处理原始语音信号。

② 语音信号的特征提取，即特征参数分析，以获得一组可以描述语音信号特征的参数[8-10]。

③ 语音的训练和识别方法，如 DTW、VQ、FSVQ、LVQ2、HMM、TDNN、模糊逻辑算法等，也可以混合使用。

语音识别系统处理流程一般如图 1.1 所示。

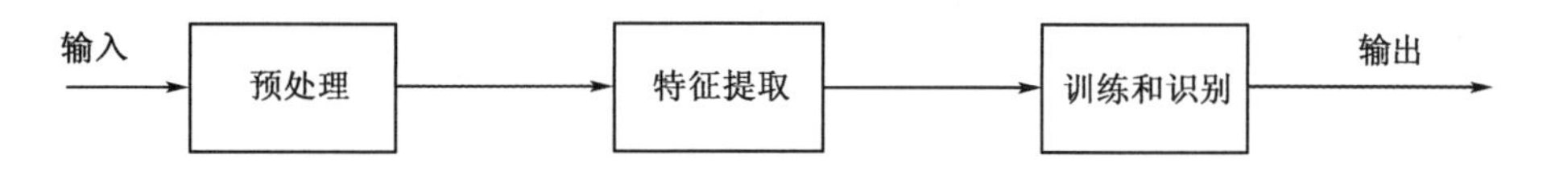

图 1.1　语音识别系统处理流程

1.1　语音识别的基本原理

语音识别分为两步。第一步为训练过程，选择适当的算法，并提取恰当的语音特征参数作为标准模板存储起来，形成标准模板库[11-14]。第二步是识别过程。语音识别系统基本结构与常规的模式识别系统相同，包括特征提取、模式匹配、参考模板库三部分[15-16]。可将其处理过程看成一个框架，如图 1.2 所示。图 1.2 中，模式匹配主要通过测度估计、识别决策及专家知识三部分实现。

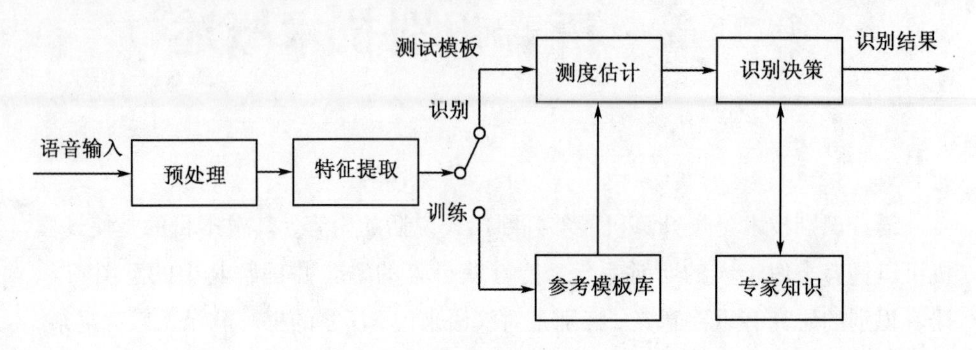

图 1.2　语音识别基本过程

1.2　语音识别技术的发展

最开始对语音识别进行深入探讨是在 20 世纪 40—50 年代，这个时期可以称为语音识别奠定基础的时期[17-19]，计算机也产生在这一时期。这个时期，在两个重要基础（自动化以及概率学或者信息理论模型）上进行了大量的研究。

自动化起源于 20 世纪 50 年代，该算法从 Turning 模型中得到，被很多人认为是现代计算机科学的基础。Turning 的研究首先帮助了 McCulloch-Pitts 神经元的研究，这是一种神经元的简化模型，被用作一种计算元素。Turning 的研究还推进了 Kleene 关于有限自动操作以及正则表达式的研究。1948 年，Shannon 将离散马尔科夫处理的概率模型应用于实现自动语言[20]。1956 年，Chomsky 从 Shannon 的研究中得到灵感，首先考虑将有限状态机作为描述一种语法的方式，并且将有限状态语音定义为由有限状态语法产生的语音。这些早期的模型促使了形式语言理论的产生，其用代数以及集理论将形式语言定义为符号序列[21]，包括与文本无关的语法。这是最初由 Chomsky 于 1956 年为自然语言作的定义，其后又分别由 Backus（1959 年）和 Naur 等人（1960 年）在各自关于 ALGOL 处理语音的描述中提出。这个时期第二个重要的研究是语音处理相关概率算法的发展，这源于 Shannon 的其他研究成果。Shannon 还将热力学中熵的概念引入作为测试通道信息能力—— 或者说语言的信息内容——的一种方式。

英语的熵最先被测量，当时使用的是概率技术。还是在这个时期，语谱图被 Koening 等人提出，他们在仪器语音学领域也进行了重要的研究，成为语音识别后期工作的基石。这促使了 20 世纪 50 年代早期第一个语言识别系统的产生[22]。1952 年，贝尔实验室的研究人员建立了一个基于统计学的系统，该系统可以识别单个说话人所说的任意 10 个数字[23]。这个系统有 10 个与说话人有关的模板库，大体代表数字中的头两个元音共振峰。该系统通过选取与输入有着最高相关系数的模式获得了高达 97%~99%的准确性。

20 世纪 50 年代末 60 年代初，语音处理被划分为经典模式和随机模式两种。经典模式在两项研究后开始迅速发展。第一项是 Chomsky 等人从 20 世纪 50 年代后期到 60 年代中期对形式语言理论以及句法方面的研究，以及很多语言学家和计算机科学家关于解析算法的研究，刚开始为自上而下以及自下而上算法，其后发展为动态编码算法。最早的一个完整解析系统是 Zelig Harris 的转换与语篇分析项目（TDAP），并于 1958 年 6 月—1959 年 7 月安装在宾夕法尼亚大学。第二项研究是人工智能（AI）新领域的研究。AI 一直吸引着小部分研究者对随机和统计算法（包括概率模型以及神经网）进行探索，新领域的主要关注点转向为以 Newell 和 Simon 关于逻辑理论和通用问题解算机为代表的推理和分析方面的研究。早期的自然语言理解系统就建立于这个时期。这些简单系统主要通过结合模式识别以及以简单启发式推理和问答为基础的关键词搜索来研究单一领域。20 世纪 50 年代，贝叶斯方法开始被用于解决最优字符识别问题。Mosteller 和 Wallace 在 1954 年将贝叶斯方法用于解决《联邦党人文集》的著作权归属问题。Bledsoe 和 Browning 在 1959 年研究出一个使用大字典以及通过将每个单词的相关性相乘来计算字典中每个观测单词序列的相关性的贝叶斯文本识别。到 20 世纪 60 年代末，人们研究出更为正规的逻辑系统。随机模式主要集中在统计学以及电子工程领域。

20 世纪 60 年代，基于转换语法的第一个用于处理人类语言的正式可测试的心理模型开始兴起，建立了第一个在线语料库——美国英语语料库，其中包括来自不同种类（报纸、小说、非小说等）的 500 个书面文本样本。William S-Y. Wang 在 1967 年完成了计算机字典和在线中文方言词典。

1970—1983 年是语音和语言处理研究井喷的时代，也推进了许多研究模式的发展，这些模式现在仍然是语音识别中常用的模式。随机模式在这个时期的语音识别算法研究中起着极为重要的作用，尤其是 Jelinek，Bahl，Mercer，IBM

的 Thomas J. Watson 研究中心的研究人员以及 Carnegie Mellon 大学的 Baker 分别探索的隐马尔科夫模型(HMM)的使用、噪声信道的模拟以及解码。AT & T 的贝尔实验室是另一个研究语音识别和合成的重要研究中心[24]。HMM 描述语音信号过程是 20 世纪 80 年代的一项重大进展，HMM 已构成现代语音识别的重要基石[25]。Colmerauer 和他的同事关于 Q 系统和变形语法的研究开启了基于逻辑的模式的发展。同时，Kay 在 1979 年关于功能语法的研究，以及 Bresnan 和 Kaplan 于 1982 年关于词汇功能语法的研究，树立了特征结构归一化的重要性。自然语言理解领域也是在这个时期开始发展的，最先产生的是 Winograd 的 SHRDLU 系统。其中的程序可以处理极其复杂的自然语言文本指令。他的系统也是第一个尝试建立一个基于 Halliday 的系统化语法的广泛英语语法系统。Winograd 的模型使解析问题被很好地理解，并开始关注语义学和话语。Roger Schank 和他的同事以及学生打造了一系列专注概念领域的语言程序，如脚本、计划、目标和人类记忆组织。话语建模模式专注话语中的四个关键领域。Grosz 和她的同事介绍了关于话语中子结构和话语重点的研究；许多研究者开始研究自动参考解析，并且针对语音行为的基于逻辑研究的 BDI 框架也得到了发展。

1983—1993 年，两类在 20 世纪 50 年代后期和 60 年代早期没落的模型开始再次出现在人们眼前，部分源于反对它们的理论观点。第一类是有限状态模型，该模型在 Kaplan 和 Kay 于 1981 年关于有限状态音系学和形态学的研究以及 Church 于 1980 关于语法的有限状态模型的研究后开始重新得到关注[26]。第二类是经验主义的回归模型。最值得注意的是贯穿整个语音处理的概率模型的发展，这大部分是由于 IBM 的 Thomas J.Watson 研究中心关于语音识别概率模型的研究而引起的。这些概率方法和其他数据驱动的方法从语音开始扩展到词性标注、解析歧义、附着歧义以及语义学。这个经验方向还伴随着对模型评估的新关注点，这个评估基于使用输出数据得到评估量化矩阵，以及重点关注这些矩阵和之前研究的性能比较。

到 20 世纪最后五年，语音识别领域经历了重大的变化。首先，概率和数据驱动的模型在自然语言处理中变得极为典型。解析算法、词性标签算法、参考解析算法和话语处理算法都开始融合概率学理论以及使用评估方法学。其次，计算机速度和存储的发展允许语音识别的商业实现。

经验趋势起源于 20 世纪 90 年代后期，并且在 21 世纪以惊人的速度发展。

这种发展主要是由三个协同趋势引发的。首先，大量的语音和书面材料可通过语言数据组合(LDC)和其他类似方法轻松得到。这些资源的存在帮助解决了更为复杂的传统问题，例如有监督机器学习中的解析和语义分析问题。这些资源还有助于解析、信息提取、词义消歧、问答和总结的其余竞争评估的建立。其次，它对学习的日益关注引发了与统计机器学习理论更加正统的相互作用。如支持向量机、最大化熵技术、与多项式逻辑回归类似的公式和图形化贝叶斯模型等成为计算语言学中的经典技术。再次，高性能的计算机系统的普及帮助了系统的训练和实现，这些系统在十年前是无法想象的。最后，无监督统计学方法开始重新被关注。人们开始从统计学方法转向机器学习。大成本以及生成可靠的注释语料库成为有监督方法使用的一个限制因素，转向使用无监督学习技术的趋势将很可能愈演愈烈。

以下五个方面可以用于控制和简化语音识别任务。

(1)孤立词

识别由孤立的单词(每个单词间停一小会儿)组成的语音要比识别连续语音轻松得多，这是因为很难找出连续语音中词之间的界限。连续语音中的协同发音效应导致一个单词的发音会随着它在一个句子相对其他词的位置而产生变化。让说话人在每个单词间停一会儿显然可以降低语音识别的错误率。然而，这一类的限制会给使用者带来不便，也会降低语音识别系统的输入速度。

(2)单个说话人

识别单个说话人的语音要比识别一群人的语音简单得多，这是因为语音绝大部分的参数特征与特定说话人的个性密切相关[27]。这就导致了由某个说话人得到的模式匹配模板对于另一个说话人来说可能非常不好用。因此，很多语音识别系统为面向单个说话人的。非常少的语音识别系统可以在公共场合被有效使用。很多研究者发现，对于同一个语音识别任务，面向单个说话人的准确率是面向多个人的准确率的 3~5 倍。

使一个语音识别系统可以处理多个人的任务的一种简单方法为将很多人训练得到的模板混在一起使用。另一个更为复杂些的方法为寻找说话人间相对固定的语音特征。

(3)词的大小

这里，预处理语音信号是为语音识别算法做准备的[28-29]。待识别词的大小同样会严重影响到语音识别精度。大的词相对小的词而言更可能包含歧义词。

歧义词是这些模式匹配模板中对识别系统中的分类算法而言非常类似的单词。因此，将它们区分开更加困难。当然，包含很多歧义词的小的词也特别不好识别。

语音识别系统搜索语音模型数据库所花费的时间与词的大小有关。包含很多模型模板的系统一般需要剪枝技术来减少模式匹配算法的计算量。由于忽略了理论可能有用的搜索路径，剪枝算法可能会产生识别错误。

(4)语法

识别领域的语法决定了单词可允许的序列。对单词选择上限制的多少被称为语法的复杂度。复杂度低的语音识别系统比起可以让说话人更加自由发挥的识别系统而言要更为精确些，这是因为该系统可以将有效词和搜索空间限制为与当前输入上下文相关的单词。

(5)环境因素

这个算法必须能够计算说话人语音经过预处理后的模板以及所有的存储模板或者语音模型之间的拟合优度的度量。一个选择过程是以最好的匹配要求去选择需要的模板。环境噪声在麦克风特性中会产生变化，音量也能极大地影响识别精度。很多语音识别系统能够在安静且可控的环境条件下获得很低的识别错误率。然而，当存在噪声或者当背景环境与训练参考模板时的环境不一样时，识别性能将急剧下降。为了弥补这一点，说话人通常需要佩戴与训练时使用的麦克风特性一致的头戴式限噪麦克风。

1.3 语音识别技术的应用

比尔·盖茨说过：“语音技术将使计算机丢下鼠标和键盘。”随着计算机的小型化，键盘和鼠标已经成为计算机发展的一大阻碍。计算机从超大体积发展到现在占地不到1平方米的微型计算机，想必未来的计算机可能会意想不到得小，那么键盘和鼠标对其来说就是障碍了，这时候就需要语音识别来完成命令。一些科学家也说过：“计算机的下一代革命就是从图形界面到语音用户接口。”这表明语音识别技术的发展无疑改变了人们的生活。在某些领域，手机正在逐渐地演变成一个服务者而非简单的对话工具，通过手机，人们也可以使用语音来获取自己想获得的信息，其工作效率也自然而然地提高了一个档次。

语音识别技术渐渐地变成人机接口的关键一步，这样一个极具竞争性的新

兴产业的发展更是十分迅速，发展趋势也在逐步上升。1999—2005 年，语音识别技术市场正在以每年 31%的趋势增长，如今在智能手机中，语音助手已经成为了标配功能，为用户带来了许多的便利，人们也可以通过电话和网络来订购机票、火车票，甚至是旅游服务。因此，语音识别技术在人们的实际生活中也有着越来越广阔的发展前景和应用领域。

在手机与通信系统中，智能语音接口正在把手机从一个单纯的服务工具变成一个服务的“提供者”和生活“伙伴”；使用手机与通信网络，人们可以通过语音命令方便地从远端的数据库系统中查询与提取有关的信息；随着计算机的小型化，键盘已经成为移动平台的一个很大障碍，想象一下，如果手机仅仅只有一个手表那么大，那么再用键盘进行拨号操作是不可能的。语音识别正逐步成为信息技术中人机接口的关键技术，语音识别技术与语音合成技术结合使人们能够甩掉键盘，通过语音命令进行操作。语音技术的应用已经成为一个具有竞争性的新兴高技术产业。

语音识别技术发展到今天，中小词汇量非特定人语音识别系统的识别精度已经大于 98%，对特定人的语音识别系统的识别精度就更高。这些技术已经能够满足通常应用的要求。随着大规模集成电路技术的发展，这些复杂的语音识别系统也已经完全可以制成专用芯片，大量生产。在西方经济发达国家，大量的语音识别产品已经进入市场和服务领域。一些用户交机、电话机、手机已经包含了语音识别拨号功能，还有语音记事本、语音智能玩具等产品也包括语音识别与语音合成功能。人们可以通过电话网络用语音识别口语对话系统查询有关的机票、旅游、银行信息，并且取得了很好的结果。调查统计结果表明，多达 85%以上的人对语音识别的信息查询服务系统的性能表示满意。

可以预测在近 5 ~ 10 年内，语音识别系统的应用将更加广泛。各种各样的语音识别系统产品将出现在市场上。人们也将调整自己的说话方式以适应各种各样的识别系统。在短期内还不可能造出具有和人相比拟的语音识别系统，建成这样一个系统仍然是人类面临的一个大的挑战，我们只能朝着改进语音识别系统的方向一步步地前进。至于什么时候可以建立一个像人一样完善的语音识别系统，则是很难预测的。就像在 20 世纪 60 年代，谁又能预测今天超大规模集成电路技术会对人类社会产生这么大的影响？

1.4 本章小结

这一章是本书的理论基础，首先简要介绍了语音识别技术的基本原理，其次描述了语音识别技术的历史发展及现状，最后概述了语音识别技术在人类工作和生活等各方面的应用。

第 2 章　语音信号处理基本技术

语音信号处理是说话人语音分割与聚类技术的第一步，也是数字信号处理的重要分支，包括预加重、分帧、加窗、特征提取等。良好的预处理会提高分割聚类的准确率，是得到性能理想的语音分割与聚类结果的保证。本章将介绍一些会使用到的语音信号处理技术及算法。

语音是由一连串的音组成的，其间的排列由一些规则来控制，这些规则和它们的含义是语言学的研究范畴，而语音中音的分类属于语音学范畴。本章对语音学与语言学都不做论述，主要从声学角度进行介绍。

语音的产生过程是：肺中的空气受到挤压从而形成气流，气流进入喉部，经过声带（等效为激励源）的激励，进入声道（等效为一个时变滤波器），最后经过嘴唇辐射，形成语音。图 2.1 所示是产生语音的声管模型。

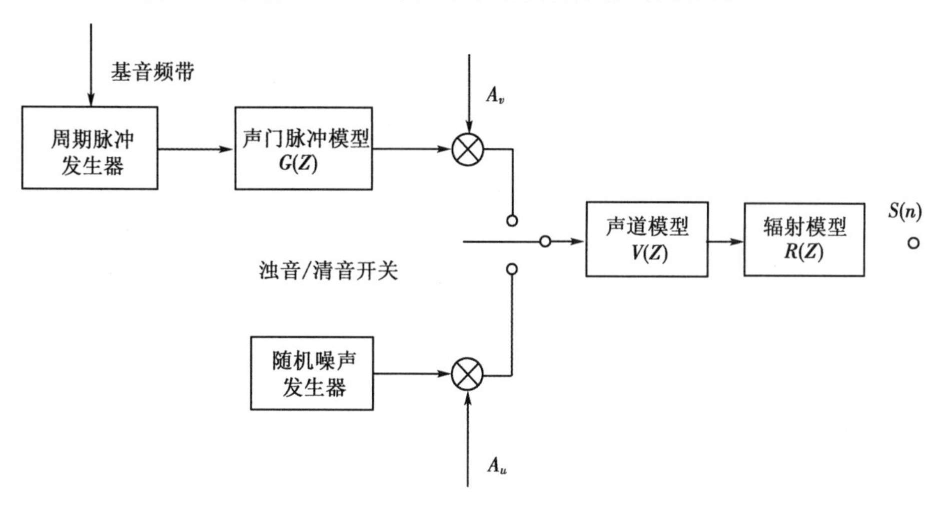

图 2.1　语音信号声管模型图

根据发声机理不同，语音可分为清音与浊音。在语音信号处理中，很多特征的提取都需要区分清音和浊音。浊音的形成过程是：声道打开，声带先打开后关闭，气流经过使声带张弛振动，变为准周期振动气流，浊音的激励源等效为准周期的脉冲信号；清音的形成过程是：声带不振动，而在某处保持收缩，气流在声道里收缩后高速通过产生湍流，再经过主声道的调整而形成，清音的激励源等效为一种白噪声信号。语音分析中常用的基频或基音周期是针对于浊音而言的，反映了声门相邻两次开闭之间的时间间隔或开闭的频率。

通过对语音信号进行数字处理和分析，可以准确估计声管的模型参数或形状，用其作为语音信号的特征，并借此完成说话人语音分割与聚类任务。

2.1 语音信号的数字化预处理

语音信号是一维模拟信号，具有连续变化的幅值和时间。若是要用计算机来处理语音信号，就必须首先对其进行采样和量化，使连续的语音变成离散的语音信号，然后才能进一步分析处理。原始的声音信号中包含许多冗余信息，而预处理操作可以从声音信号中得到对系统识别有用的信息。具体包括：预滤波、采样与量化、语音信号的 A/D 转化、预加重、分帧处理和加窗处理。

2.1.1 预滤波

由于从麦克风之类的语音输入器得到的语音信号将存在一些噪声，如高频噪声、背景噪声等，所以在语音信号输入到系统时，要对其进行预滤波处理。预滤波处理主要有两个作用：① 采用低通滤波器来抵制高频噪声，即让输入的语音信号中的各个频域分量的频率不超过采样的 1/2；② 采用高通滤波器来抵制电磁干扰和防止混叠干扰。从整体结构来看，语音信号的预滤波处理可以等效为将语音信号经过一个带通滤波器进行滤波处理，其主要作用是去除语音信号中的高频噪声等一些无用成分，并且可以保证语音信号的精度和质量，为接下来的语音信号预处理的其他步骤做好相应的准备。

2.1.2 采样与量化

信息论的奠基者香农(Shannon)指出：在一定条件下，用离散的序列可以完全代表一个连续函数，这是采样定理的基本内容[30]。语音信号经过采样和量化处理，可以将模拟语音信号转化成数字语音信号，然后对数字语音信号进

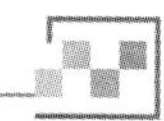

行振幅量化编码，使得其从原来连续的语音信号转化成离散的语音序列，见图 2.2。

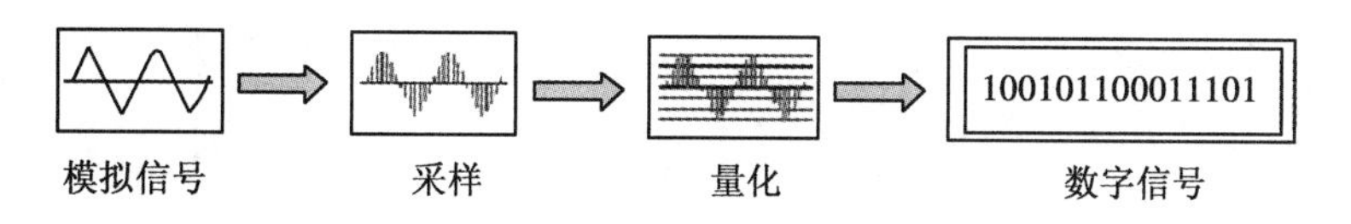

图 2.2　语音信号的数字化过程

语音信号的采样过程就是对模拟语音信号每相隔一定的时间段进行一次幅度取值，这一时间段就是语音信号的采样周期，也就是语音信号的采样频率的倒数。语音信号采样频率的取值要高于语音信号的最大频率的 2 倍，即两者之间满足频率采样的奈奎斯特定理。语音信号的采样处理就是把语音信号从时域连续的信号转变成时域离散的信号，但它的幅度值还是连续的，所以在对语音信号采样处理后，需要进行量化处理，其作用是将语音信号的幅度值也转变为离散的。量化处理过程就是首先把采样处理后的语音信号在幅度值上划分为有限多个量化阶距的集合，然后把落在同一阶距内的样本值划分为一类，并且用同一幅度值表示，这个幅度值就是语音信号的量化值。

2.1.3　语音信号的 A/D 转化

经过上述两个步骤处理后的语音信号，再对其进行 A/D 转化处理，其目的是将语音信号转变成二进制的数字代码。A/D 转化器可以分成两类：一类是线性的，另一类是非线性的。目前经常用到的线性的 A/D 转化器是 12 位的（即将每一个采用脉冲转换为 12 位的二进制数字代码）。非线性的 A/D 转化器是 8 位的。为了实际应用的方便，两类 A/D 转化器是可以相互转换的。

以图 2.3 所示原始模拟波形为例进行采样和量化。假设采样频率为 1000 次/秒，即每 1/1000 秒 A/D 转换器采样一次，其幅度被划分成 0~9 共 10 个量化等级，并将其采样的幅度值取最接近 0~9 的一个数来表示。图 2.3 中，每个正方形表示一次采样。

以图 2.3 中的数值重构原来的信号，得到图 2.4 中直线段所示波形。从图 2.4 中可以看出，直线段与原波形相比，其波形的细节部分丢失了很多。这意味着重构后的信号波形有较大的失真。

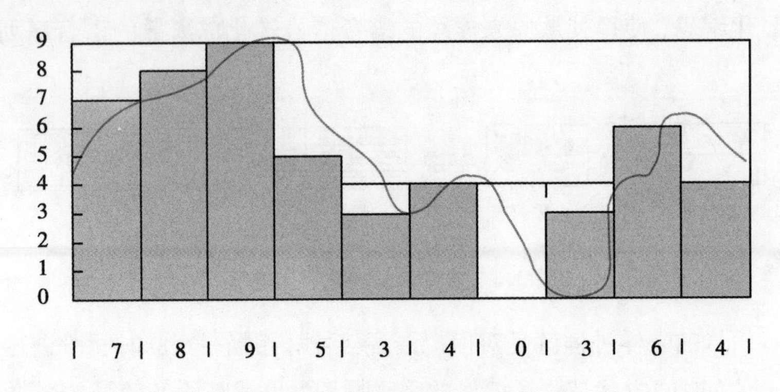

图 2.3 A/D 转换器采样过程

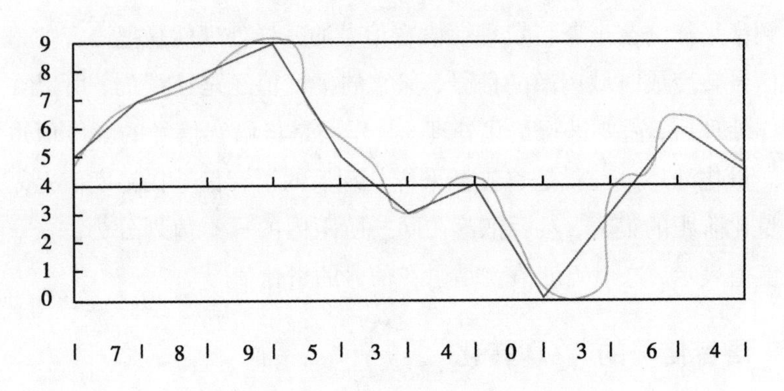

图 2.4 原始信号与重构信号的对比图

2.1.4 预加重

声道的末端是口和唇，声道输出速度波，语音信号为声压波，定义二者之比的倒数为辐射阻抗，表示口唇辐射效应。研究结果表明，口唇辐射对高频段的影响较大，而对低频段的影响较小[31]。

语音信号受到声门激励和口唇辐射的影响，高频部分会在 800Hz 以上以 6dB/倍频程跌落，所以求解语音的频谱时频率越高对应的成分越小，高频部分的频谱比低频部分的难求。预加重就是为了消除口唇辐射效应，提升损失的高频部分，补偿语音受到的发声系统的抑制，让频谱变平坦，以便进行声道参数分析和频谱分析。

预加重[32]通常是使语音通过一个有提升高频作用的一阶数字滤波器，它对语音信号的预加重效果见图 2.5。

$$H(Z) = 1 - aZ^{-1} \tag{2.1}$$

其中，a 值一般在 0.9~1.0，通常取 0.96。

设原始语音信号为 $S(n)$，通过预加重滤波器后的语音信号为 $\widetilde{S}(n)$：

$$\widetilde{S}(n) = S(n) - aS(n-1) \tag{2.2}$$

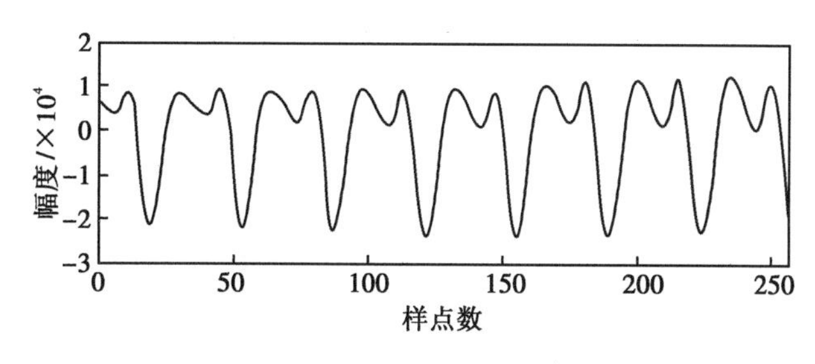

(a)原始语音信号

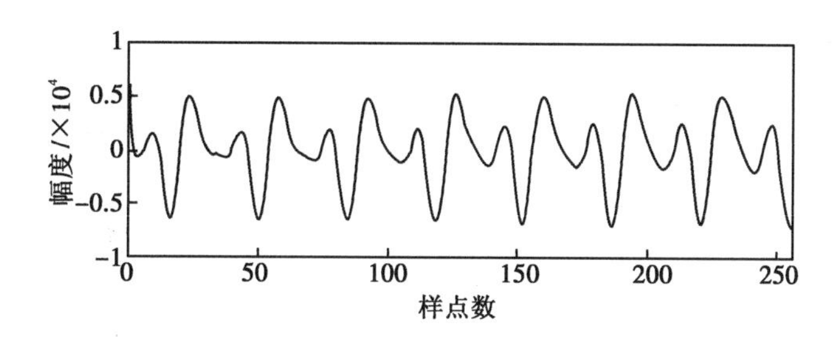

(b)经高通滤波器后的语音信号

图 2.5　高通滤波器的预加重对比图

2.1.5　分帧处理

一般情况下，语音信号是不稳定的，是一种常见的非平稳信号，其特性是语音信号会随时间的改变而变化，但是在相当短的时间范围内，可以将语音信号视为平稳的，所以经常假设语音信号在 10~30ms 范围内是平稳信号，因此它的频谱特征和其他物理特征参量可以视为近似相同的[33]。原始语音信号需要在预加重处理之后才能对其进行下一步的加窗及分帧等处理。加窗处理的主要目的是有限化数字信号，并且把语音信号分隔成若干段短时的语音信号，每一段短时的语音信号构成一个语音帧。经常采用的语音信号分帧的典型方法之一是连续分段法，但是为了保证语音信号的每一个语音帧之间能够平滑过渡，且为了保持连续语音信号流的过渡性以及语音信号之间的自相关性，通常采用另一种语音信号的分帧方法——交叠分段法，即前一帧语音信号与后一帧语音信号之间应该存在相互重叠的部分，这个重叠部分的语音信号就是帧移。帧移一般取帧长的 1/2 或者 1/3。通常情况下，帧移和帧长的比值为 0~0.5。

分帧的方法为：用一个有限长度的可以移动的窗口对输入的语音信号进行加权，即将语音信号与窗函数相乘，就可把语音信号拆成很多短时平稳信号。为了防止吉布斯效应[34]，常采用交叠分帧的方法使前后帧进行平滑过渡。语音分帧如图 2.6 所示。

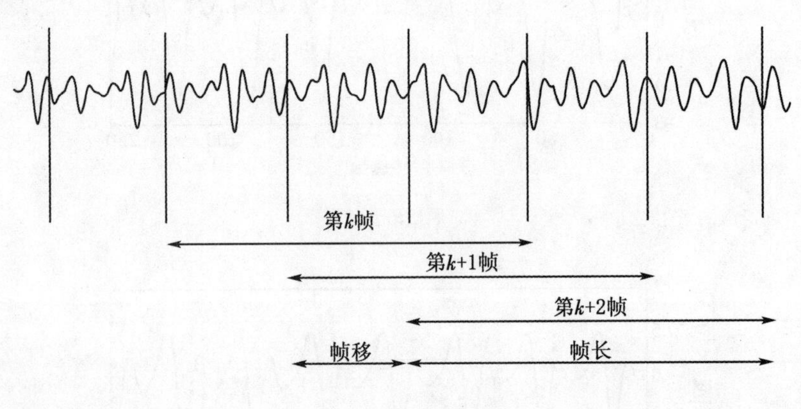

图 2.6　语音分帧图

2.1.6　加窗处理

分帧处理的本质就是对语音信号进行加窗处理，然后得到语音帧。然而，窗函数的理想频率响应的特性应该是主波瓣无限窄、旁波瓣几乎为零，但是这种理想的窗函数在实际应用方面是不可能实现的。常用的窗函数有矩形窗、汉明窗和汉宁窗，表达式如式(2.3)、式(2.4)和式(2.5)所列。

(1)矩形窗(Rectangular Window)

$$w(n)=\begin{cases}0, & 0 \leqslant n \leqslant N-1 \\ 1, & \text{其他}\end{cases} \tag{2.3}$$

矩形窗也就是不加窗，优点是主瓣集中，缺点是旁瓣较高，导致频谱泄漏现象，在不进行频域分析时，可以加矩形窗。

(2)汉明窗(Hamming Window)

$$w(n)=\begin{cases}0.54-0.46\cos\left(\dfrac{2\pi n}{N-1}\right), & 0 \leqslant n \leqslant N-1 \\ 0, & \text{其他}\end{cases} \tag{2.4}$$

汉明窗又称为升余弦窗，窗主瓣加宽并且降低，旁瓣显著减小，可以消去

高频干扰，减少频谱泄漏；但是主瓣加宽导致频率分辨率降低。

(3)汉宁窗(Hanning Window)

$$w(n)=\begin{cases}0.5\left(1-\cos\left(\dfrac{2\pi n}{N-1}\right)\right), & 0\leqslant n\leqslant N-1\\ 0, & \text{其他}\end{cases} \tag{2.5}$$

式中，N 为窗长。

汉明窗也是一种余弦窗，只是有不同的加权系数，汉明窗的加权系数可以使旁瓣更小。汉明窗和汉宁窗都是应用广泛的窗函数[35]。

对于语音信号的分析来说，窗函数的选择是非常关键的，窗口的应用将关系到语音信号分析的结果，窗函数的选取通常要取决于两个影响因素，即形状和长度。不同窗口长度的选取关系到这个窗函数是否清晰地表现出语音信号的幅值变化。如果窗函数长度特别大，即等于几个基音周期量级，那么窗函数的效果等同于一个低通滤波器。语音信号通过时，反映语音信号细节的高频部分不能通过，短时能量随时间变化的幅度很小，语音信号的短时特征参数将很慢地变化，因此也就失去了反映语音波形变化的关键信息；若窗函数长度过小，即等于或小于一个基音周期的量级，则语音信号的幅值将根据信号波形的微小变化而快速波动，滤波器的通带变宽，则无法获得平滑的短时信息[36]。所以，要选取适合语音信号分析的窗函数，使语音信号充分平滑而又不失去其所包含的重要信息。

通常来说，选取窗函数的标准是：在时域上，减小窗两端的坡度，使窗口的两端平滑地过渡到零，减少信号帧的截断效应；在频域上，则要有较宽的带宽以及较小的边带最大值。其中，矩形窗是时间变量的常函数，它的谱平滑性较好，它的主瓣宽度小于汉明窗，相对集中，具有较高的频谱分辨率。但是矩形窗的旁瓣峰值较大并且存在负旁瓣，易造成波形细节丢失，并且矩形窗容易掺杂高频干扰，也会产生泄漏现象，严重的时候还可能出现负谱现象。汉宁窗也被称为升余弦窗，通常可以看作三个矩形窗的频谱响应的叠加，汉宁窗的频谱移动使得旁瓣响应可以互相抵消，从而消除了使用矩形窗的高频干扰以及语音泄漏。汉宁窗的主要优点是主瓣较宽，高度较低，旁瓣响应明显减小，在减小泄漏以及抗高频干扰方面，汉宁窗对于矩形窗是有一定优势的，但是汉宁窗的主瓣宽度增加也使得频率的分辨能力有所下降[37]。汉明窗也属于余弦窗，只是汉明窗和汉宁窗二者的加权系数不同，所以汉明窗又称为改进的升余弦窗。汉明窗的频谱也可以由三个矩形窗的频谱加权得到，经过改进的汉明窗的加权系数使得旁瓣响应达到更小。汉明窗的旁瓣衰减较大，具有更平滑的低通特征，能够在较高的程度上反映短时信号的频率特征，也可以有效地克服泄漏现象。因此，一般在语音信号预处理中，常选用汉明窗来进行语音分帧处理。

2.2 语音信号的短时时域处理

语音信号是一种非平稳的时变信号，它携带着各种信息。在语音编码、语音合成、语音识别和语音增强等语音处理中都需要提取语音中包含的各种信息。语音处理的目的是对语音信号进行分析，提取特征参数，用于后续处理；加工语音信号。根据所分析的参数类型，语音信号分析可以分成时域分析和变换域(频域、倒谱域)分析。其中，时域分析方法是最简单、最直观的方法，它直接对语音信号的时域波形进行分析，提取的特征参数主要有语音的短时能量、短时平均过零率和短时自相关函数等。下面主要介绍短时能量分析和短时过零率分析这两种方法。

2.2.1 短时能量

由于语音信号具有不平稳的特性，所以其能量也会随着语音信号的这一特性而存在比较明显的区别，而通常情况下，浊音段部分的能量要远远大于清音段部分的能量[38]。短时能量分析的过程就很好地描述了语音信号中这些幅度值的变化趋势。对于语音信号 $x(n)$，短时能量 E_n 的定义如下：

$$\begin{aligned} E_n &= \sum_{m=-\infty}^{+\infty} (x(m)w(n-m))^2 \\ &= \sum_{m=-\infty}^{+\infty} x^2(m)h(n-m) \\ &= x^2(n) \times h(n) \end{aligned} \tag{2.6}$$

式中，$h(n)=w^2(n)$。

根据式(2.6)可知，短时能量分析可以看成输入的语音信号的平方值通过一个单位冲击响应为 $h(n)$ 的线性滤波器进行滤波处理的过程，其具体流程如图 2.7 所示。

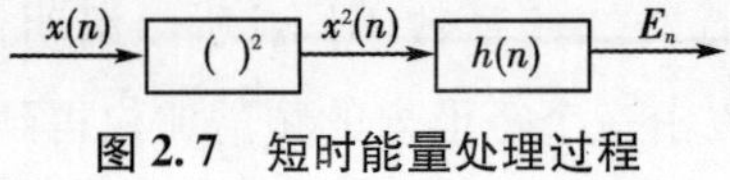

$$x(n) \rightarrow \boxed{(\ )^2} \xrightarrow{x^2(n)} \boxed{h(n)} \xrightarrow{E_n}$$

图 2.7 短时能量处理过程

短时能量的主要应用表现在以下几个方面：① 采用短时能量分析可以很好地将语音信号中的浊音部分和清音部分区分开来；② 利用短时能量能够有效地判别出语音信号中的有音段部分和静音段部分，还可以较好地分隔出字母拼音中的声母和韵母以及语句中的连字；③ 短时能量分析在较小的环境噪声的情形下，还可以较好地判别出语音信号中的语音段部分和噪声段部分。

2.2.2 短时过零率

短时过零率的定义是：语音信号中的每一个语音帧的时域波形经过电平值为零的横轴的次数。短时过零率分析是语音信号在时域上较为简单的分析方法之一。对于连续语音信号来说，过零的本质就是语音信号的时域波形经过电平值为零的横轴的次数；而对于离散语音信号来讲，过零的本质便是前后相邻两个取样值的正负符号的改变次数。

对于语音信号 $x(n)$，短时过零率 Z_n 的定义如下：

$$\begin{aligned} Z_n &= \frac{1}{2}\sum_{n=-\infty}^{+\infty}\left|\operatorname{sgn}[x(m)] - \operatorname{sgn}[x(m-1)]\right| w(n-m) \\ &= \frac{1}{2}\sum_{m=0}^{N-1}\left|\operatorname{sgn}[x_n(m)] - \operatorname{sgn}[x_n(m-1)]\right| \end{aligned} \tag{2.7}$$

式中，sgn[　]——符号函数，即

$$\operatorname{sgn}[x(n)] = \begin{cases} 1, & x(n) \geqslant 0 \\ -1, & x(n) < 0 \end{cases} \tag{2.8}$$

短时过零率的具体计算步骤如下：① 对语音信号中相邻的序列采取成对的分析处理方法，检测两个相邻的语音序列值是否有正负符号的改变，若存在正负符号的改变，则表明语音信号在此刻发生了过零现象；② 计算出语音序列的一阶差分参量，再对其取绝对值处理；③ 将其输入到低通滤波器，得到输出短时过零率。具体过程如图 2.8 所示。

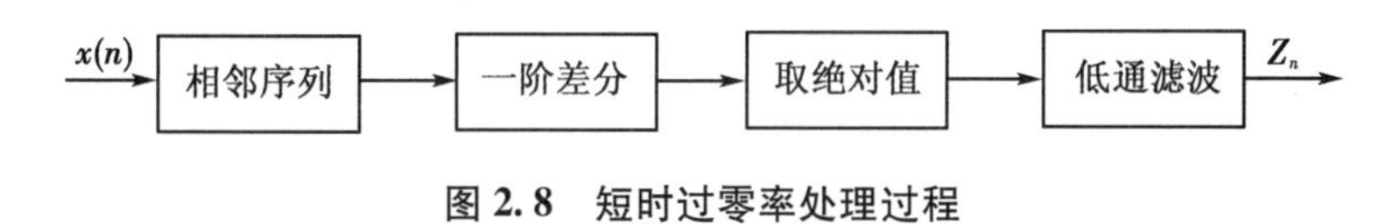

图 2.8　短时过零率处理过程

综上所述，可以知道短时能量分析和短时过零率分析的优缺点主要表现在以下几个方面。

① 两者都可以区别语音信号中的清音部分和浊音部分，短时能量分析对语

音信号中的浊音部分的检测有较好的效果，而短时过零率分析对语音信号中的清音部分的检测有较好的效果。

② 在较小的环境噪声的情形下，短时能量分析可以对语音信号中的语音段部分进行较好的检测。

③ 在较大的环境噪声的情形下，短时过零率分析可以对语音信号中的语音段部分进行较好的检测。

2.3 语音信号的短时频域处理

语音的频谱具有非常明显的语言声学意义，能反映一些重要的语音特征。实验结果表明，人类感知语音的过程和语音的频谱特性关系密切，人的听觉对语音的频谱更敏感。因此，对语音信号进行频谱分析是认识和处理语音信号的重要方法。语音频谱是语音信号在频域中信号的能量与频率的分布关系。

语音信号的频域分析就是分析语音信号的频域特征。从广义上讲，语音信号的频域分析包括语音信号的频谱分析、功率谱分析、倒频谱分析等，而常用的频域分析方法有带通滤波器组法、傅里叶变换法、线件预测法等几种。本章主要介绍的是语音信号的傅里叶分析法。由于语音波是一个非平稳过程，因此适用于周期、瞬变或平稳随机信号的标准傅里叶变换不能用来直接表示的语音信号，应该用短时傅里叶变换对语音信号的频谱进行分析，相应的频谱称为“短时谱”。

2.3.1 短时傅里叶变换

短时傅里叶变换(short-time Fourier transform, STFT)是一种用于语音信号处理的通用工具。它定义了一个非常有用的时间和频率分布类，指定了任意信号随时间和频率变化的复数幅度。实际上，计算短时傅里叶变换的过程是把一个较长的时间信号分成相同长度的更短的段，在每个更短的段上计算傅里叶变换，即傅里叶频谱。短时傅里叶变换通常的数学定义如下：

$$\sum_{n=-\infty}^{+\infty} x(n)\omega(n-mR)\mathrm{e}^{-\mathrm{j}\omega n} \tag{2.9}$$

实现时，短时傅里叶变换被计算为一系列加窗数据帧的快速傅里叶变换(fast Fourier transform, FFT)，其中，窗口随时间“滑动”(slide)或“跳跃”

(hop)，其实现过程见图 2.9。

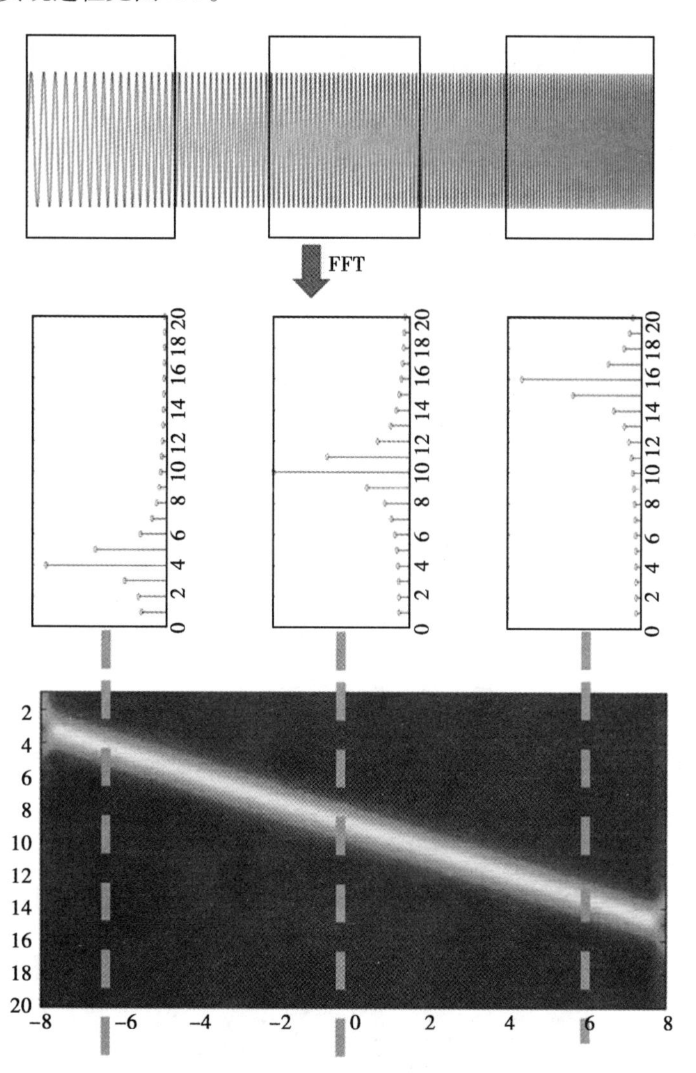

图 2.9　快速傅里叶变换的实现

2.3.2　语谱图

语音信号的傅里叶分析的显示图形称为语谱图(sonogram 或者 spectrogram)。语谱图表示语音信号的频谱随时间的变化情况(相当于把每帧信号的频谱按照时间顺序排列)，是一种三维频谱，横轴是时间刻度，纵轴是频率，用颜色的深浅或灰度值来描述任意给定时刻处给定频率成分的强弱[39]，见图 2.10。语谱图中可以读出大量的语音特征信息，是在频域上进行特征提取的基础，这些特征可以作为区分不同说话人的依据。

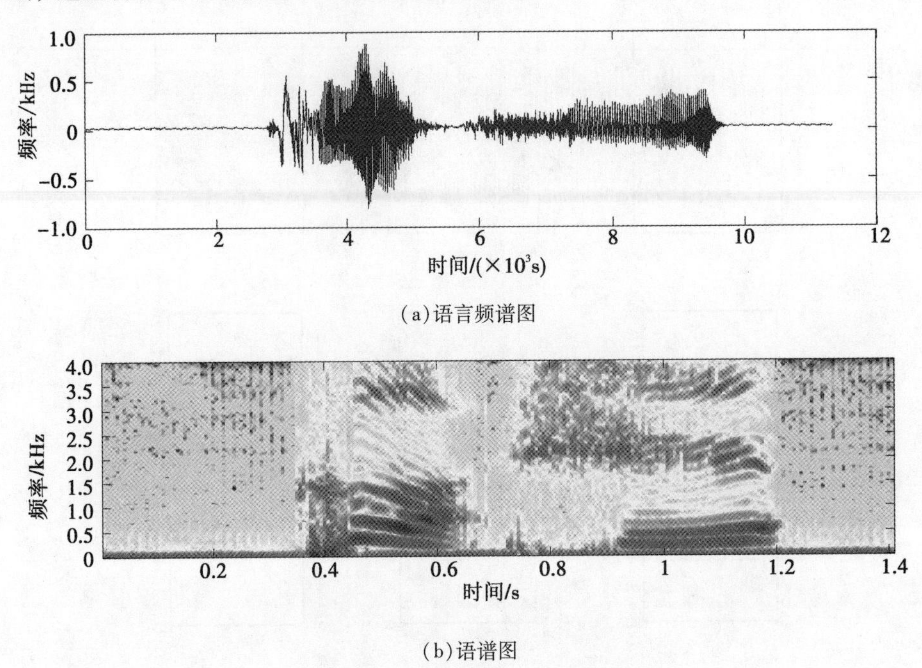

(a)语言频谱图

(b)语谱图

图 2.10　语音频谱图与语谱图

图 2.11 是提取的一段 10s 的 2 人对话语音的语谱图，图中，第一个人的语音出现在 0~1s 时间段，第二个人的语音出现在 1.5~10s 时间段，可以直观地看出两个人的语音在语谱图形状上是有明显差异的。

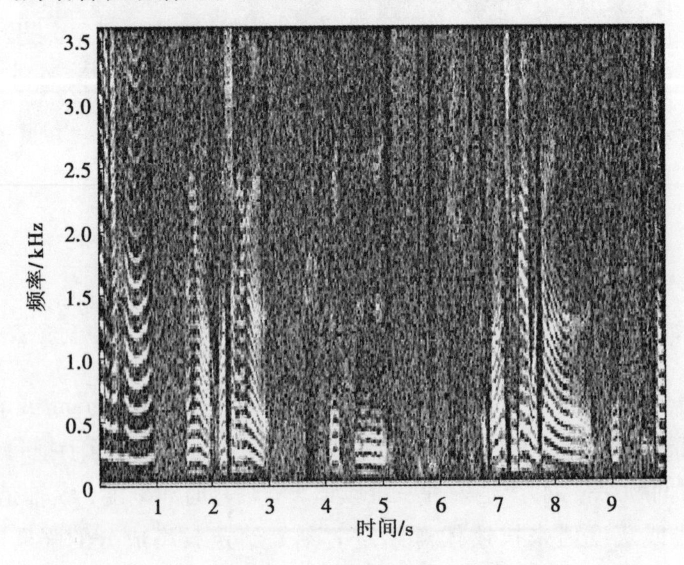

图 2.11　语音信号语谱图

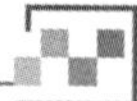

2.3.3　短时功率谱密度

在语音信号数字处理中，功率谱具有重要意义，在一些语音应用系统中，往往都是利用语音信号的功率谱。根据功率谱的定义，可以写出短时功率谱与短时傅里叶变换之间的关系：

$$S_n(e^{jw}) = X_n(e^{jw}) \cdot X_n^*(e^{jw}) = |X_n(e^{jw})|^2 \tag{2.10}$$

或者是

$$S_n(k) = X_n(k) \cdot X_n^*(k) = |X_n(k)|^2 \tag{2.11}$$

式中，(*)——复共轭运算；

$S_n(e^{jw})$ ——功率谱，短时自相关函数 $R_n(k)$ 的傅里叶变换，且

$$S_n(e^{jw}) = \left|X_n(e^{jw})\right|^2 = \sum_{k=-N+1}^{N-1} R_n(k) e^{-jwk} \tag{2.12}$$

语音信号的短时功率谱，在某些频率上出现峰值或谷值，典型曲线如图 2.12 所示。这些峰值频率，也就是能量较大的频率，通常称为共振峰频率。此频率不止一个，但最主要的 1 个或 2 个决定了语音的基本特征。另外，整个谱也是随频率增加而递减的，这说明语音的高频部分所占能量非常少。

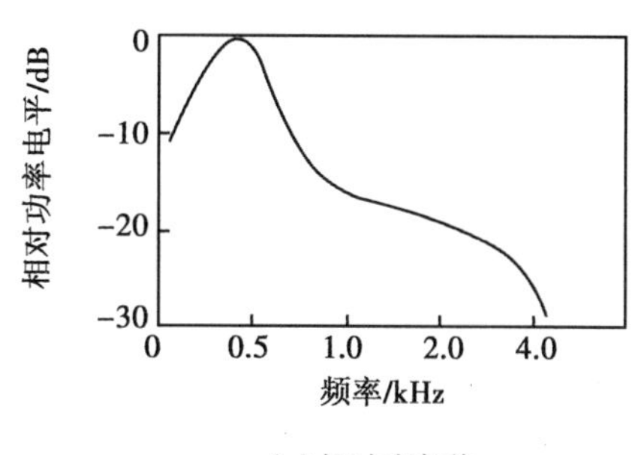

(a) 长时功率谱

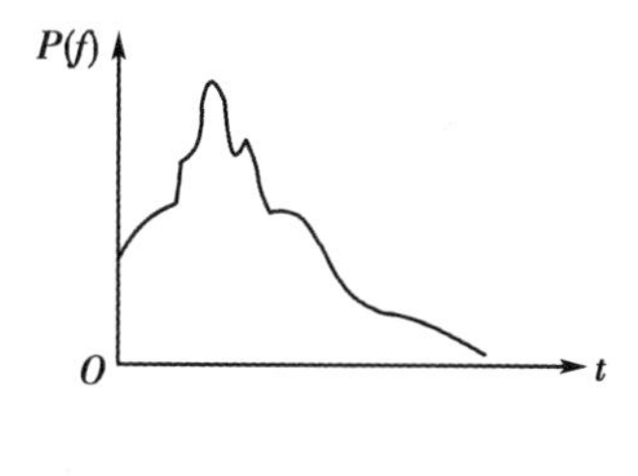

(b) 短时功率谱

图 2.12　语音的功率谱密度函数

图 2.13 是同一人两次说同一词的功率谱比较。

可以看出，功率谱图比较好地反映出声音的个人特征：在低频部分(频率低于 6kHz)，同一人说同一词，其功率谱图中的各个波峰所对应的频率基本相同；不同人说同一词，其功率谱图出现波峰的频率比较接近；同一人说不同词时功率谱的形状差别较大。在高频部分，波峰比较密集，特征不明显。

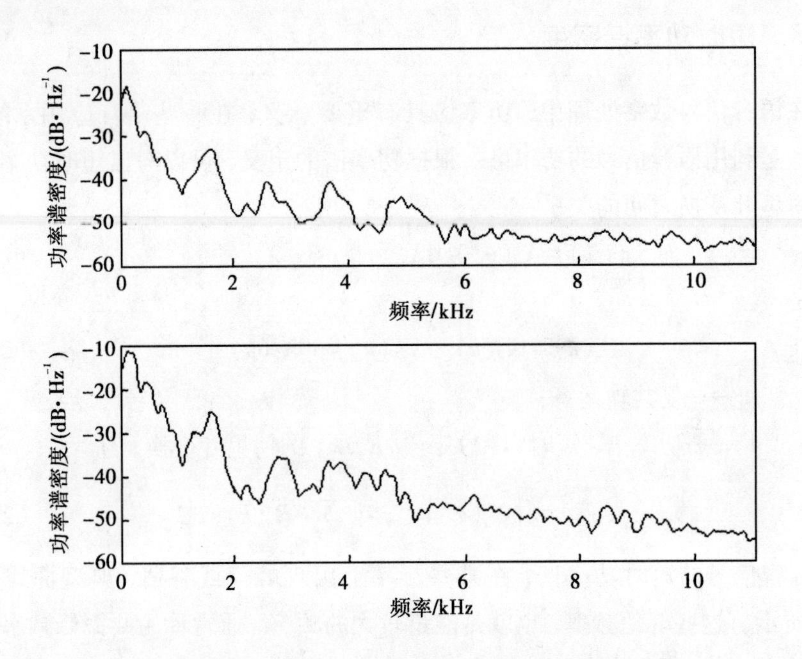

图 2.13　同一人两次说同一词的功率谱比较

2.4　本章小结

本章介绍了语音信号处理的一些基本技术。首先简介了语音的产生，从声学角度介绍了语音的一些基本概念；其次介绍了语音信号的预处理技术，包括采样量化、预加重、分帧、加窗以及语音信号的分析方法等。本章作为语音端点检测与分割的前端处理，为后文的理论学习及实验验证打下基础。

第 3 章　语音信号的端点检测和分割

3.1　端点检测的基本原理

语音端点检测（endpoint detection），也被称为语音活跃检测（voice activity detection，VAD），主要被应用于语音处理中的语音编码、解码，声纹鉴定中的语音识别、语音增强等领域。可以说，语音端点检测技术是伴随着语音识别技术的产生而存在的。在说话人的对话录音文件中，可能会有很长的持续时间，听起来连续的语音信号实则是由不断接替进行的无声段和语音段连接起来的，实际上有意义的语音存在的时间相对较短并且分散。而且，通常情况下，语音段的累积时长不会超过整个录音文件总时长的 40%。因此，通过端点检测标注出语音的位置，可以大幅减少后期工作所需要消耗的时间和资源。另外，在实际的司法语音检验鉴定工作过程中，受限于环境与设备，采集到的检材与样本音频会含有噪声干扰，需要对其进行降噪与增强等处理才能进行之后的工作。而且无声段的主要内容只有噪声，几乎不存在能够用于语音识别所需的有效信息。所以，如果能够将无意义的噪声片段检测并剪切出来，使录音文件中只存放能够表征说话人身份以及录音内容的有价值的语音信号，那么可以减少语音文件的存储空间，而不会降低有声段的语音质量，也不会破坏语音信息。尤其是孤立单词的识别中，标定出单词的起始点和结束点能够大幅减少识别的运算量。尤其是连续语音信号中对基元（字、词、音节、声韵母）的提取，可以应用于司法语音库的建立[40-41]。

现阶段端点检测的方法分为两大类：基于模型检测的方法和基于特征参数的方法。基于模型检测的方法是通过构造一个能够刻画语音信号内部联系的模型，然后结合统计数据分析技术进行端点检测。常见的有基于隐马尔科夫模型、基于矢量量化、基于神经网络等端点检测方法。该类型的检测方法过程较为复杂、运算量大，而且该方法需要通过噪声进行训练，在背景复杂多变的实际环境下，训练用的噪声模型与实际采集的语音信号可能存在差异。因此，基于特征参数的端点检测方法相较之下更具有优越性和实用性，更加适用于应对实际噪声影响下的语音信号的端点检测。它是一种利用表征语音信号与噪声信号之间差异的特征参数来划分语音段和噪声段的方法。

基于特征参数的端点检测方法是根据语音信号的时域特征和频域特征对语音信号进行端点检测的。时域特征参数主要有短时能量、短时平均过零率、短时自相关函数、短时平均幅度值和短时平均幅度差函数等，频域特征参数主要有短时信息熵、短时频谱、短时功率谱、短时自带能量谱等。这些特征参数可以作为端点检测划分有声段与噪声段的标准单独用，但仅仅使用某一特征参数的检测结果不能够适应多变的噪声环境，所以为了提高检测结果的准确性，基于特征参数的检测方法也由原来的单门限逐渐改进为结合了时域和频域特征参数的多门限判定方法。

语音信号端点检测的一般步骤为[42]：

① 将采集到的语音信号采用交叠分帧的方法，分割成信号帧；

② 选取每一帧信号，并计算它的一种或几种特征参数；

③ 获得语音信号的特征参数序列，根据一定的判决准则进行判定，分割出语音段和噪声段；

④ 对③的判断结果处理后标定语音段的起始点和终止点，即得到语音端点检测的结果。

3.2 语音端点检测的常规方法

3.2.1 基于短时能量和过零率的语音端点检测

(1)短时能量特征

语音信号的能量随着时间的变化比较明显，浊音是通过声带振动发出的声音，其中含有较多的能量，而发清音时声带不振动，只是气流直接通过声带，其所含能量很小，所以通常清音的能量较浊音部分的能量小。而短时能量分析方法就是通过对语音信号的能量值进行分析，得到一种能够反映出语音信号能量变化特征的时域分析方法。对于信号 $\{x(n)\}$ ，其短时能量的计算如下：

$$E_n = \sum_{m=-\infty}^{+\infty} (x(m)w(n-m))^2 = \sum_{m=-\infty}^{+\infty} x^2(m)h(n-m) = x^2(n) \times h(n) \tag{3.1}$$

其中，$w(n)$ ——窗函数；

$h(n)$ ——可移动的有限长度的窗函数，$h(n) = w^2(n)$，用来实现分帧处理，是低通滤波器的单位冲激响应；

E_n ——语音信号的第 n 帧语音信号的短时能量，E_n 值大的对应于浊音段，E_n 值小的对应于清音段。

当语音信号的幅度值发生变化时，E_n 会发生特别显著的变化，尤其是对语音信号高电平部分的变化十分敏感。因为这种检测方法中有平方运算，这就使幅度不同的相邻两个采样点之间的幅度差别增大，因此必须选取窗口宽度相对较大的窗函数。但是当窗函数的宽度过大时，语音信号的能量随时间变化的特征就不能够充分地显示出来。因此对语音信号采用短时能量分析方法时，就需要选择宽度适当的窗函数，否则不能将语音信号在时域上的短时能量变化反映出来。

对于高信噪比的语音信号，语音信号的短时能量值大于背景噪声能量，因此可以先计算出语音信号中每一帧的短时能量值，再设定门限值。其中，门限值的选取多是依据经验设置的，高于门限值的部分就划分为语音段，否则为噪声段，这样就是一种比较简单的基于单门限判定的端点检测方法。但是，在实际生活中采集到的语音信号通常比较难以保证较高的信噪比，因此如果仅通过短时能量这一种特征参数来进行信号的端点检测很不准确。而且相较于其他语音信号部分，清音的短时能量幅度相对较低，但又较完全无声部分的短时能量稍微高出一些，标注端点极易产生错误。所以，都会在此基础上加入短时平均过零率，二者相结合，形成一种双门限的语音端点检测方法。

(2)短时平均过零率

短时平均过零率也是一种较为简单的时域处理方法，它表示一帧语音信号波形穿过横轴(零电平)的次数。当语音信号为连续信号时，“过零”即表示时域波形通过时间轴；而当语音信号为离散信号时，相邻的两个取样值改变正负符号，则称为“过零”[43]。短时平均过零率就是样本取样值改变符号的次数。在语音信号中，根据语音产生模型表示，对于浊音而言，由于声门波引起了谱的高频跌落，所以浊音语音能量大多集中在 3kHz 以下；然而，对于清音语音，多数能量表现在较高的频率上。高频意味着高的过零率，低频意味着低的过零率。所以可以总结为：过零率高，语音信号是清音；反之，则是浊音。而无声段的过零率变化范围较大，一般情况下比浊音低一点。

定义语音信号 $x(n)$，分帧后有 $y_i(n)$，帧长为 L，短时平均过零率为

$$Z(i)=\frac{1}{2}\sum_{n=0}^{L-1}\left|\operatorname{sgn}[y_i(n)-\operatorname{sgn}[y_i(n-1)]\right| \quad (1\leqslant i\leqslant f_n) \tag{3.2}$$

式中，sgn[·] ——符号函数，即

$$\operatorname{sgn}[x]=\begin{cases}1, & x\geqslant 0\\ -1, & x<0\end{cases} \tag{3.3}$$

$\left|\operatorname{sgn}[y(n)-\operatorname{sgn}[y(n-1)]\right|=0$ 说明两个样点符号相同，没有产生过零；当相邻样点符号相反时，$\left|\operatorname{sgn}[y(n)-\operatorname{sgn}[y(n-1)]\right|=2$，是过零次数的 2 倍，所以在统计语音信号中某一帧的短时平均过零率时，必须要在求和后除以 2。

短时过零率的优点是能够从掺杂着噪声的语音信号中判定有效的信号，可以准确判定语音段和无声段的起始点和结束点，尤其是对孤立词的检测有着更为重要的作用。根据短时平均过零率理论，在无声段信号的波形比较平缓，过零率较低；而在清音段，波形变化较为剧烈，过零率高。这样，就能够弥补在单独使用短时能量进行语音端点检测时，清音的短时能量值较低，不易与噪声区分的缺点，从而提高语音端点检测的准确率。这种将短时平均能量和短时过零率结合的语音端点检测方法称为双门限法。

(3) 双门限法

双门限法是结合短时平均能量与短时平均过零率而提出的，其原理是汉语字音的韵母中含有元音，其能量较大，所以能够从短时平均能量中检测出韵母，而声母是辅音，它们的频率相对较高，相对应的短时平均过零率较大，所以用这两个特征可以检测出声母和韵母，等于找出完整的汉语音节。短时能量和短时平均过零率设置的两个门限值，一个是相对低的门限，其数值较小，对信号变化较敏感，易被超越；另一个是相对高的门限，其数值较大，信号的能量必须达到一定的强度，这个高门限才可能被超越。根据这个特征，低门限被超越的位置并不一定是语音信号有声段的起始点，背景噪声也可能超越低门限值被错误地识别为语音段。高门限被超越也不一定是有声段的起始点，有可能是短

时能量高的噪声。这时再利用短时过零率的计算结果设置一个门限值，如果超越这个门限值，那么可以确定是由于有声段的起始引起的。

双门限法是使用二级判决来实现的，如图 3. 1 所示。

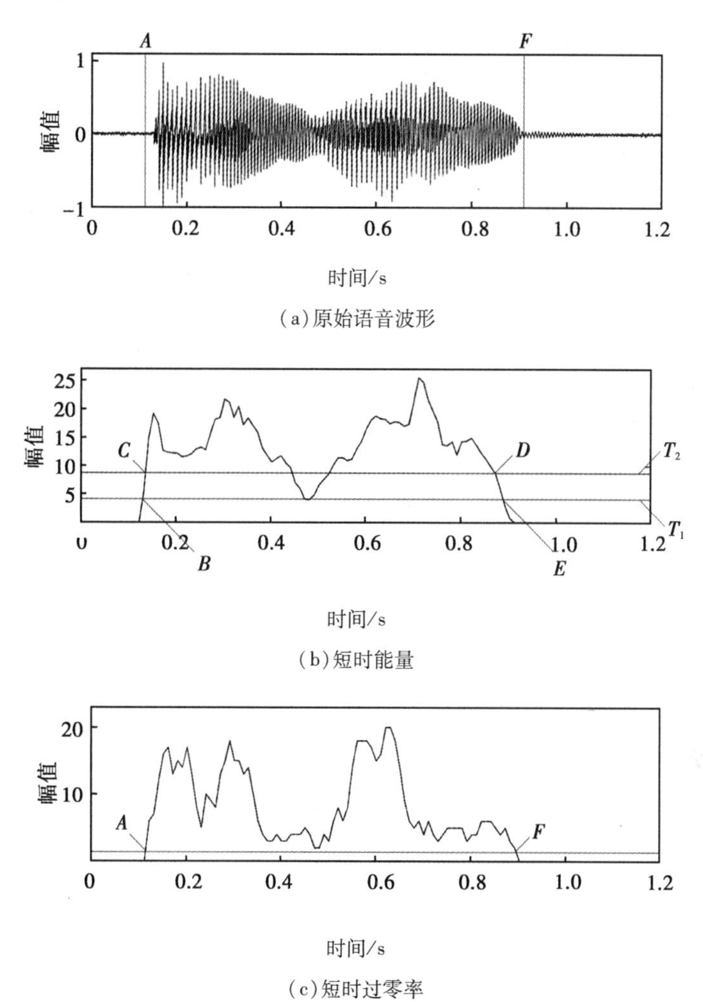

(a)原始语音波形

(b)短时能量

(c)短时过零率

图 3. 1　基于双门限的语音端点检测

进行决断的具体步骤如下。

① 第一级判决。

依据在语音短时能量曲线上选择的一个相对高阈值 T_2进行一次初级判决，就是超越该阈值 T_2的部分认定为有声段(即在 *CD* 段之间确定为有声段)，而有声段的起始点与结束点应该位于该阈值与短时能量曲线交点所对应的时间点之外(即在 *CD* 段以外)。

在平均能量上确定一个相对低的阈值 T_1，并以从 C 点向左、从 D 点向右搜索，分别找到短时能量曲线与阈值 T_1 相交的两个点 B 点和 E 点，所以这两个交点被认为是用双门限方法依据短时能量判定的有声段起始点和结束点的位置。

② 第二级判决。

以短时平均过零率为准，从 B 点向左和从 E 点向右搜索，确定短时平均过零率低于某个阈值 T_3 的两个交点 A 点和 F 点，这便是有声段的起始点和结束点。

根据这两步判决，判断出了有声段的起始点位置 A 和结束点位置 F。

门限值的选取对语音端点检测的结果影响比较大，一般在利用双门限法进行语音端点检测时，门限值多是由经验和查阅资料来确定的，这给语音端点检测的结果带来了较大的不稳定性。当信噪比较高、背景噪声单一时，双门限法既简便又准确，而且与其他检测方法相比，计算量和复杂性较小，所需计算时间少。但是当信噪比较低时，在背景噪声能量较高且变化复杂的情况下，双门限方法难以区分微弱的摩擦音以及语音末端的鼻音，设置的门限值不能够满足准确检验有声段起始点和结束点的检测要求，因此该方法的抗噪性能比较差。

3.2.2 基于自相关函数的语音端点检测

相关法是一种常用的语音时域分析方法，它由相关函数来定义。通常，相关函数被用来判定两个语音信号在时域上的相似度，可以分为互相关函数以及自相关函数。互相关函数主要用于分析两个语音信号之间的相关性。如果两个语音信号完全不同且独立，那么互相关函数接近于零；如果两个语音信号的波形相同，那么互相关函数将在超前和滞后处出现峰值，并且可以相应地计算两个语音信号之间的相关性。自相关函数主要分析信号自身的同步性、周期性，语音信号的一个特征是浊音的周期性，而噪声通常不具备这种性质。如果信号是周期函数，那么其自相关函数也具有周期性，并且它的周期与信号的周期相同，所以可以通过语音信号的自相关函数进行端点检测。

对于离散的语音数字信号 $x(n)$，它的自相关函数的定义为

$$R(k) = \sum_{m=-\infty}^{+\infty} x(m)x(m+k) \tag{3.4}$$

如果信号是随机的或周期的，那么这时的定义为

$$R(k) = \lim_{N\to+\infty} \frac{1}{2N+1} \sum_{m=-N}^{N} x(m)x(m+k) \tag{3.5}$$

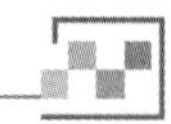

上述式子表示一个信号和延迟 k 点后的该信号本身的相似性。在任何情况下，信号的自相关函数都是描述信号特性的一种简单方法。它具有以下性质：

① 如果信号 $x(n)$ 具有周期性，那么它的自相关函数也具有周期性，并且周期与信号 $x(n)$ 的周期相同；

② 自相关函数是一个偶函数，即 $R(k)=R(-k)$；

③ 当 $k=0$ 时，自相关函数有最大值，即信号和本身的自相关性最大，并且这时的自相关函数值是确定信号的能量或随机信号的平均功率。

短时自相关函数是在信号的第 i 个样本点附近用短时窗截取一段信号，作相关计算所得的结果，即

$$R_i(k)=\sum_{n=0}^{L-k-1} x_i(n)\,x_i(n+k) \tag{3.6}$$

式中，i——窗函数是从第 i 点开始加入的。

如果 $x(n)$ 是一个浊音性的周期信号，那么根据自相关函数的性质可知，其短时自相关函数也表现出明显的周期性，并且它的周期性与原信号本身的周期性相同。相反，清音接近于随机噪声，其短时自相关函数不具有周期性，并随着 k 的增加而迅速减小。因此能够用这一特征确定一个浊音的基音周期。

式（3.7）给出了分帧语音信号的自相关函数，如果在相邻两帧之间计算相关函数，便是互相关函数，其表达式为

$$R_i(k)=\sum_{m=1}^{L-k} x_{i-1}(m)\,x_i(m+k) \tag{3.7}$$

式中，$i=2,3,\cdots,M$，M 为总帧数。

因为语音信号具有短时平稳性，它的变化缓慢，相邻两帧之间的互相关函数的结果十分相似，所以可以利用这一特点来判断是语音段还是噪声段。语音的自相关函数的主峰波形在噪声段的幅度非常低甚至接近于零，在语音段的幅度比较高，且噪声段和语音段的边缘陡峭，变化非常明显。因此可以根据噪声的情况，设置两个阈值 T_1 和 T_2，当相关函数最大值大于 T_2 时，便判定为语音；当相关函数最大值大于或小于 T_1 时，则判定为语音信号的端点。

图 3.2 为利用自相关函数方法对信噪比为 10dB、白噪声环境下的带噪语音进行端点检测的结果。

通过观察检测结果可以看出，在纯语音中波形幅度较大的部分，加噪后的语音波形也能够呈现出较好的检测结果，能够准确地确定语音的起止点，误差也相对较小。但是在语音的最后一秒内，语音信号的波形较弱，语音部分已经

被噪声覆盖，此时自相关函数方法误将此处判定为噪声段，并且在这段语音信号中出现了两处这样的错误。据此，自相关函数法虽然是一种简单、计算速度快的语音端点检测方法，在带有噪声的情况下，仍然能够较为准确地判定语音端点，但是当语音中语音段幅度较小、被噪声覆盖时也会发生错误。而且在实际中噪声的随机性很强，可能会含有丰富的高频成分，所以自相关函数波形在噪声段有时会容易出现起伏而引起检测不准确的情况。

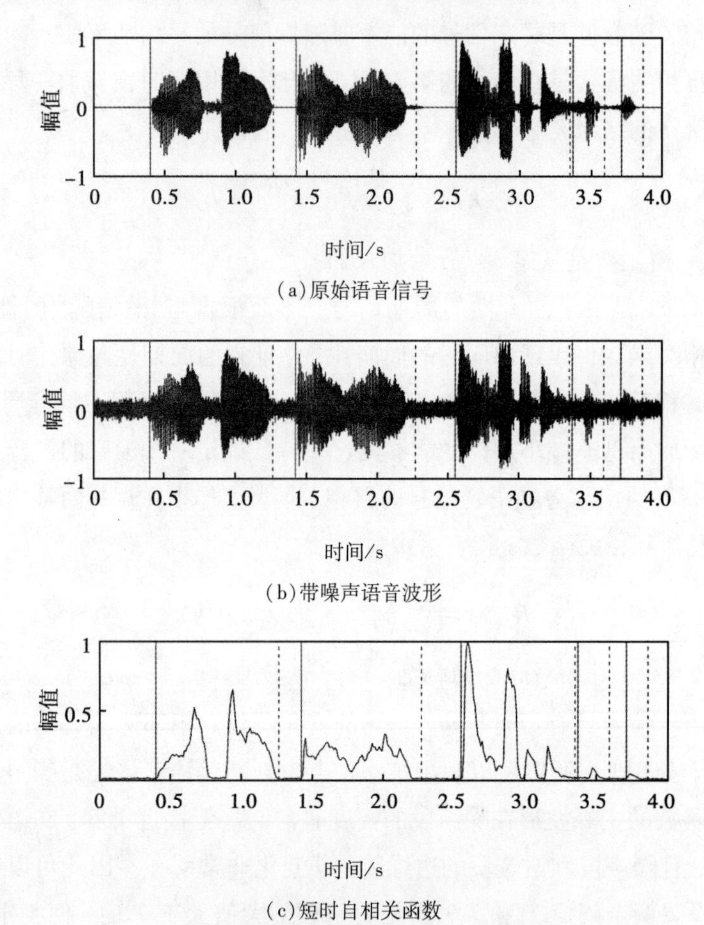

图 3.2　基于自相关函数的语音端点检测

3.2.3　基于小波变换的语音端点检测

小波变换(wavelet transform, WT)在信号与图像处理、地震信号处理、计算机视觉与编码、语音处理等领域已经取得了一些进展。“小”指其衰减性，“波”

指其波动性。小波变换是时频分析的一种，它是傅里叶变换的进一步发展。由于傅里叶变换无法表达信号的时域局域性质的缺陷，人们对傅里叶变换进行了推广和改革，研究并相继提出了短时傅里叶变换和小波变换。短时傅里叶变换是通过窗函数在时域上的滑动来获得对信号的时域局部分析，但这种分析方法也存在缺陷，它对不同频率分量在时域上都取相同的窗宽。而小波变换的窗宽大小是固定不变的，但其形状可变，且时间窗和频率窗都可以改变，它通过伸缩、平移等运算对信号进行多分辨率细化分析。

小波变换主要有三种形式：连续小波变换，时间、控制窗口大小的参数和时移参数都连续的小波函数；离散小波变换，时间、控制窗口大小的参数和时移参数都离散的小波变换；离散参数小波变换，时间连续但控制窗口大小的参数和时移参数离散的小波变换。在实际应用中，由于连续小波变换需要计算连续积分，在处理语音信号时的计算量过大，运算时间长，因此它主要用于理论分析和论证。而在实际应用时常用离散形式进行数值计算，即采用离散小波变换。

给定平方可积的信号 $x(t)$，即 $x(t) \in L^2(\mathbf{R})$，则 $x(t)$ 的小波变换定义为

$$W_x(a, b) = \langle x, \psi_{a,b} \rangle = \frac{1}{\sqrt{a}} \int_{-\infty}^{+\infty} x(t)\, \psi^*\left(\frac{t-b}{a}\right) \mathrm{d}t \tag{3.8}$$

其中，$\langle \cdot, \cdot \rangle$ ——内积；

a ——尺度因子，控制小波函数的伸缩，对应于频率，与频率成反比，$a>0$；

b ——位移因子，控制小波函数的平移量，对应于时间；

$*$ ——复数共轭；

$\psi_{a,b}(t)$ ——母小波 $\psi(t)$ 经位移和伸缩所产生的一族函数，称为小波基函数，即

$$\psi_{a,b}(t) = \frac{1}{\sqrt{a}} \psi\left(\frac{t-b}{a}\right) \tag{3.9}$$

在实际应用中，需要对尺度因子 a 和位移因子 b 进行离散化处理，可以取

$$a = a_0^m \tag{3.10a}$$

$$b = n\, b_0\, a_0^m \tag{3.10b}$$

式中，m，n 为整数；a_0 为大于 1 的常数；b_0 为大于 0 的常数；a 和 b 的选取与小波 $\psi(t)$ 的具体形式有关。

离散小波函数表示为

$$\psi_{m,n}(t)=\frac{1}{\sqrt{a_0^m}}\psi\left(\frac{t-n\,b_0\,a_0^m}{a_0^m}\right)=\frac{1}{\sqrt{a_0^m}}\psi(a_0^{-m}t-n\,b_0) \tag{3.11}$$

相应的离散小波变换表示为

$$W_x(m,n)=\langle x,\psi_{m,n}(t)\rangle=\int_{-\infty}^{+\infty}x(t)\,\psi_{m,n}^*(t)\,\mathrm{d}t \tag{3.12}$$

利用小波变换法进行语音端点检测的基本步骤如下。

① 分解：选定一种层数为 N 的小波对信号进行小波分解。

② 阈值处理：分解后通过选取一个合适的阈值，用该阈值对各层系数进行量化。

③ 重构：用处理后的系数重构语音信号。

分解函数选择多贝西(Daubechies)小波函数，一般写作 db$N$，N 是指小波的阶数。小波函数 $\psi(t)$ 和尺度 a 中的支撑区为 $2N-1$，$\psi(t)$ 的消失矩为 N。这里选择 db4 作为小波基来分解信号。图 3.3 为 db4 小波基的分解示意图。

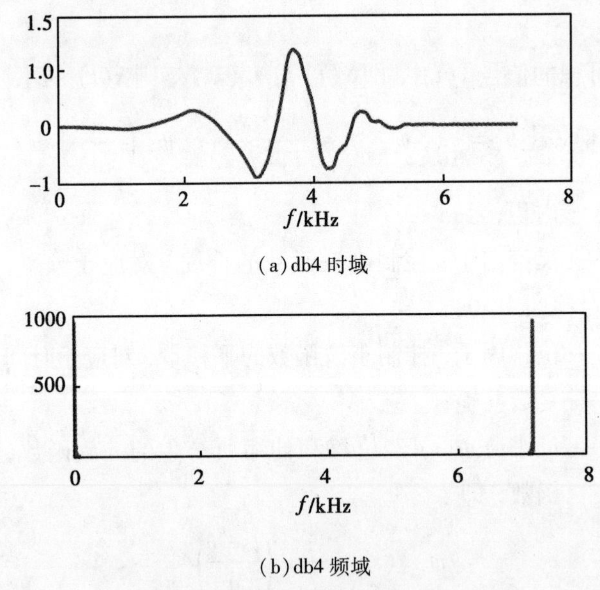

(a) db4 时域

(b) db4 频域

图 3.3　db4 小波基波形图

小波分解层数 N 置为 10，并将其划分为两个部分，1~5 层为第一部分，6~10 层为第二部分。而阈值则是先筛选出两个部分中各自的最大平均幅值，并计算二者的乘积。

图 3.4 为利用小波变换方法对信噪比为 10dB、白噪声环境下的带噪语音进行端点检测的结果。

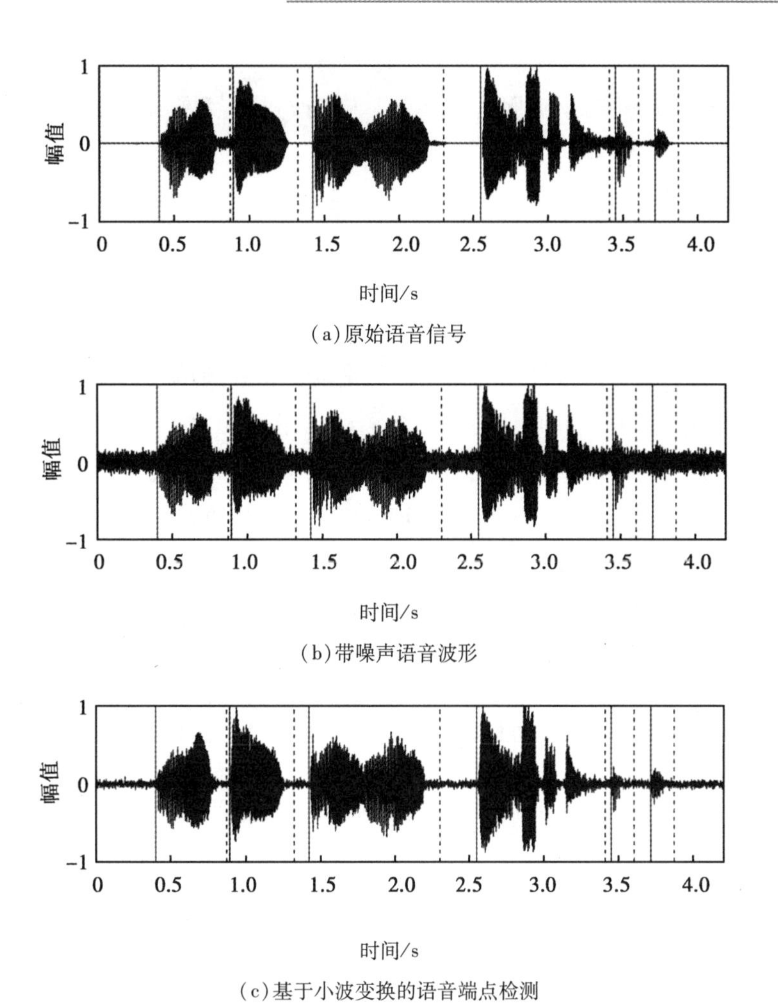

(a)原始语音信号

(b)带噪声语音波形

(c)基于小波变换的语音端点检测

图 3.4　基于小波变换的语音端点检测

通过分析检测结果可以看出，当有声段语音信号的能量较高时，即使存在噪声的干扰，通过检测也能够准确地判定出该部分为有声段；但是在有声段的起始点和结束点附近部分的能量较小，这部分的波形被噪声完全覆盖，此时的判定结果就出现了误差。而且在两个字发音的间隔部分，若出现稍长的停顿，这时检测方法就将其判定为两个不相连的独立部分，不能将其认定为词语。

在实际应用中，需要进行检测的语音信号大多含有随机性较强的背景噪声，这样的语音信号中会含有丰富的高频成分，但小波变换方法存在高频段的频率分辨率较差的缺点。小波变换依然没有脱离不准确原理的束缚，在某种尺度下不能够在时间和频率上同时具有很高的精度，而且小波变换是非适应性的，一旦选定基函数，则不能更改。在这种情况下，依据小波变换方法的检测效果并不十分精确。为了克服这一缺点，人们改进并发展出小波包变换。所以为了提高语音端点检测的效率，将利用小波包分解来改进算法。

3.3 基于小波分析的语音端点检测

复杂背景下语音信号精确的端点检测是语音识别领域一个非常重要的研究分支。语音端点检测的目的是为了区分语音信号的无声段和有声段[44]。语音识别系统的性能、鲁棒性以及处理时间可通过精确高效的端点检测来大幅度提高，因此，该领域的研究具有重要的实际意义。但是语音信号自身的特点，使得端点检测工作变得十分困难：由于个体发音差异以及受实际环境中噪声的影响，端点检测技术的研究至今仍是语音识别领域的难题之一，也是研究重点之一。实际环境中高鲁棒性的端点检测研究则更具挑战性和研究价值。

3.3.1 小波变换的基本原理

设 $\psi(t)$ 为一平方可积函数，也即 $\psi(t) \in L^2(\mathbf{R})$，若其傅里叶变换 $\psi(t)$ 满足容许条件：

$$\int_{\mathbf{R}} \frac{|\Psi(\varpi)|^2}{\varpi} \mathrm{d}\varpi < +\infty \tag{3.13}$$

则称 $\psi(t)$ 为一个基本小波或小波母函数。

将小波母函数 $\psi(t)$ 进行伸缩和平移，得到小波基函数 $\psi_{a,\tau}(t)$：

$$\psi_{a,\tau}(t) = \frac{1}{\sqrt{a}}\psi\left(\frac{t-\tau}{a}\right) \tag{3.14}$$

式中，a ——伸缩因子，又叫尺度因子，$a>0$；

τ ——平移因子，$\tau \in \mathbf{R}$。

将任意 $L^2(\mathbf{R})$ 空间中的函数 $f(t)$ 在小波基下进行展开，得到它的连续小波变换：

$$WT_f(a,\tau) = \langle f(t), \psi_{a,\tau}(t) \rangle = \frac{1}{\sqrt{a}}\int_{\mathbf{R}} f(t)\,\psi\left(\frac{t-\tau}{a}\right)\mathrm{d}t \tag{3.15}$$

式中，$WT_f(a,\tau)$ ——小波变换系数。

相应的连续小波变换逆变换的公式为

$$f(t)=\frac{1}{C_\psi}\int_0^{+\infty}\frac{\mathrm{d}a}{a^2}\int_{-\infty}^{+\infty}WT_f(a,\tau)\psi_{a,\tau}(t)\mathrm{d}\tau$$
$$=\frac{1}{C_\psi}\int_0^{+\infty}\frac{\mathrm{d}a}{a^2}\int_{-\infty}^{+\infty}WT_f(a,\tau)\frac{1}{\sqrt{a}}\psi\left(\frac{t-\tau}{a}\right)\mathrm{d}\tau \tag{3.16}$$

由于计算机处理和工程实现需要离散化，所以将小波基函数 $\psi_{a,\tau}(t)$ 在尺度和位移上进行离散化，得到一组正交小波基。

设 $\phi(t)$ 为多分辨率分析的尺度函数，$\psi(t)$ 为小波函数，则关于 $\phi(t)$ 和 $\psi(t)$ 的二尺度方程为

$$\left.\begin{aligned}\phi(t)&=\sqrt{2}\sum_{k\in\mathbf{Z}}h(k)\phi(2t-k)\\ \psi(t)&=\sqrt{2}\sum_{k\in\mathbf{Z}}g(k)\phi(2t-k)\end{aligned}\right\} \tag{3.17}$$

式中，$h(k)$，$g(k)$ ——由尺度函数 $\phi(t)$ 和小波函数 $\psi(t)$ 决定的低通和高通滤波器系数，且满足 $g(k)=(-1)^k h(1-k)$。

由二尺度方程，可以得到离散栅格上的小波变换快速分解公式：

$$\left.\begin{aligned}c_{j,k}&=\sum_l h(l-2k)c_{j-1,l}\\ d_{j,k}&=\sum_l g(l-2k)c_{j-1,l}\end{aligned}\right\} \tag{3.18}$$

式中，$c_{j,k}$ ——尺度函数；

$d_{j,k}$ ——小波系数。

相应的小波重构公式为

$$c_{j-1,l}=\sum_k h(l-2k)c_{j,k}+\sum_k g(l-2k)d_{j,k} \tag{3.19}$$

以上小波变换的快速算法即为著名的 Mallat 塔式算法。

3.3.2　基于小波变换的语音端点检测

小波分析对信号有自适应性，即低频部分有高频分辨率及低时间分辨率，高频部分有高时间分辨率和低频率分辨率，从而适合于分析非平稳信号。以上特点使得小波变换作为一种新的数学工具，在语音识别等领域受到了广泛的重视，而基于小波变换的语音端点检测，正是小波分析在语音识别领域中一个典型的应用。

经典的基于小波变换的语音端点检测算法，其基本思路为：将带噪语音信号进行小波变换，由于噪声和语音在各尺度上的小波系数的特性不同，可以将噪声小波系数占多数的那些尺度上的噪声小波系数去掉，则保留的小波系数基本由语音信号得来，再重构语音信号，检测出语音信号的端点。其实验流程图如图 3.5 所示。

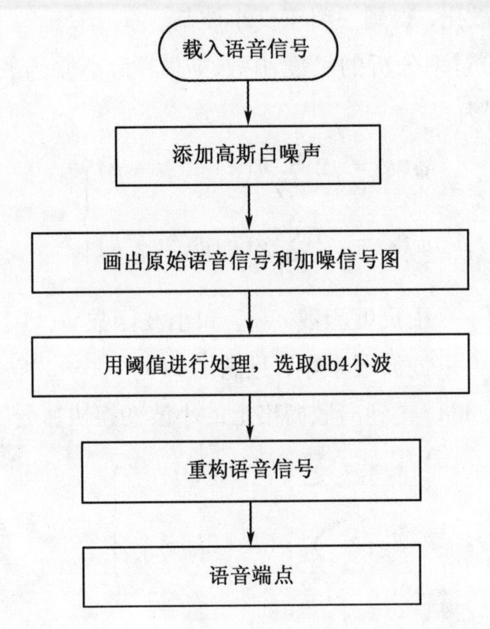

图 3.5　基于小波变换的语音端点检测实验流程图

由于实际采集到的语音信号与各种复杂背景噪声相比相对较弱，具有很低的信噪比，大大降低了基于小波变换的端点检测算法的效果。

该算法的基本流程如图 3.6 所示。

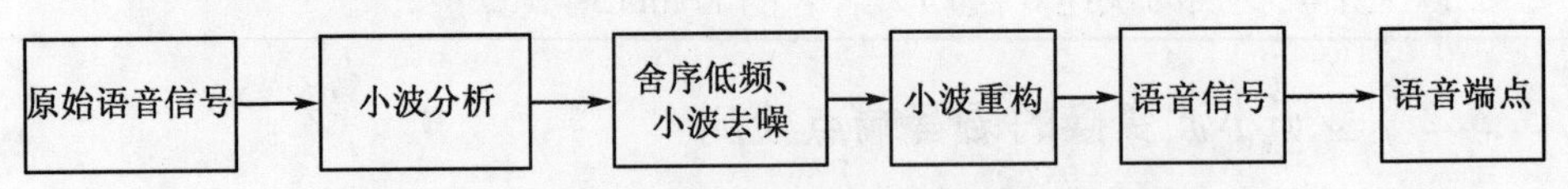

图 3.6　基于小波变换的语音端点检测算法流程图

3.4　基于小波包和高阶累积量的语音端点检测

3.4.1　小波包变换

小波包变换是小波变换的推广，它是一种更为精细化的语音信号分析方法，可以对信号频带进行多种层次的细分，在一定程度上使时频分辨率得以提升，最大限度地保留语音信号所包含的特征信息，处理后也能够较好地保存原信号的特征，使信号分析比小波变换更加真实并具有广泛使用性[45]。其正交性能够减少信息冗余，使信号在变换前后的能量相等，用最少的数据表达最大的信息量。

令一组共轭镜像滤波器(QMF)为 $h(k)$ 和 $g(k)$ ，满足：

$$\left.\begin{aligned} u_0(t) &= \sqrt{2}\sum_{k\in\mathbf{Z}} h(k)\, u_0(2t-k) \\ u_1(t) &= \sqrt{2}\sum_{k\in\mathbf{Z}} g(k)\, u_0(2t-k) \end{aligned}\right\} \tag{3.20}$$

进而可以确定一系列的函数 $\{u_n(t)\}_{n\in\mathbf{Z}}$ ，并满足：

$$\left.\begin{aligned} u_{2n}(t) &= \sqrt{2}\sum_{k\in\mathbf{Z}} h(k)\, u_n(2t-k) \\ u_{2n+1}(t) &= \sqrt{2}\sum_{k\in\mathbf{Z}} g(k)\, u_n(2t-k) \end{aligned}\right\} \tag{3.21}$$

则这个函数集合 $\{2^{-j/2}u_n(2^{-j}t-k),\ j,\ k\in\mathbf{Z},\ n\in\mathbf{Z}_+\}$ 为由 u_0 和 u_1 所确定的小波包库。其中，j 是尺度参数，k 是平移参数，n 是频率参数。当 $k=0$ 时，$u_0(t)$ 为尺度函数，$u_1(t)$ 为小波函数 $\psi(t)$ 。从小波包库中选取能构成 $L^2(\mathbf{R})$ 空间的基函数就称为 $L^2(\mathbf{R})$ 的一个小波包基。

对于任意固定的 j 值，均可构成 $L^2(\mathbf{R})$ 的一个正交基。这个正交基与短时傅里叶基类似，并被称为子带基：

$$\omega_n(t) = \{2^{-j/2}u_n(2^{-j}t-k),\ j,\ k\in\mathbf{Z},\ n\in\mathbf{Z}_+\} \tag{3.22}$$

当 n 固定，例如 $n=1$ 时，有

$$u_1(t) = \psi(t) \tag{3.23a}$$

$$W_1 = \{2^{-j/2}u_1(2^{-j}t-k),\ j,\ k\in\mathbf{Z}\} \tag{3.23b}$$

即为 $L^2(\mathbf{R})$ 的标准正交小波基。

当 $n=0$ 时，则构成 $L^2(\mathbf{R})$ 的一个框架。

在正交小波分析中，一般的方法是把时间序列 S 分解为两个部分：低频信息 a_1 和高频信息 d_1 。在下一层分解中，又将低频 a_1 再分成两个部分，得到新的低频分量 a_2 和高频分量 d_2 ，两个连续的低频之间失去的信息可以由高频捕获。以此类推，可以进行更深层的分解。其三层小波分解示意图如图 3.7 所示。

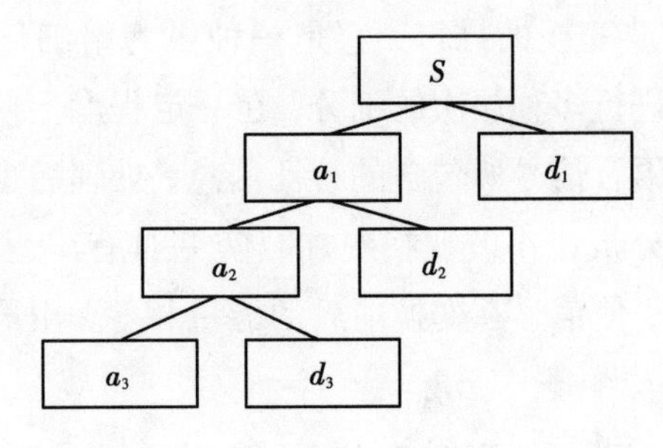

图 3.7　小波对时间序列的分解

小波包则不同，它不仅分解低频部分，而且使用与低频部分相同的方法来分解每个高频部分。这种分解没有冗余、没有疏漏，并且可以同时分析信号的高频和低频部分的频率和时间分辨率，提高了时频分辨率。对于给定的正交小波函数，可以生成一组小波包基，并且每个基都提供了匹配的信号编码方法。它保留了信号的所有信息，并精确地重建信号特征。因此，小波包分解在信号分解、编码、消噪、压缩等方面得到了更广泛的应用。根据小波包对一维时间序列的分解特性[46]，作出三层小波包分解，分解图如图 3.8 所示。

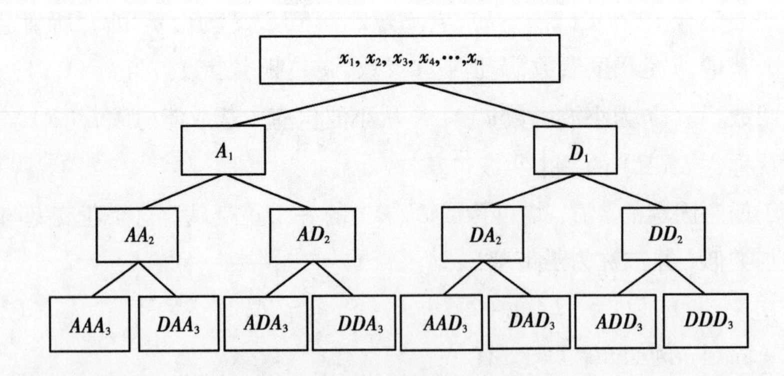

图 3.8　时间序列的小波包分解

在图 3.8 中，A 表示低频，D 表示高频，并且字母下标的数字表示小波包分

解的层数(也即尺度数)。可以看出，小波包分解可以根据分辨率逐层分解时间序列信号。随着分解层数的增加，时域的分辨率降低，而频域的分辨率增加。对三层分解的具体关系为

$$S = AAA_3 + DAA_3 + ADA_3 + DDA_3 + AAD_3 + DAD_3 + ADD_3 + DDD_3 \tag{3.24}$$

一维小波包分解公式如下：

$$\left.\begin{aligned} d_{j,k}^{2m} &= \sum_i h(l-2k)\, d_{j-1,l}^{m} \\ d_{j,k}^{2m+1} &= \sum_i g(l-2k)\, d_{j-1,l}^{m} \end{aligned}\right\} \tag{3.25}$$

式中，d_0^0 ——原始信号。

相应的一维小波包重构公式为

$$d_{j-1,l}^{m} = \sum_k h(l-2k)\, d_{j,k}^{2m} + \sum_k g(l-2k)\, d_{j,k}^{2m+1} \tag{3.26}$$

3.4.2　高阶累积量理论

高阶统计量(higher-order statistics)是描述随机过程统计特性的一种重要工具。其中，高阶累积量是最常用的高阶统计量之一，主要用于信号处理和系统理论领域。

(1)高阶累积量的定义

设 $\{x(n)\}$ 为零均值 k 阶平稳随机过程，则该过程的 k 阶累积量 $c_{k,x}(m_1, m_2, \cdots, m_{k-1})$ 定义为随机变量 $\{x(n), x(n+m_1), \cdots, x(n+m_{k-1})\}$ 的 k 阶联合累积量，即

$$c_{k,x}(m_1, m_2, \cdots, m_{k-1}) = \mathrm{cum}(x(n), x(n+m_1), \cdots, x(n+m_{k-1})) \tag{3.27}$$

由于 $\{x(n)\}$ 是 k 阶平稳的，故 $\{x(n)\}$ 的 k 阶累积量只是时延 $m_1, m_2, \cdots, m_{k-1}$ 的函数[44]，而与时刻 n 无关，其二阶累积量为

$$c_{2,x}(m_1) = E(x(n)x(n+m_1)) \tag{3.28}$$

可以看出，$\{x(n)\}$ 的二阶累积量恰好就是其自相关函数。

三阶累积量为

$$c_{3,x}(m_1, m_2) = E(x(n)x(n+m_1)x(n+m_2)) \tag{3.29}$$

四阶累积量为

$$c_{4,x}(m_1, m_2, m_3) = E(x(n)x(n+m_1)x(n+m_2)x(n+m_3)) - c_{2,x}(m_1)c_{2,x}(m_2-m_3) - c_{2,x}(m_2)c_{2,x}(m_3-m_1) - c_{2,x}(m_3)c_{2,x}(m_1-m_2) \tag{3.30}$$

当 $m_1 = m_2 = m_3 = 0$ 时，零延迟累积量 $c_{2,x}(0)$ 又称为方差，通常用 σ_x^2 表示，而 $c_{3,x}(0, 0)$ 和 $c_{4,x}(0, 0, 0)$ 被称为随机过程 $\{x(n)\}$ 零延迟的三阶和四阶累积量，通常用 γ_{3x} 和 γ_{4x} 表示，即

$$\sigma_x^2 = E(x^2(n)) \tag{3.31}$$

$$\gamma_{3x} = E(x^3(n)) \tag{3.32}$$

$$\gamma_{4x} = E(x^4(n)) - 3(E(x^2(n)))^2 = E(x^4(n)) - 3\sigma_x^4 \tag{3.33}$$

通过归一化 γ_{3x} 和 γ_{4x}，可以得到随机过程 $\{x(n)\}$ 的峰度(kurtosis) K：

$$K = \frac{E(x^4(n))}{\sigma_x^4} - 3 \tag{3.34}$$

对于高斯随机变量，其峰度 K 为零。峰度在理论上和计算上都相对简单。因此，峰度作为非高斯随机变量的测度，得到了广泛的应用。

(2)高阶累积量的性质

利用高阶累积量的端点检测方法最大的好处是：只要是高斯噪声，都能够被检测出来，因为语音信号通常呈非高斯分布，而对于具有高斯分布的噪声，高阶累积量为零，因此可以将高阶累积量应用于高斯噪声环境中的语音信号的端点检测。这是该方法的优点。它是否接近高斯分布是大多数噪声和语音信号之间的根本差异，因此基于高阶累积量的方法对噪声具有鲁棒性。然而，当回到真实环境时，噪声不是标准的高斯白噪声，并且难以建立高斯噪声假设；高斯噪声的高阶累积量也不为零。

3.4.3 基于小波包和高阶累积量的语音端点检测算法设计

(1)小波包基以及分解层次的选取

用小波包对语音信号进行分析时，不同小波包基函数的分解效果是有明显差别的，因而要选择一个最好的小波包基，用来表示信号特点。对分析语音信号的特征来说，选取的小波包基函数需要在时域和频域均具有一定的局部分析能力。并且它在时域具有紧支性，在频域具有快速衰减性，至少具有良好的一阶消失矩的分解和重构。通常认为，基函数的消失矩越高，正交性越好，表示信号的能力越强[47-49]。

若信噪比很大，则表示观测值中的信号能量远大于噪声能量，取较小的分解层次就可以滤掉噪声，突出信号特征。实际环境中的音频资料的信噪比事先未知，可采用估计方法确定最佳分解层次。逐渐增加分解层数，然后根据均方误差(root mean square error，RMSE)的变化是否趋于稳定来确定最佳分解层数。

采样率为 8kHz 的小波包分解如图 3.9 所示。

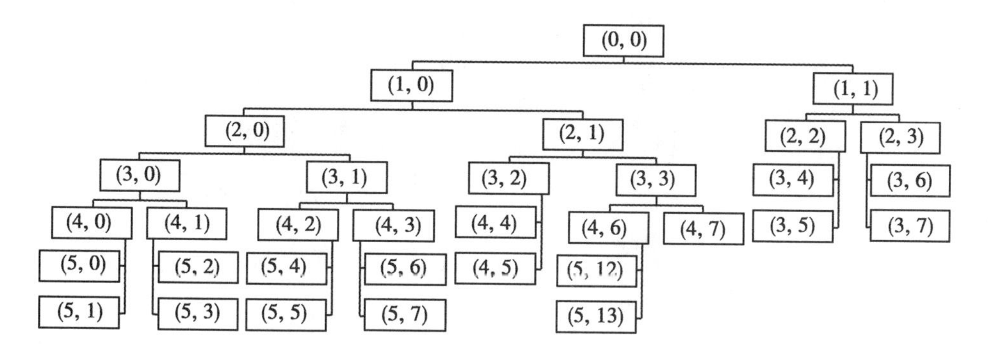

图 3.9　小波包分解结构示意图

用 db2 小波母函数，在小波包分解时按图 3.9 进行五级分解，并按 17 个节点进行重构，得到原始信号在这 17 个节点的输出。元音/a/经小波包分解和重构的输出波形如图 3.10 所示。

(2)基于峰度的高斯判别准则

由于高斯性的判断不依赖于每个频带的信号能量，因此选择峰度 K 作为归一化的四阶统计量。根据高阶累积量的性质，高斯分布的信号峰度值 K 为零，因此峰度值 K 与零的比较可以作为检测信号是否是高斯信号的标准。然而实际应用中，仅仅将峰度值 K 与零对比的检测结果存在局限性和误差。所以，为了克服这一缺点，本节提出的方法是将零替换为一个置信区间，如果峰度值 K 存在于该区间，则该信号被认为是服从高斯性分布的高斯性噪声；否则认为是非高斯性的。这里使用了概率统计理论中经典的切比雪夫不等式(Tchebychev inequality)的高斯准则。

假设小波包分解后的第 i 个频带的小波包系数矩阵是 $\boldsymbol{c}_i$，那么根据高阶累积量理论，$\boldsymbol{c}_i$ 的峰度 K_i 的估计值即为

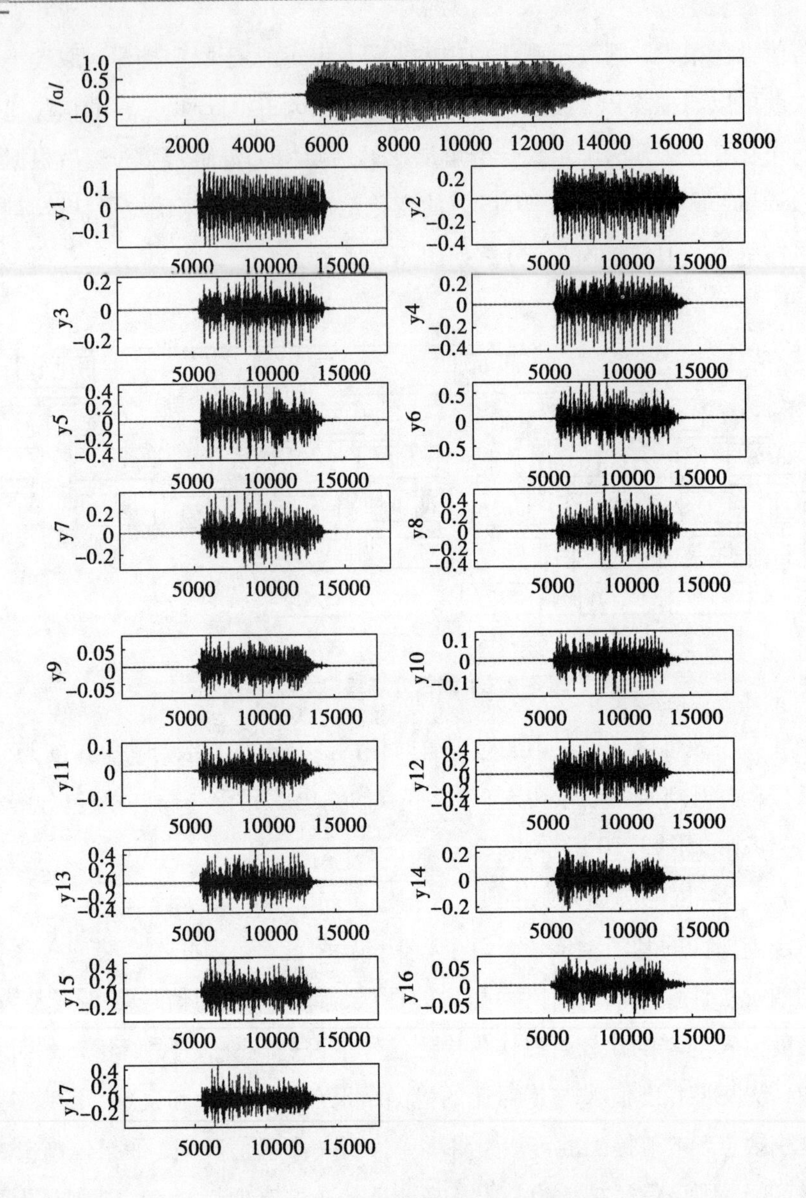

图 3.10　元音/ɑ/的小波包分解示意图

$$\widehat{K_i}=N\frac{\sum_{j=1}^{N}c_{ij}^{4}}{\left(\sum_{j=1}^{N}c_{ij}^{2}\right)^{2}}-3 \tag{3.35}$$

式中，N——$\boldsymbol{c}_i$ 的总长度。

根据切比雪夫不等式，通过随机变量 X 的期望和方差来估计 X 的概率分

布。

设随机变量 X 的数学期望为 $E(X)$，方差为 $D(X)$，则对任意实数 $\varepsilon > 0$，切比雪夫不等式为

$$P\{|X - E(X)| < \varepsilon\} \geqslant 1 - \frac{D(X)}{\varepsilon^2} \tag{3.36}$$

令 $1 - \frac{D(X)}{\varepsilon^2} = \alpha$，$\alpha$ 为置信度，则式(3.36)变为

$$P\left\{|X - E(X)| < \sqrt{\frac{D(X)}{1-\alpha}}\right\} \geqslant \alpha \tag{3.37}$$

可以推导出峰度估计值 $\widehat{K}_i$ 的概率不等式：

$$P\{|\widehat{K}_i - E(\widehat{K}_i)|\} < \sqrt{\frac{D(\widehat{K}_i)}{1-\alpha}} \tag{3.38}$$

假设小波包系数服从理想的高斯分布，其峰度估计值 $\widehat{K}_i$ 的均值和方差可以通过以下式子进行估算：

$$E(\widehat{K}_i) = 0 \tag{3.39a}$$

$$D(\widehat{K}_i) \approx \frac{24}{N} \tag{3.39b}$$

将式(3.39a)、式(3.39b)代入式(3.37)，可得

$$P\left\{|\widehat{K}_i| < \sqrt{\frac{24/N}{1-\alpha}}\right\} \geqslant \alpha \tag{3.40}$$

式(3.40)表明峰度 $\widehat{K}_i$ 处于 $\left[-\sqrt{\frac{24/N}{1-\alpha}}, \sqrt{\frac{24/N}{1-\alpha}}\right]$ 内的置信度不小于 α。

由此可得高斯判别准则：

$$\left.\begin{array}{ll} |\widehat{K}_i| < \sqrt{\frac{24/N}{1-\alpha}}, & \text{系数是高斯的} \\ \text{否则,} & \text{系数是非高斯的} \end{array}\right\} \tag{3.41}$$

(3)算法的具体步骤及流程设计

首先，通过小波包分解原始语音信号；在分解之后，需要处理分解后的小波包系数。处理的原则是：将最低频系数置为零；在高频域中，将高斯性系数消除，并设置为零，即去除高斯性噪声；保留非高斯性系数，并最终重构，可以获得新的语音信号；在低频域处理很简单，只要分解后，将其置为零即可；主要是对高频域中系数的处理，这里使用了基于高阶累计量的高斯判别准则，此

准则主要用来判断变换后的小波包系数的高斯性。这样去除噪声之后保留非高斯性系数就可以重建目标了。

详细的语音识别端点检测过程如下（假设小波包分解层数为 L ）。

① 递归地将原始语音信号分解为 L 层，并将所有系数保存在小波包分解树中。每层上的所有小波包系数构成一组完备的原始语音信号集，可以完全重建原始语音信号。

② 计算分解树上第 L 层所有节点的峰度。

③ 将最低频带上的小波包系数和高斯性系数设置为零。

④ 利用新的小波包系数重构语音信号。

图 3.11 为算法的流程图。可以看出，改进算法是在小波包分解后分析所有频带的高斯特性并实现系数滤波的。

对于小波包分解层数 L 的选取，可以依据下述方法：在语音信号中截取一段无声段部分的信号，计算这段信号在小波包分解的子空间上的峰度与偏差，若其不呈高斯分布，则向下一层分解，直到在这一段语音信号某一层上的分解结果呈现出高斯分布，那么这一层即为小波包的分解层数 L 。

3.4.4 实验分析

(1)实验条件

对提出的改进方法在计算机上采用 Win10 系统进行 MATLAB 仿真实验，实验使用的音频文件以.wav 文件格式存储。语音样本取多组语料，由常用单字、词语、简单句子组成，并注意合理的声韵搭配，语音来源是 20 段国家普通话标准考试朗读范本文件，由于该语音范本是由专业播音员在专业录音室录制而成的，所以可以认为是纯净语音信号；噪声样本在 NOISEX-92 的基础上，采集了一些真实的噪声样本，包括白噪声、粉红噪声、交通（汽车、警笛）噪声、人群噪声等常见噪声。对纯净语音和噪声按不同的信噪比（10，5，0，-5dB）进行混合，形成带噪语音样本，样本长度控制在 2~6s。本实验取帧长 30ms，帧移 10ms（帧叠）。

实验的比较对象为相关法和小波变换法的语音端点检测方法。

(2)评判标准

① 在端点检测准确性的评估上，采用正确率。其定义如下：

$$\text{错误帧数}=\text{语音误判为噪声的帧数}+\text{噪声误判为语音的帧数} \quad (3.42)$$

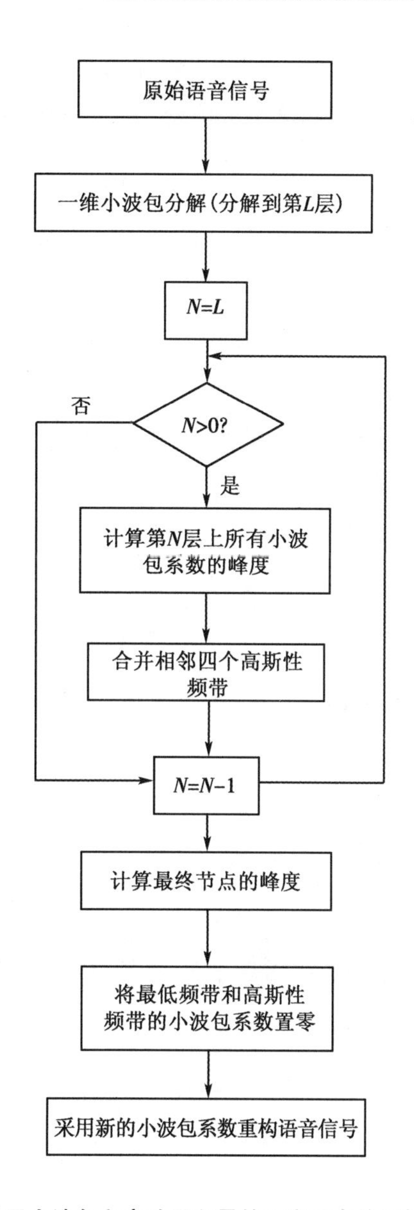

图 3.11　基于小波包和高阶累积量的语音端点检测算法流程图

$$正确率=(总帧数-错误帧数)/总帧数 \tag{3.43}$$

② 为了检验语音端点检测方法的去噪效果，将去噪后语音信号的信噪比(signal to noise ratio，SNR)作为评判标准：

$$\mathrm{SNR} = 10\lg \frac{\sum_{n=0}^{N-1} s^2(n)}{\sum_{n=0}^{N-1} [x(n) - s(n)]^2} \tag{3.44}$$

式中，$s(n)$ ——原始语音信号；

$x(n)$ ——带噪语音信号；

$\sum_{n=0}^{N-1} s^2(n)$ ——信号的能量；

N——信号长度。

信噪比越大，即 $x(n)$ 越接近 $s(n)$ ，去噪的效果越好。

(3)带噪语音波形分析

实验首先列出内容为“蓝天、白云、碧绿的大海”的纯净语音在不同信噪比下的语音信号波形，如图 3. 12 所示。

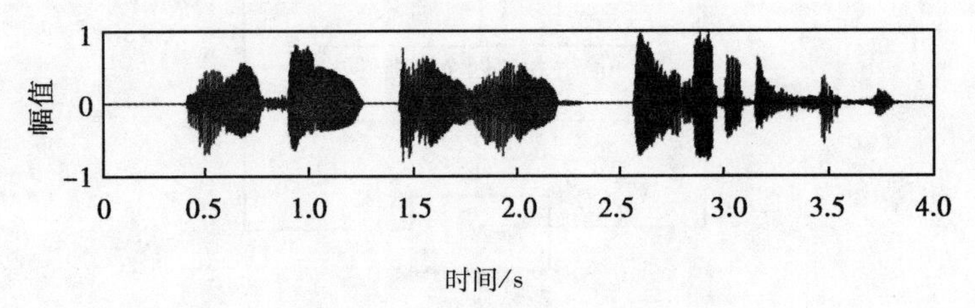

(a)纯净语音波形

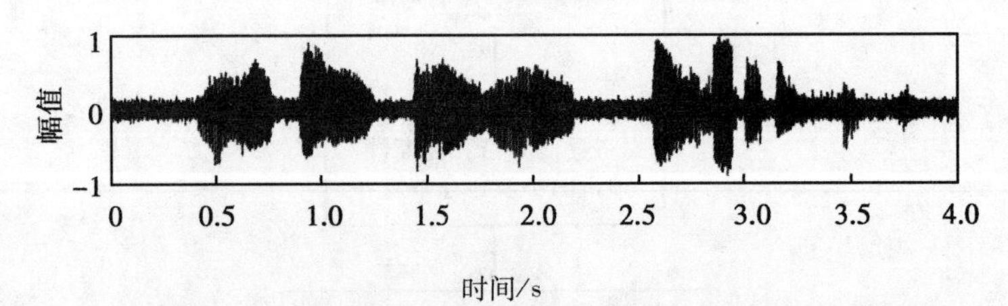

(b)10dB 白噪声下语音波形

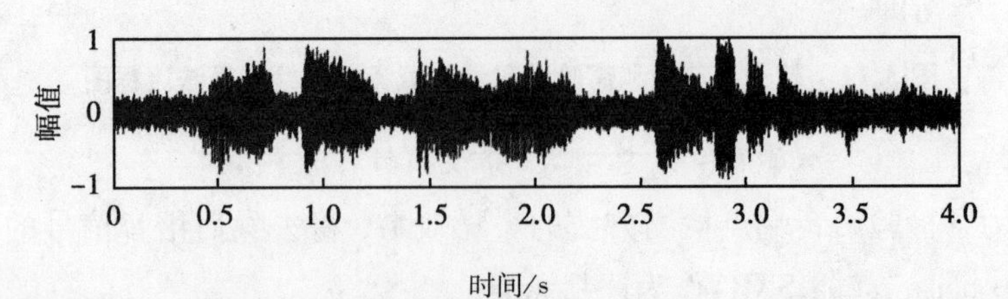

(c)5dB 白噪声下语音波形

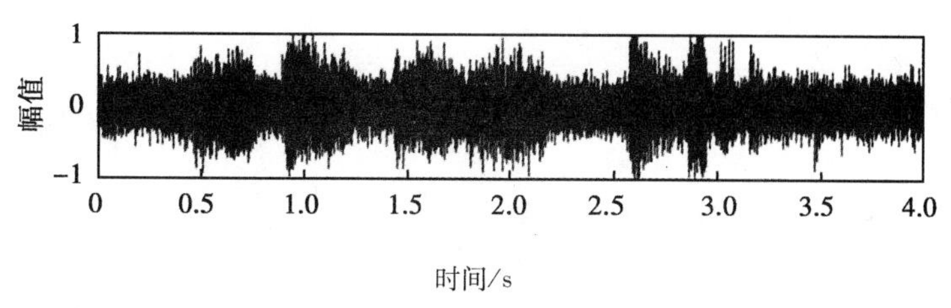

(d)0dB 白噪声下语音波形

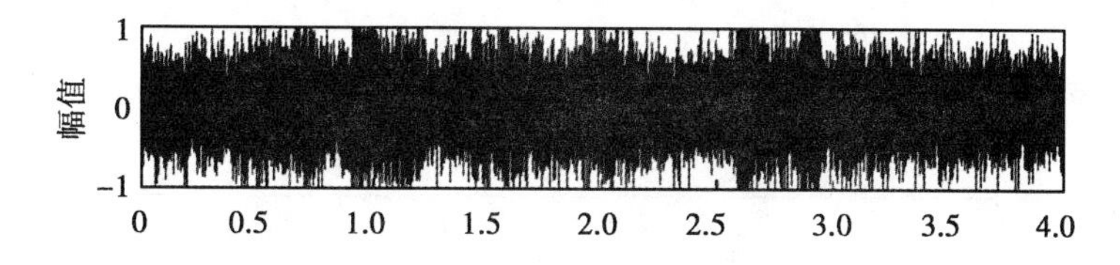

时间/s

(e)−5dB 白噪声下语音波形

图 3.12　带噪语音波形

在纯净语音信号中，语音端点的起止位置清晰可见，几乎肉眼就可以判定；然而随着信噪比逐渐降低，语音信号的很多位置被噪声信号遮盖住，甚至一些位置已经被完全掩盖掉，语音端点检测就变得更加困难。此时就需要借助更加有效的方法进行检测。第 2 章已经分析过，在高信噪比下常规的端点检测方法的检测结果较好。但是当信噪比降低时，尤其是在信噪比为−5dB 时，一些常规的端点检测方法基本失效，能够检测的方法的准确率也不够理想。因此，通过基于小波包与高阶累积量的端点检测方法和几种常规方法的比较，来验证所提出的改进算法的有效性和稳定性。

白噪声、粉红噪声、汽车噪声以及人群噪声的波形如图 3.13 所示。

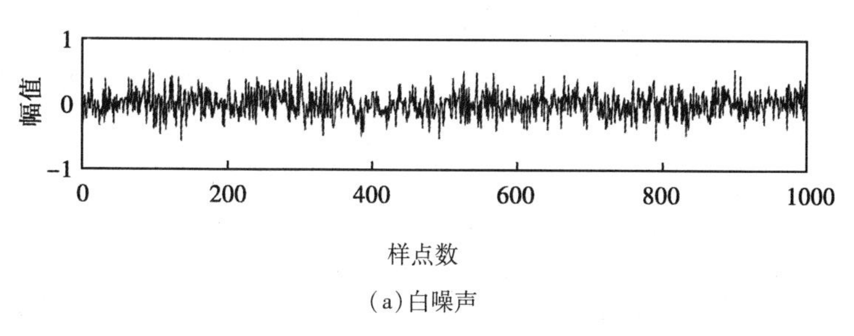

(a)白噪声

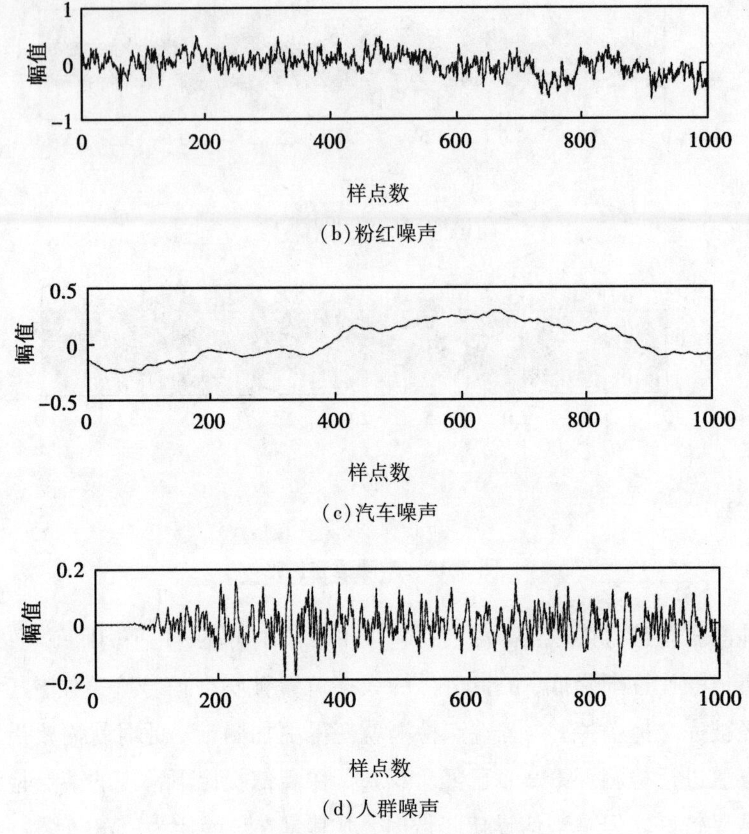

(b)粉红噪声

(c)汽车噪声

(d)人群噪声

图 3.13　噪声波形示意图

(4)不同噪声下不同语音端点检测方法的结果分析

① 白噪声下不同语音端点检测方法的结果分析。

本组实验使用前面提到的纯净语音样本作为端点检测方法的初步验证。在纯净语音的基础上添加白噪声，合成信噪比为 10，5，0，-5dB 的带噪语音。纯净语音共 20 段，首先进行人工标注，分别标记语音的起止点的位置。运用提出的改进方法检测后得到语音信号的起止点的位置，并与第 2 章提到的两种方法的端点检测结果进行对比分析。

图 3.14~图 3.17 分别为对内容为“蓝天、白云、碧绿的大海”的纯净语音以 10，5，0，-5dB 的信噪比加入白噪声，并使用这三种端点检测方法进行检测后的结果。图中语音开始以实线标示，而语音结束以虚线进行标示。

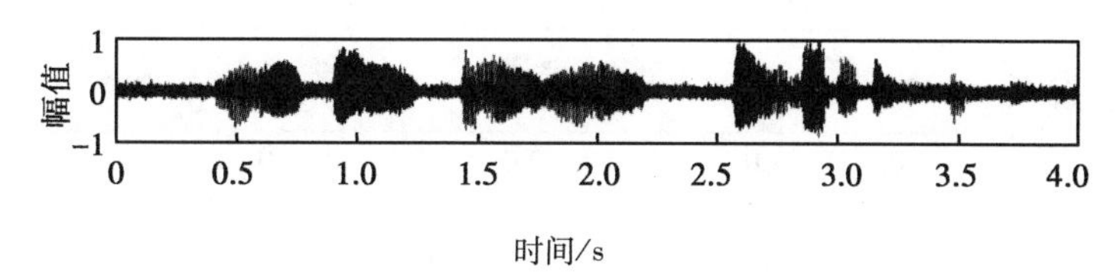

(a)10dB 白噪声下的语音信号

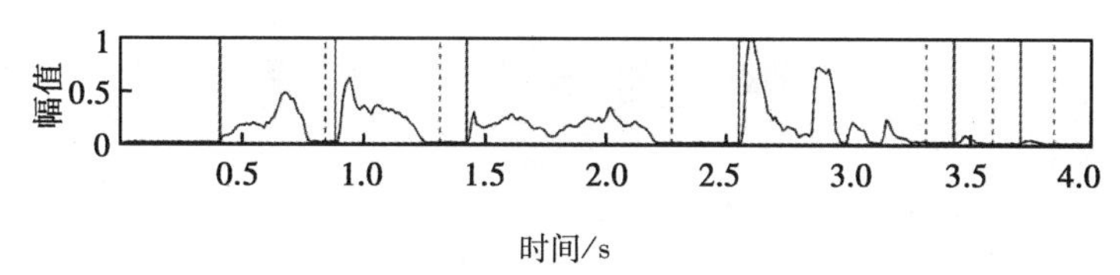

(b)短时自相关函数

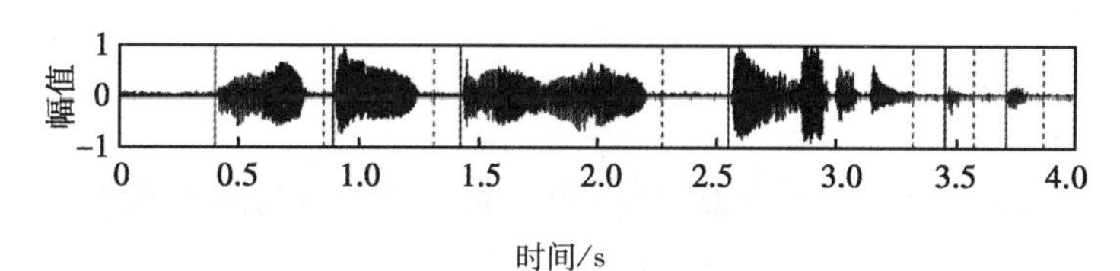

(c)基于小波变换的语音端点检测

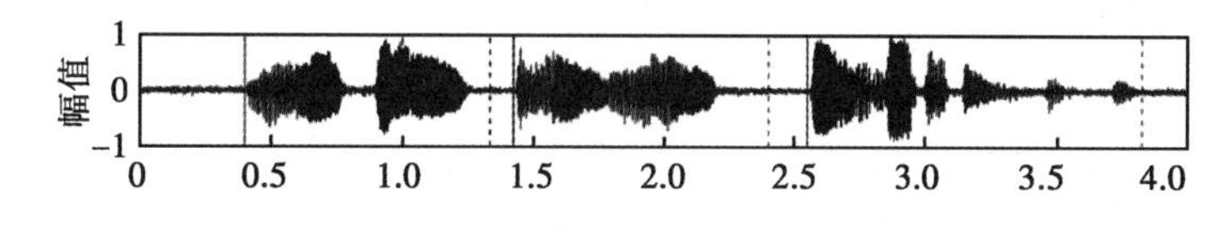

(d)基于小波包和高阶累积量的语音端点检测

图 3.14　10dB 白噪声下的检测结果

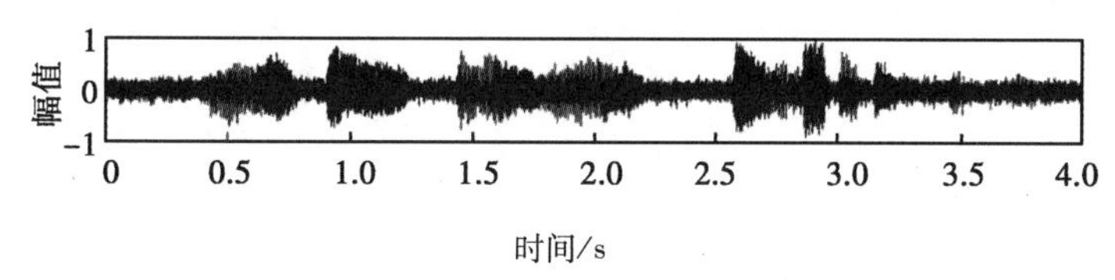

(a)5dB 白噪声下的语音信号

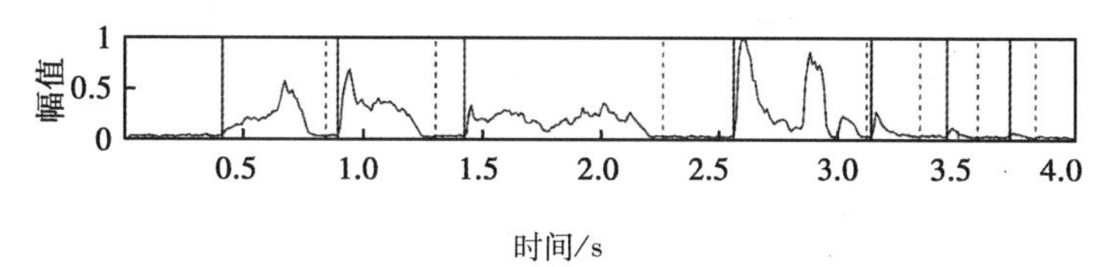

(b)短时自相关函数

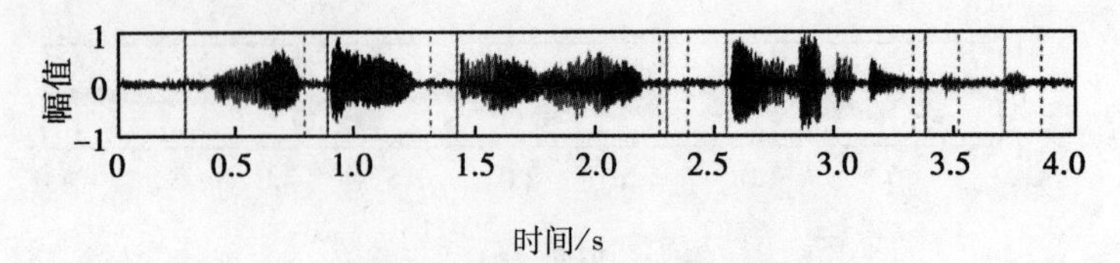

(c)基于小波变换的语音端点检测

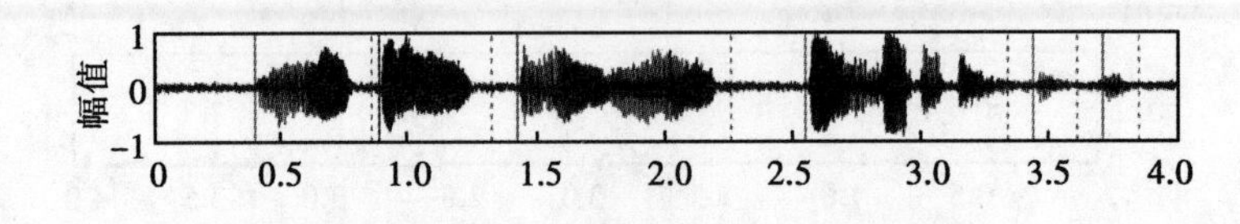

(d)基于小波包和高阶累积量的语音端点检测

图 3.15　5dB 白噪声下的检测结果

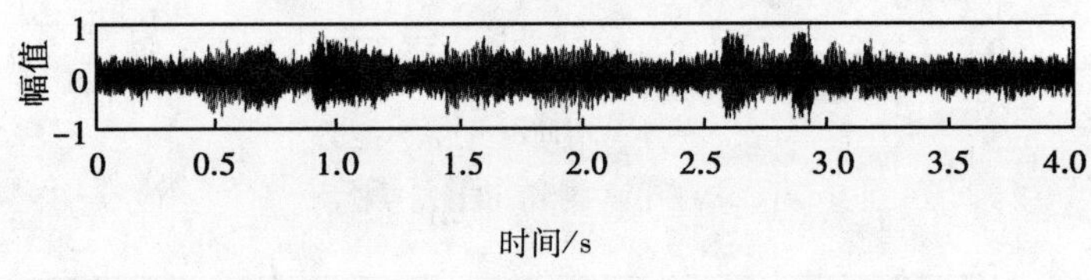

(a)0dB 白噪声下的语音信号

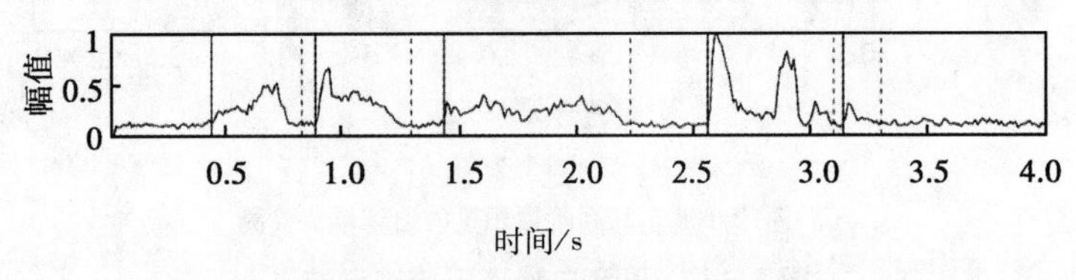

(b)短时自相关函数

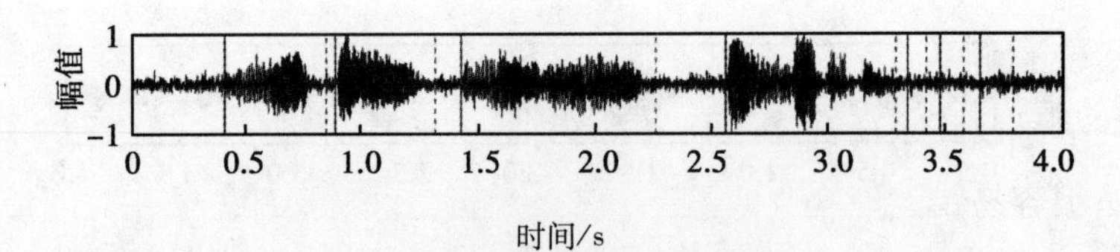

(c)基于小波变换的语音端点检测

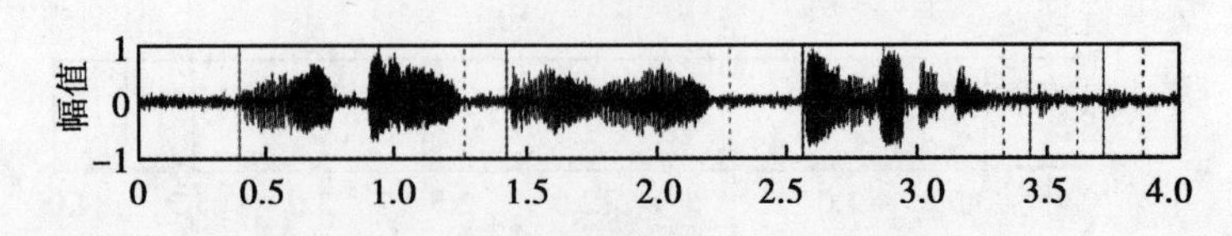

(d)基于小波包和高阶累积量的语音端点检测

图 3.16　0dB 白噪声下的检测结果

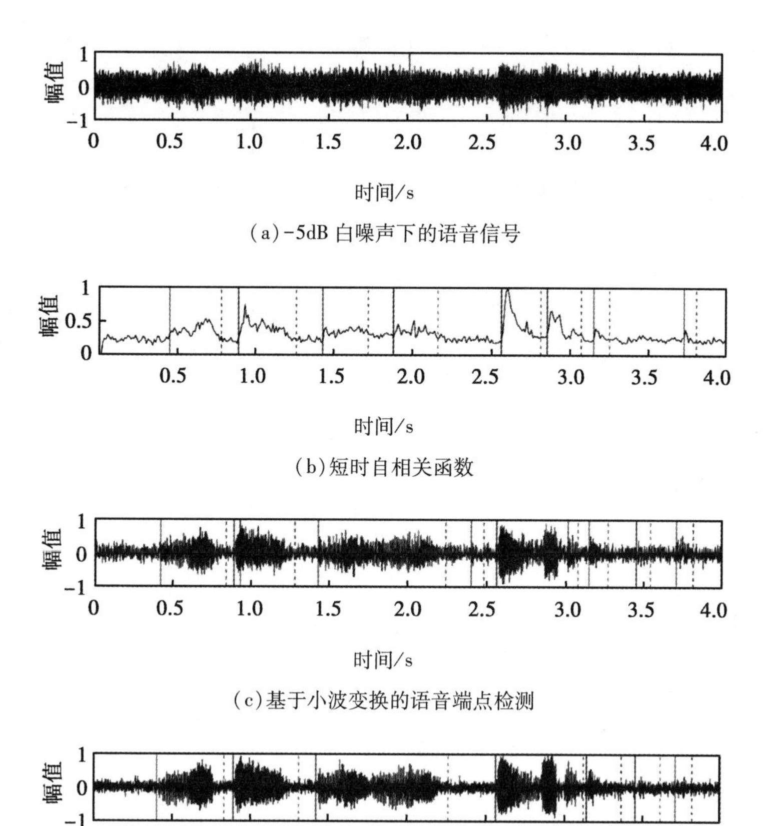

(a) -5dB 白噪声下的语音信号

(b) 短时自相关函数

(c) 基于小波变换的语音端点检测

时间/s

(d) 基于小波包和高阶累积量的语音端点检测

图 3.17　-5dB 白噪声下的检测结果

观察带噪语音波形可以发现，当信噪比为 5dB 或者更低时，语音信号中能量较小的信号已经完全被噪声隐藏，特别是在一个语音段的起始和结束位置。常规方法很容易错误判断这些语音信号。由于选取的两种方法在对语音端点检测时，其中一个重要的环节就是将运算后的结果和预设的阈值比较，来判断某一帧语音为语音段还是噪声段，但是由于阈值选择上存在一定的困难，在常规方法中会将被噪声掩盖的语音部分错误判断成语音段保留在检测出的语音中。由图 3.18 可知，在低信噪比环境下，相关法的语音端点检测效果较差，未能准确地检测出第三个语音段的起止位置。小波变换方法的端点检测效果相对较好，对语音端点的判断比较准确，然而有一些位置的语音端点还是无法准确地识别出来，而且会将一部分噪声错误地判断为语音段的结束点，使得端点检测结果出现错误。可见常规语音端点检测方法的准确性受阈值影响较大。而改进的算法则具有较强的抗噪能力，既保留了带噪语音中有效的语音段部分，又能很好地抑制噪声。检测后获得的重建语音信号在波形上更加清楚，包络线更加明显。

图 3.18 为白噪声环境下三种方法的检测正确率折线图。

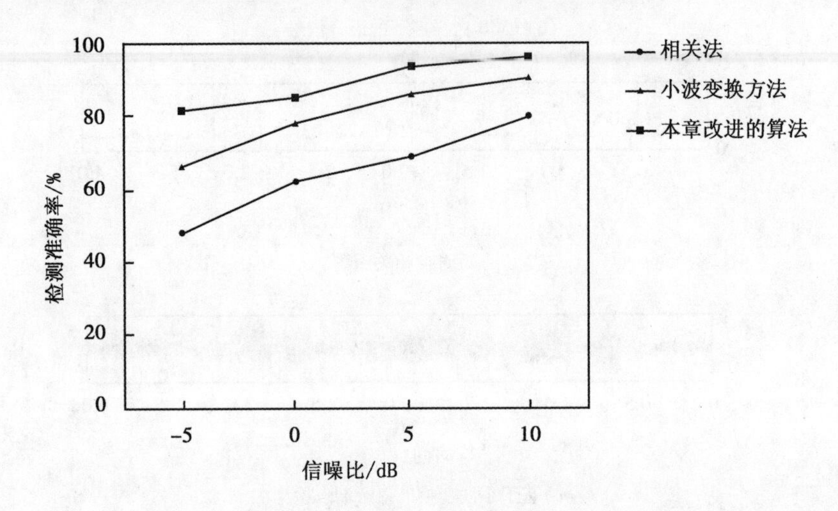

图 3.18　白噪声下端点检测正确率

在白噪声环境下将 20 段语音分别以 10，5，0，-5dB 的信噪比处理后得到 80 段带噪语音，分别运用以上三种方法进行端点检测，从这三种方法的检测正确率折线图中可以观察出，三种方法的正确率从小到大依次是：相关法、小波变换方法、本章改进的算法，其中检测准确率最高的是改进的算法。从而可以得出结论：改进的算法在白噪声环境下进行语音端点检测时，相比于其他两种方法效果更好，正确率更高。

② 粉红噪声下不同语音端点检测方法的结果分析。

本组实验使用前面提到的纯净语音样本作为端点检测方法的初步验证。在纯净语音的基础上加上粉红噪声，合成信噪比为 10，5，0，-5dB 的带噪语音。纯净语音共 20 段，首先进行人工标注，分别标记语音的起止点的位置。运用提出的改进方法检测后得到语音信号的起止点的位置，并与第 2 章提到的两种方法的端点检测结果进行对比分析。

图 3.19~图 3.22 分别为对内容为“蓝天、白云、碧绿的大海”的纯净语音以 10，5，0，-5dB 的信噪比加入粉红噪声，并使用这三种端点检测方法进行检测后的结果。图中语音开始以实线标示，而语音结束以虚线进行标示。

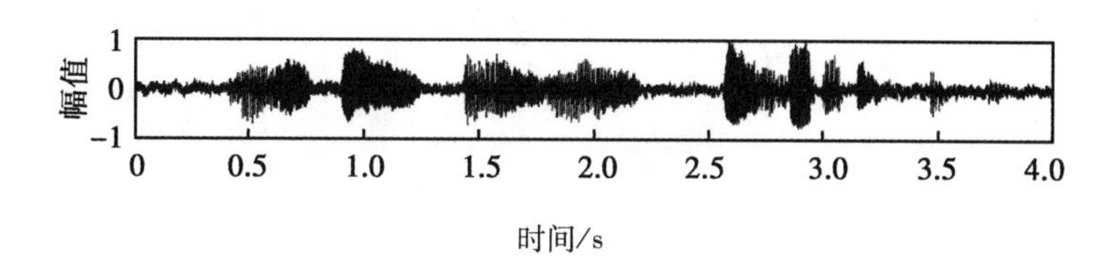

(a)10dB 白噪声下的语音信号

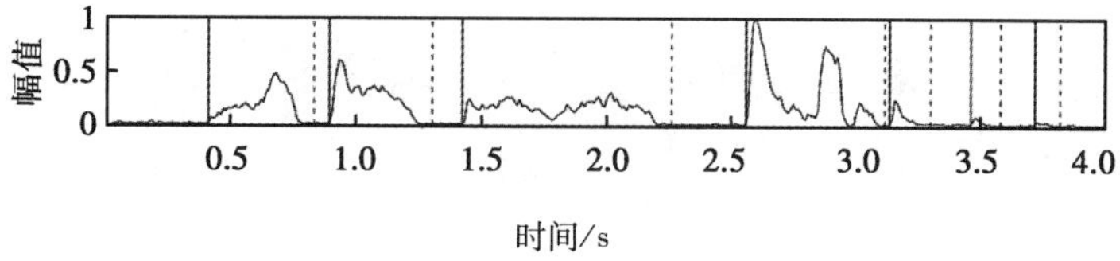

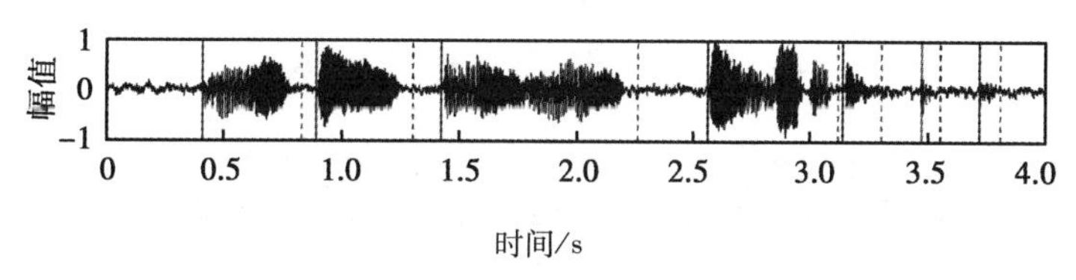

(b)短时自相关函数

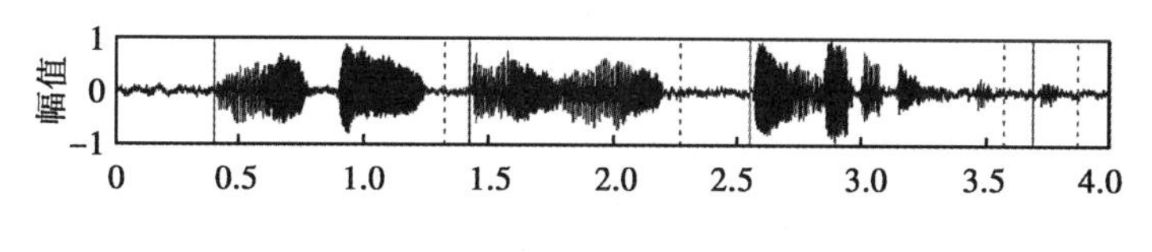

(c)基于小波变换的语音端点检测

(d)基于小波包和高阶累积量的语音端点检测

图 3.19　5dB 粉红噪声下的检测结果

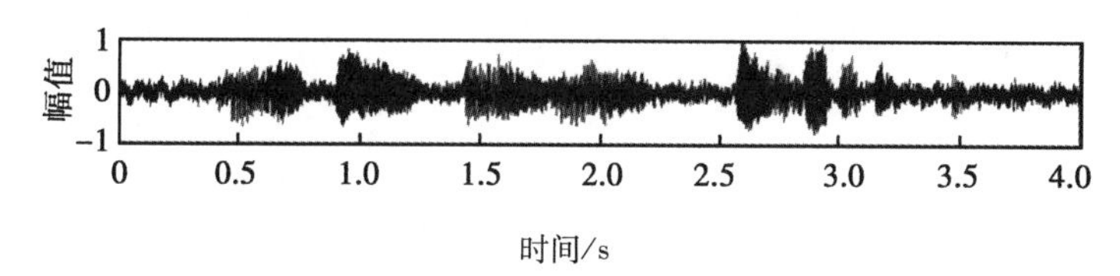

(a)5dB 白噪声下的语音信号

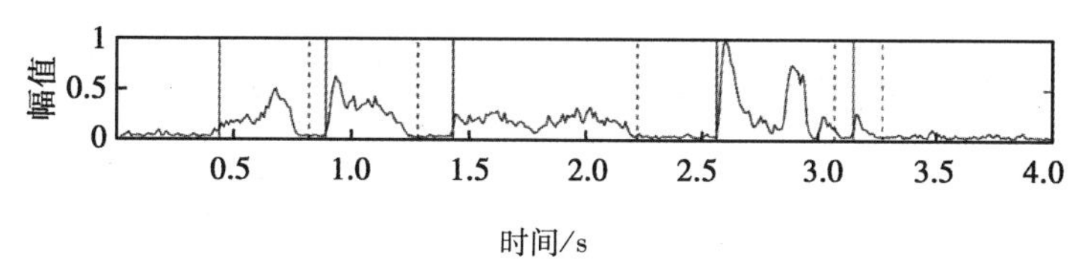

(b)短时自相关函数

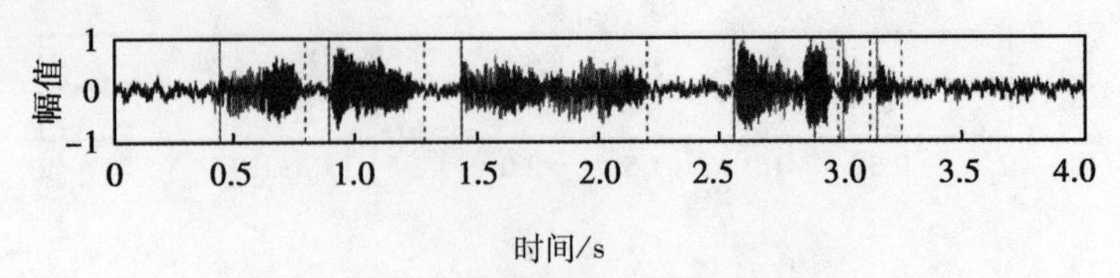

(c)基于小波变换的语音端点检测

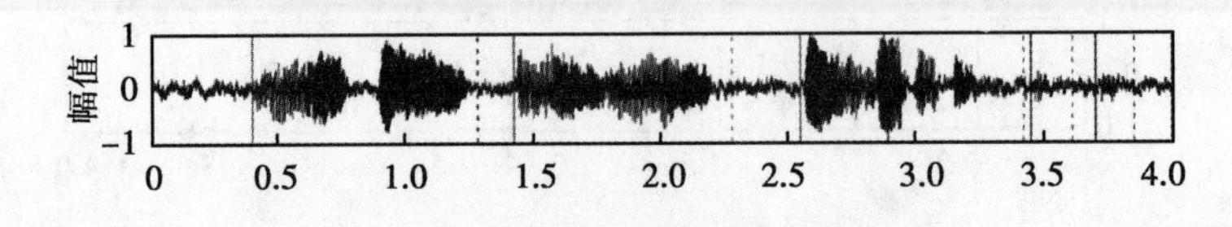

(d)基于小波包和高阶累积量的语音端点检测

图 3.20　5dB 粉红噪声下的检测结果

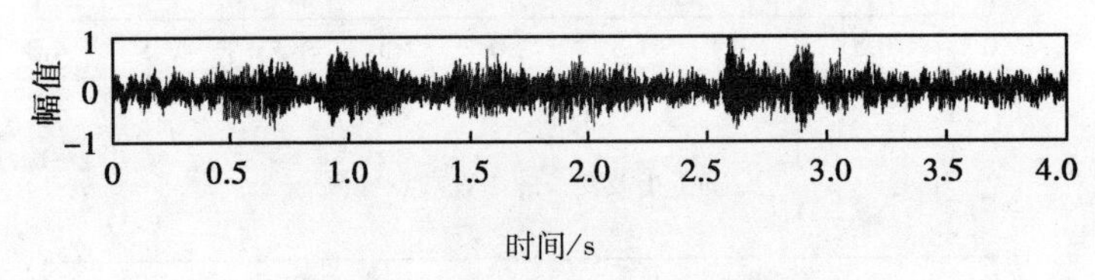

(a)0dB 白噪声下的语音信号

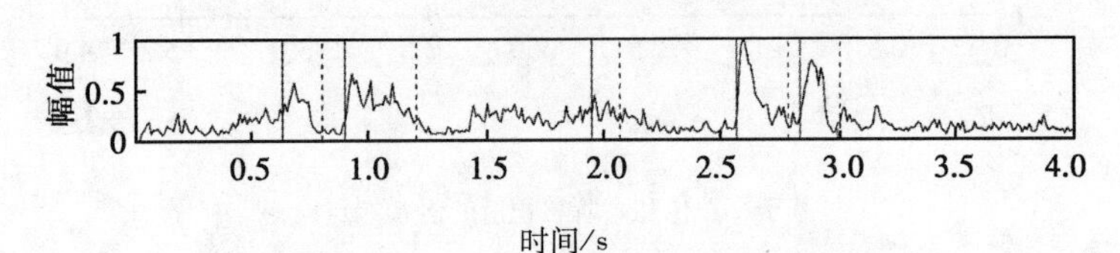

(b)短时自相关函数

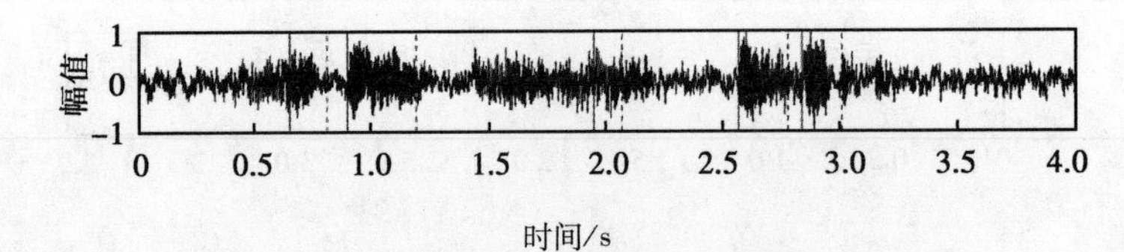

(c)基于小波变换的语音端点检测

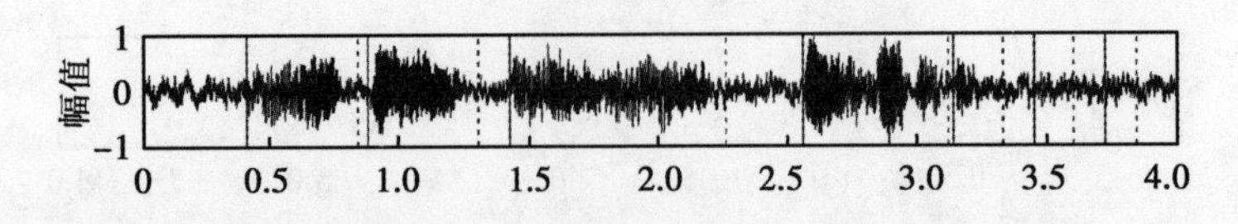

(d)基于小波包和高阶累积量的语音端点检测

图 3.21　0dB 粉红噪声下的检测结果

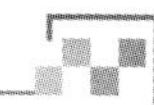

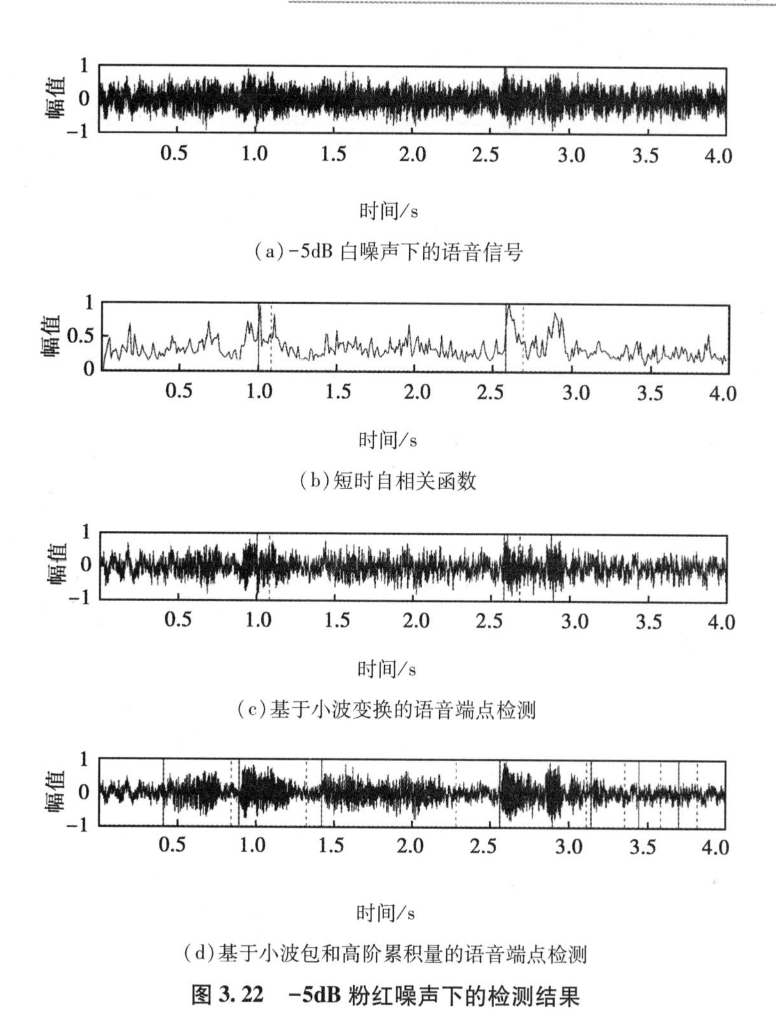

(a)-5dB 白噪声下的语音信号

(b)短时自相关函数

(c)基于小波变换的语音端点检测

(d)基于小波包和高阶累积量的语音端点检测

图 3.22　-5dB 粉红噪声下的检测结果

图 3.23 为粉红噪声环境下三种方法的检测正确率折线图。

在粉红噪声环境下将 20 段语音分别以 10，5，0，-5dB 的信噪比处理后得到 80 段带噪语音，分别运用以上三种方法进行端点检测，从这三种方法的检测准确率折线图中可以观察出，三种方法的正确率从小到大依次是：相关法、小波变换方法、本章改进的算法，其中检测正确率最高的是本章改进的算法。从而可以得出结论：改进的算法在粉红噪声环境下进行语音端点检测时，相比于其他两种方法效果更好，正确率更高。

③ 汽车噪声下不同语音端点检测方法的结果分析。

本组实验使用前面提到的纯净语音样本作为端点检测方法的初步验证。在纯净语音的基础上加上汽车噪声，合成信噪比为 10，5，0，-5dB 的带噪语音。

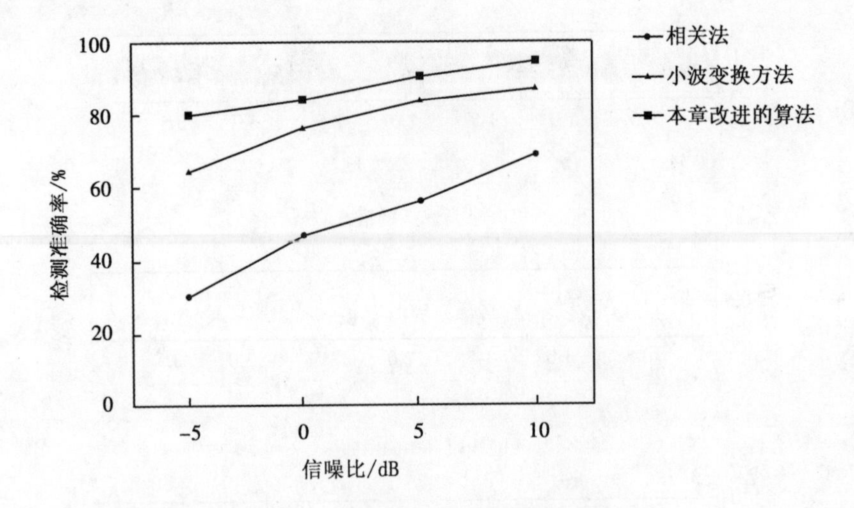

图 3.23　粉红噪声下端点检测正确率

纯净语音共 20 段，首先进行人工标注，分别标记语音的起止点的位置。运用提出的改进方法检测后得到语音信号的起止点的位置，并与第 2 章提到的两种方法的端点检测结果进行对比分析。

图 3.24～图 3.27 分别为对内容为“蓝天、白云、碧绿的大海”的纯净语音以 10，5，0，−5dB 的信噪比加入汽车噪声，并使用这三种端点检测方法进行检测后的结果。图中语音开始以实线标示，而语音结束以虚线进行标示。

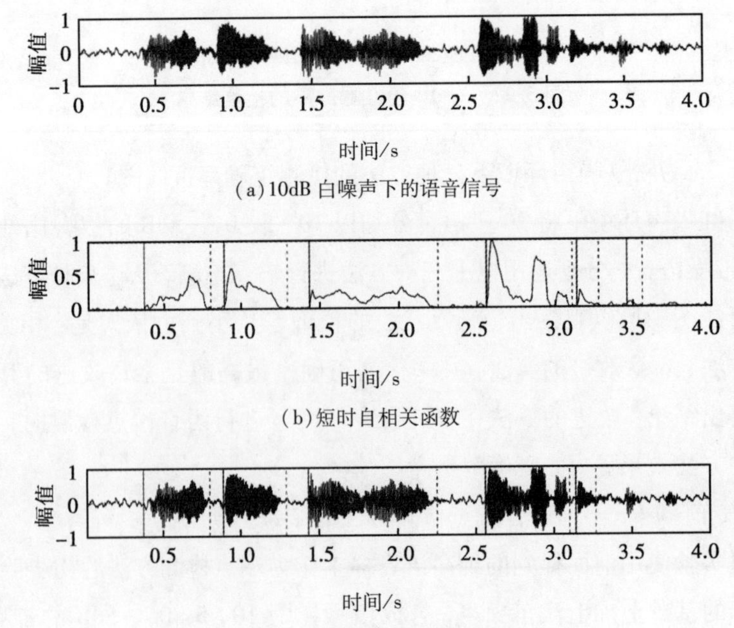

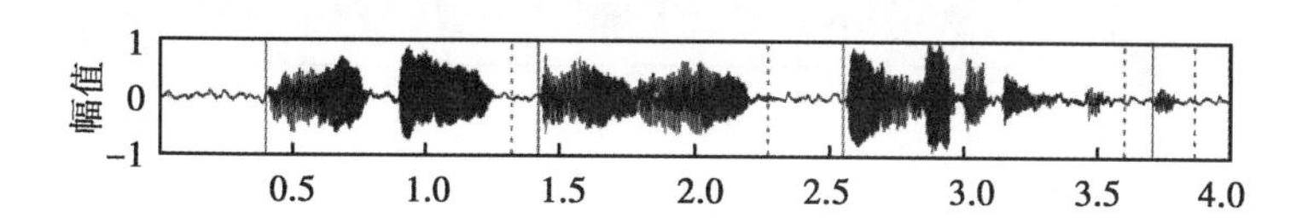

时间/s

(d)基于小波包和高阶累积量的语音端点检测

图 3.24　10dB 汽车噪声下的检测结果

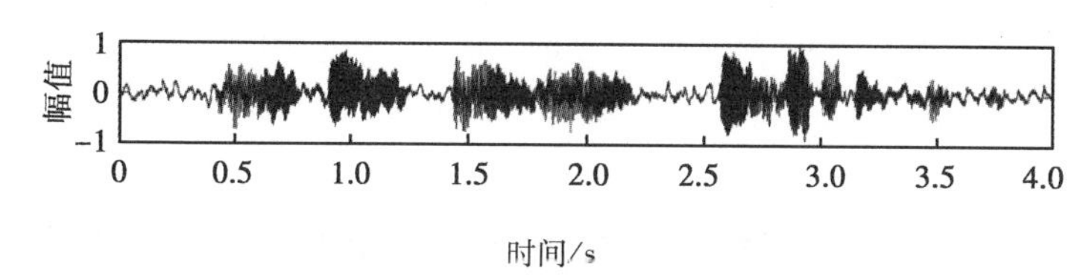

时间/s

(a)5dB 白噪声下的语音信号

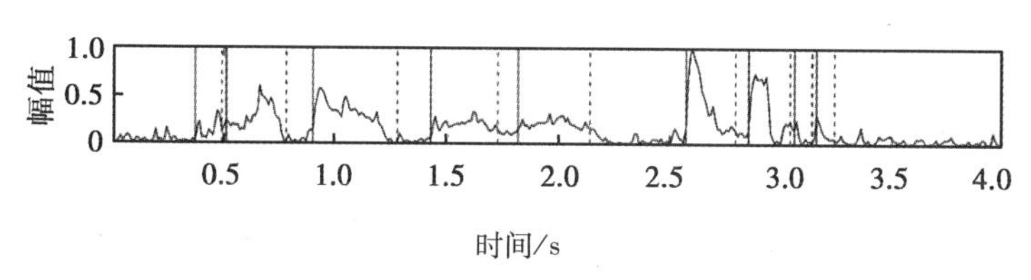

时间/s

(b)短时自相关函数

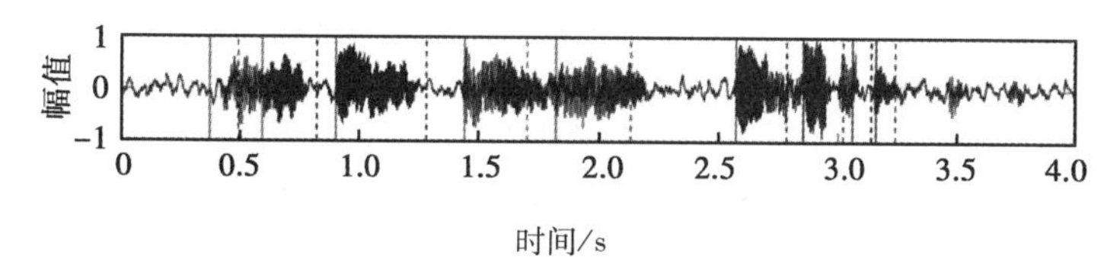

时间/s

(c)基于小波变换的语音端点检测

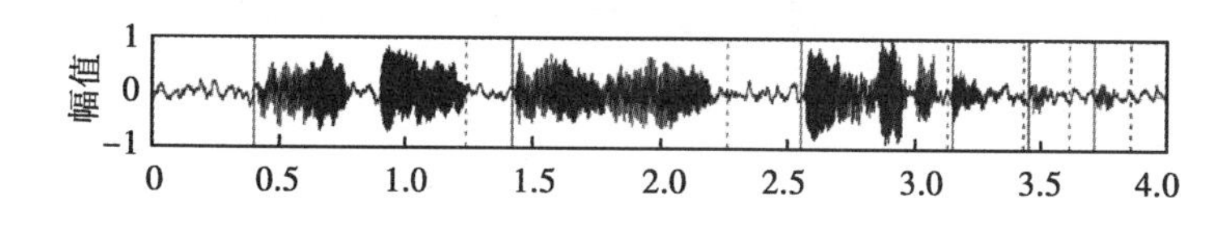

时间/s

(d)基于小波包和高阶累积量的语音端点检测

图 3.25　5dB 汽车噪声下的检测结果

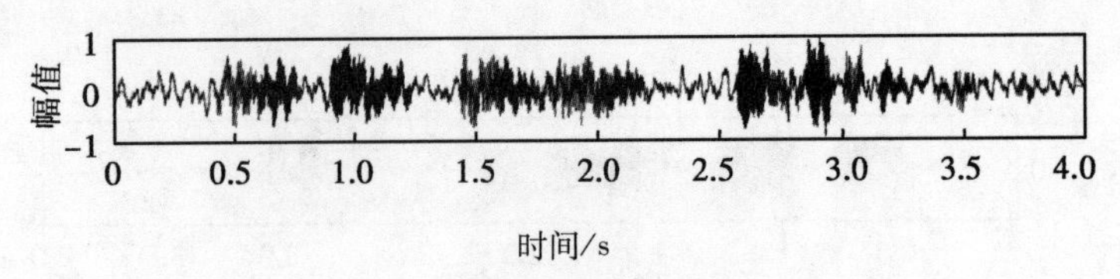

(a)0dB 白噪声下的语音信号

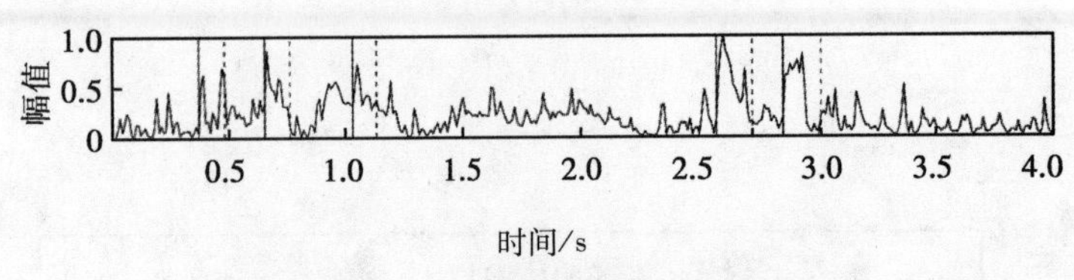

(b)短时自相关函数

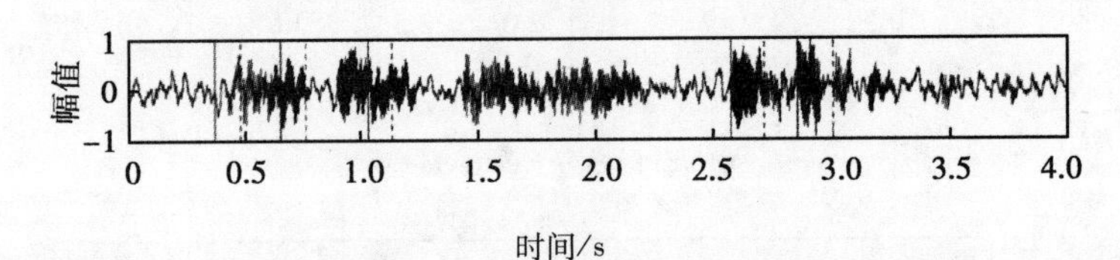

(c)基于小波变换的语音端点检测

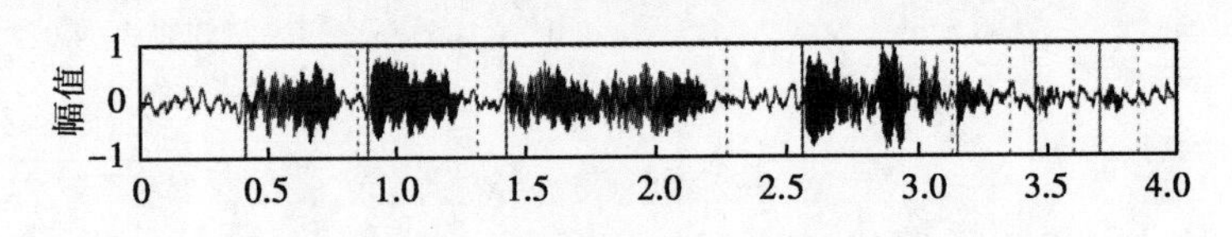

(d)基于小波包和高阶累积量的语音端点检测

图 3.26　0dB 汽车噪声下的检测结果

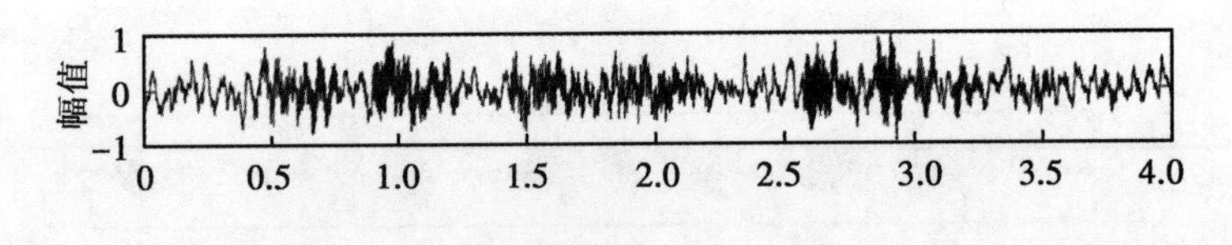

(a)−5dB 白噪声下的语音信号

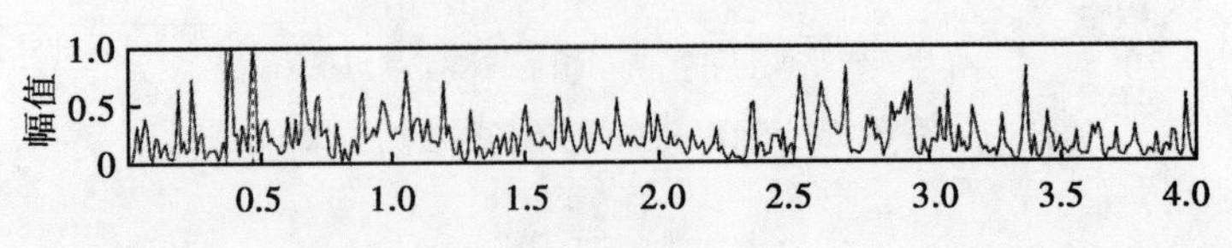

(b)短时自相关函数

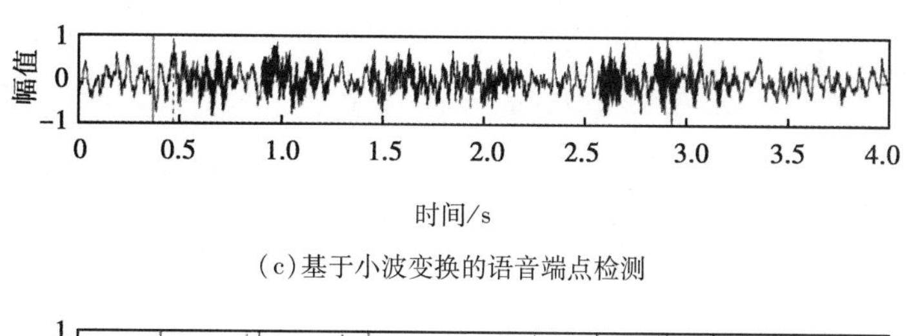

(c)基于小波变换的语音端点检测

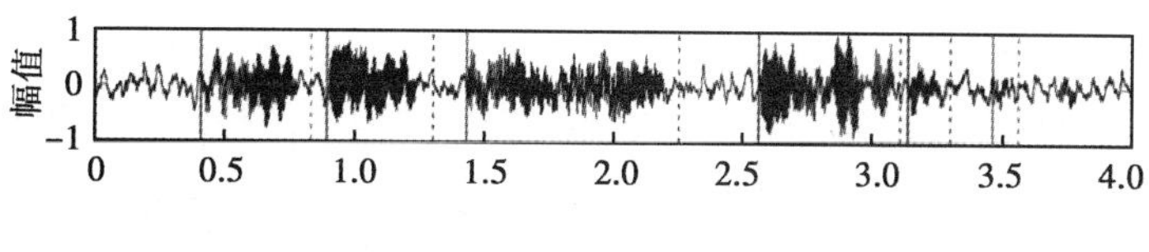

时间/s

(d)基于小波包和高阶累积量的语音端点检测

图 3.27　−5dB 汽车噪声下的检测结果

图 3.28 为汽车噪声环境下三种方法的检测正确率折线图。

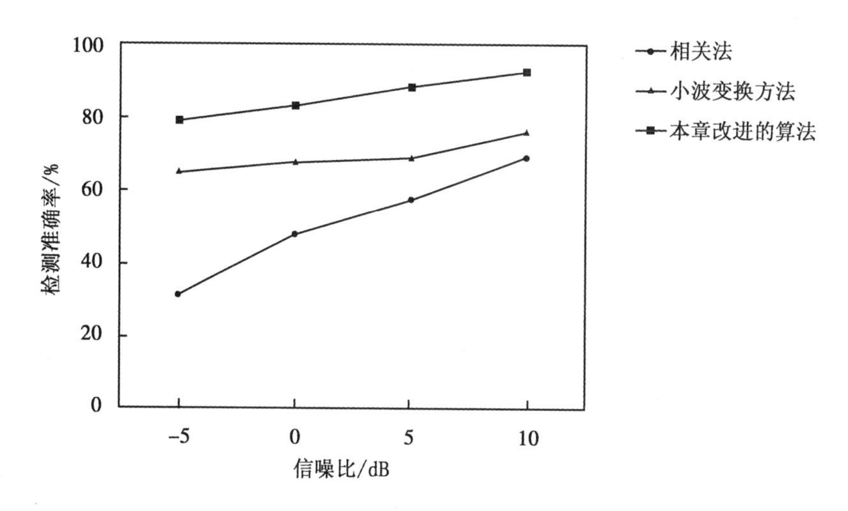

图 3.28　汽车噪声下端点检测正确率

在汽车噪声环境下将 20 段语音分别以 10，5，0，−5dB 的信噪比处理后得到 80 段带噪语音，分别运用以上三种方法进行端点检测。从这三种方法的检测正确率折线图中可以观察出，三种方法的正确率从小到大依次是：相关法、小波变换方法、本章改进的算法，其中检测正确率最高的是本章改进的算法。从而可以得出结论：改进的算法在汽车噪声环境下进行语音端点检测时，相比于其他两种方法效果更好，正确率更高。

④ 人群噪声下不同语音端点检测方法的结果分析。

本组实验使用前面提到的纯净语音样本作为端点检测方法的初步验证。在纯净语音的基础上加上人群噪声，合成信噪比为 10，5，0，-5dB 的带噪语音。纯净语音共 20 段，首先进行人工标注，分别标记语音的起止点的位置。运用提出的改进方法检测后得到语音信号的起止点的位置，并与第 2 章提到的两种方法的端点检测结果进行对比分析。

图 3~29~图 3. 32 分别为对内容为“蓝天、白云、碧绿的大海”的纯净语音以 10，5，0，-5dB 的信噪比加入人群噪声，并使用这三种端点检测方法进行检测后的结果。图中语音开始以实线标示，而语音结束以虚线进行标示。

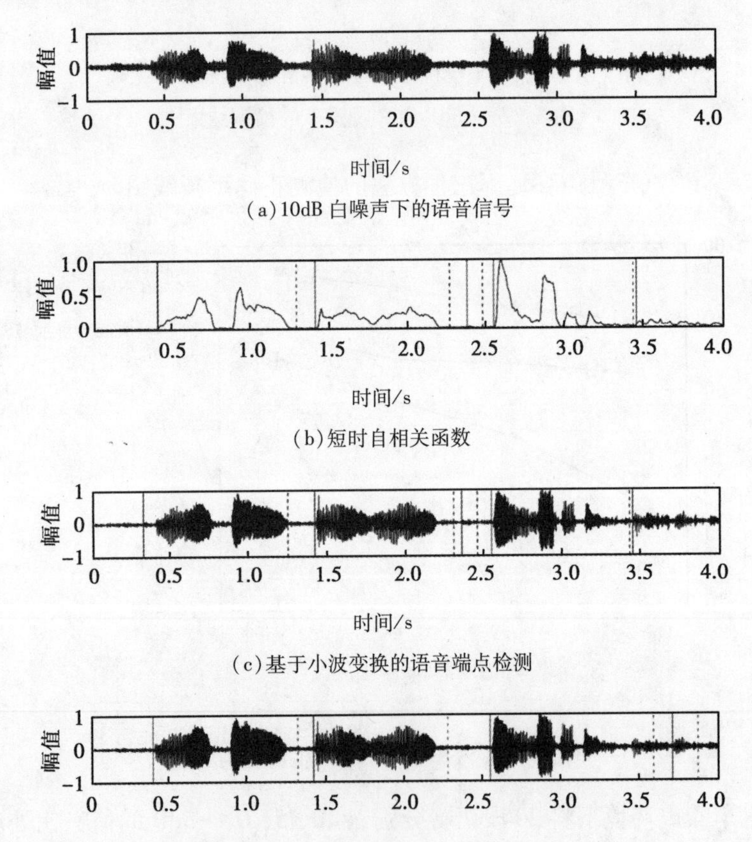

(a) 10dB 白噪声下的语音信号

(b) 短时自相关函数

(c) 基于小波变换的语音端点检测

(d) 基于小波包和高阶累积量的语音端点检测

图 3. 29　10dB 人群噪声下的检测结果

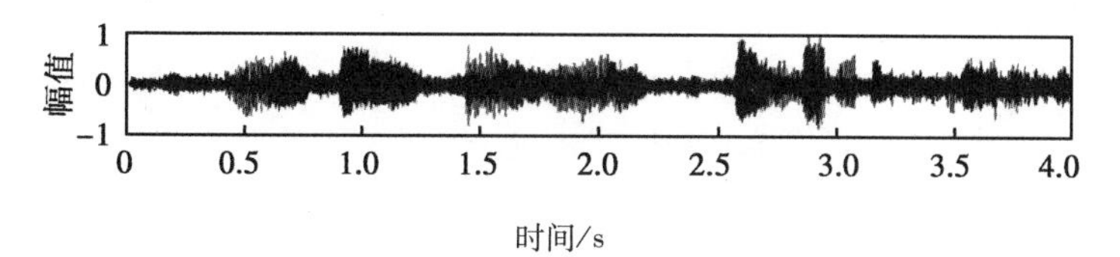

时间/s

(a)5dB 白噪声下的语音信号

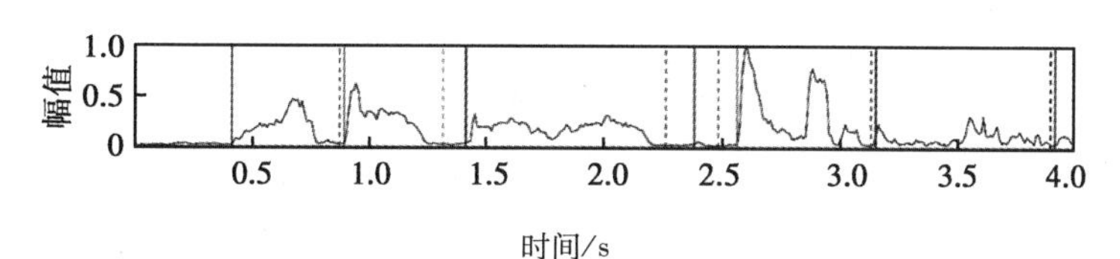

时间/s

(b)短时自相关函数

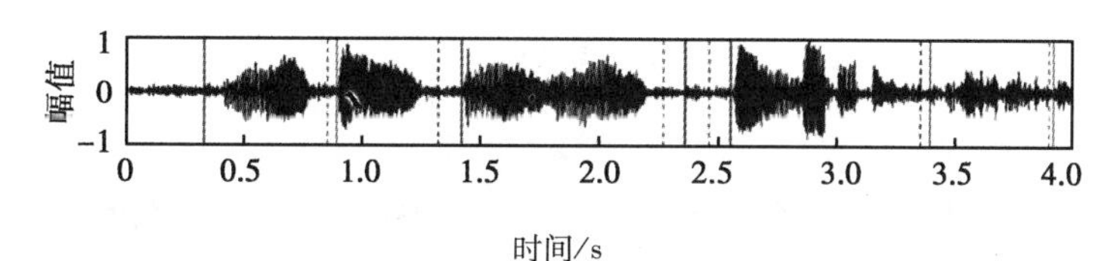

时间/s

(c)基于小波变换的语音端点检测

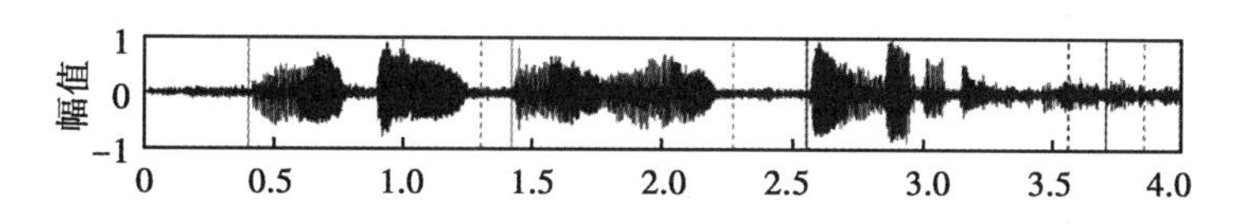

时间/s

(d)基于小波包和高阶累积量的语音端点检测

图 3.30　5dB 人群噪声下的检测结果

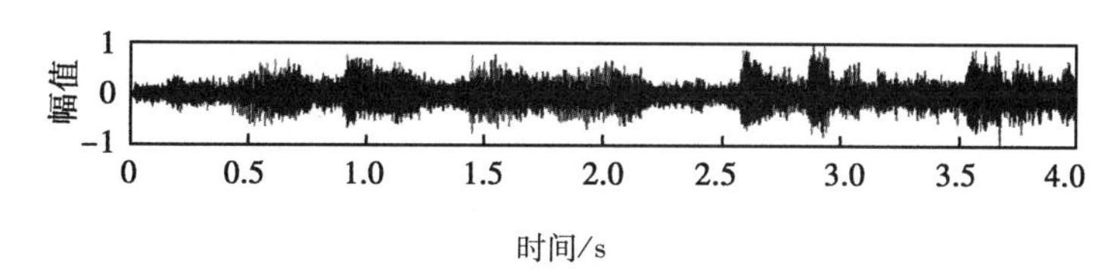

时间/s

(a)0dB 白噪声下的语音信号

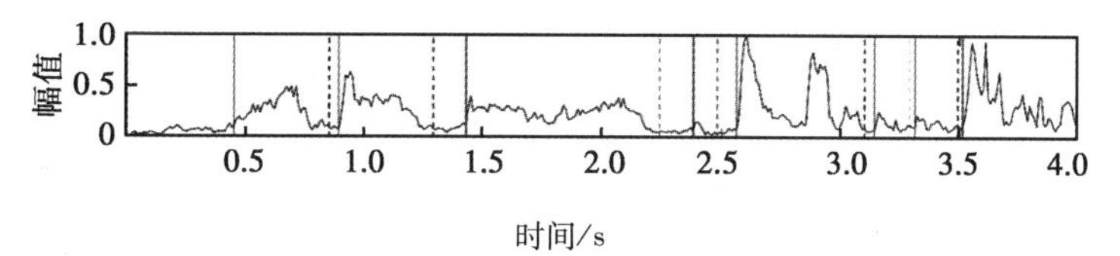

时间/s

(b)短时自相关函数

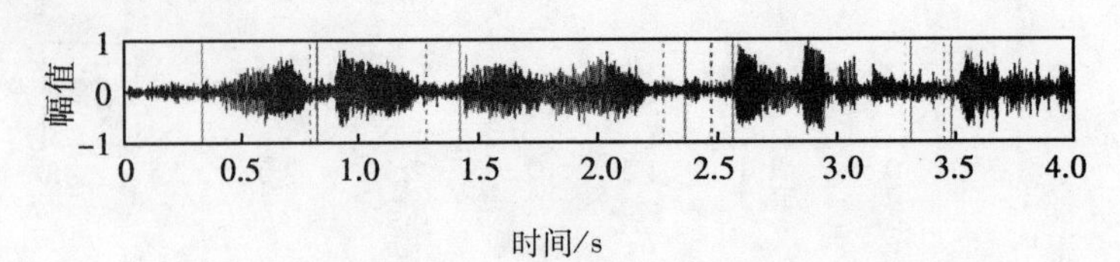

(c)基于小波变换的语音端点检测

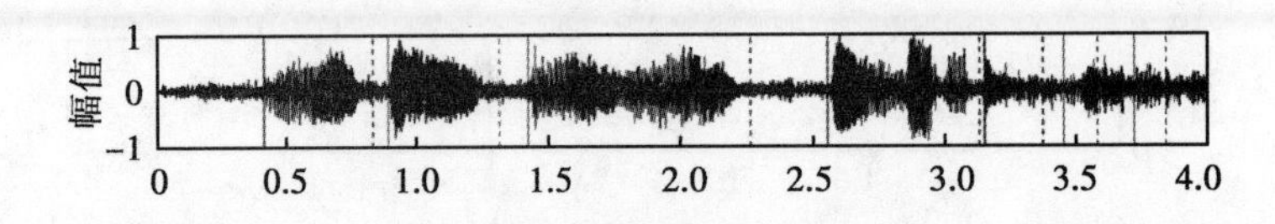

(d)基于小波包和高阶累积量的语音端点检测

图 3.31　0dB 人群噪声下的检测结果

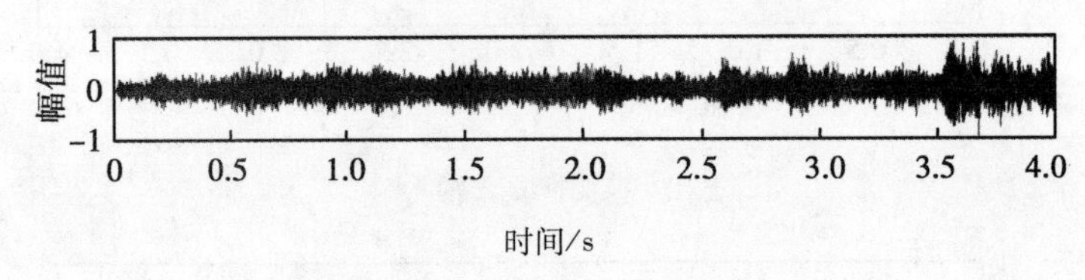

(a)-5dB 白噪声下的语音信号

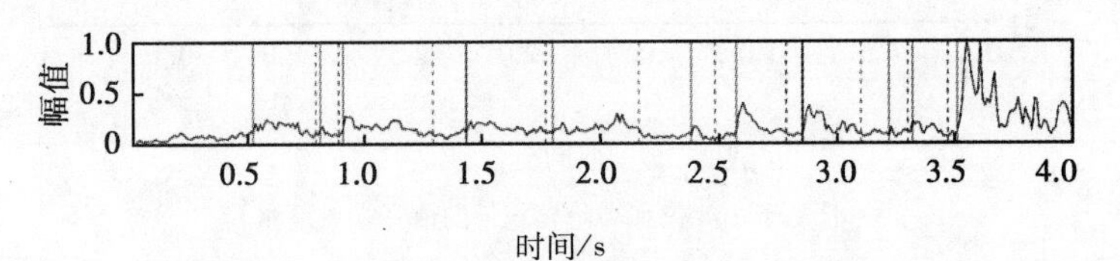

(b)短时自相关函数

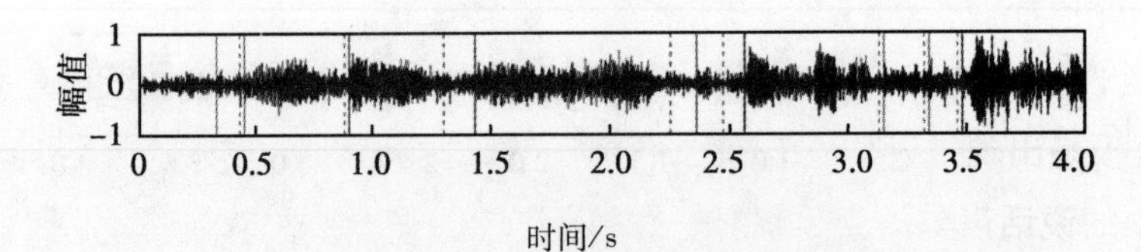

(c)基于小波变换的语音端点检测

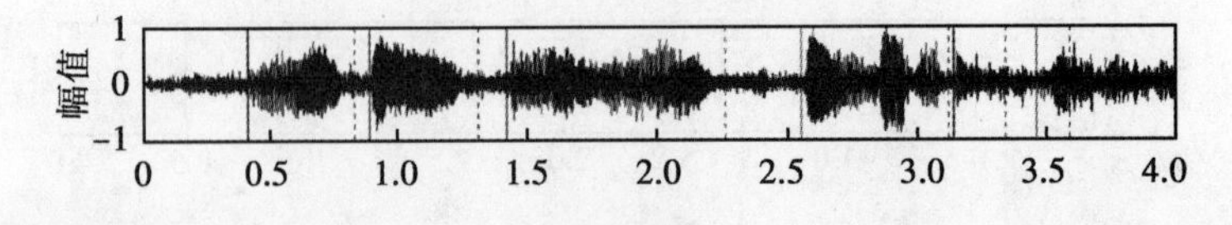

(d)基于小波包和高阶累积量的语音端点检测

图 3.32　-5dB 人群噪声下的检测结果

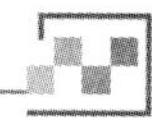

图 3.33 为人群噪声环境下三种方法的检测正确率折线图。

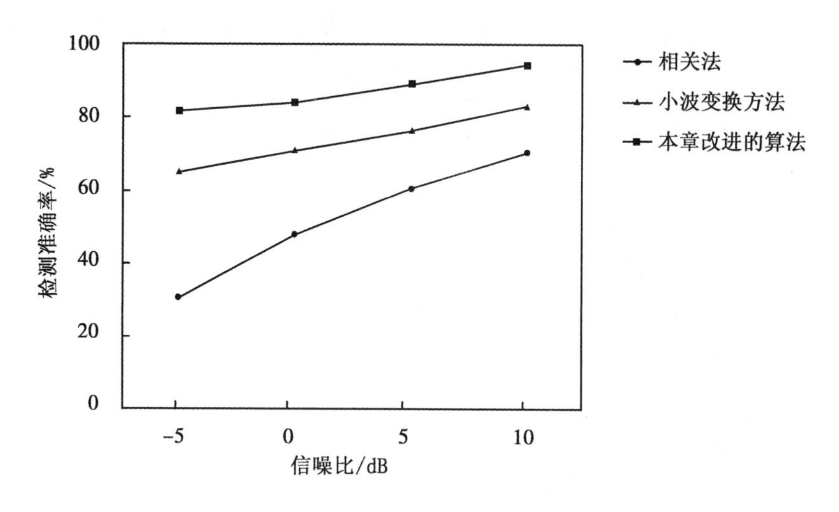

图 3.33　人群噪声下端点检测正确率

在人群噪声环境下将 20 段语音分别以 10，5，0，-5dB 的信噪比处理后得到 80 段带噪语音，分别运用以上三种方法进行端点检测，从这三种方法的检测正确率折线图中可以观察出，三种方法的正确率从小到大依次是：相关法、小波变换方法、本章改进的算法，其中检测正确率最高的是本章改进的算法。从而可以得出结论：改进的算法在人群噪声环境下进行语音端点检测时，相比于其他两种方法效果更好，正确率更高。

由以上检测结果可以看出，当背景噪声为实际噪声时，相关法的准确率极低，复杂噪声环境下虽然也能够检测出部分语音段，但在语音能量较小时几乎失去检测的价值，错误率极高。小波变换方法虽然能够实现部分语音段的检测，但也极易出现错误，尤其是在人群噪声这种对语音干扰较强的噪声类型下，当噪声中的说话声与语音内容混合时，检测的错误更多。而观察改进算法的端点检测结果发现“海”字没有检测出来，如果用这个结果去进行进一步的语音处理，将会缺少“海”字，使语音不完整，这是因为在叠加复杂噪声后的语音波形中能量极低的“海”这个字几乎被噪声掩盖，而在实际检测中能量极小并且被噪声掩盖的语音段就已经失去了比对的价值。

综合分析不同噪声条件下的端点检测结果可以发现，相对于相关法和小波变换方法，本章提出的改进方法的检测正确率较高。在 SNR = -5dB 白噪声环境下的端点检测正确率为 81.7%；信噪比在 0~10dB，端点检测的正确率也要高于其余两种方法。而且在不同信噪比的粉红噪声、汽车噪声和人群噪声环境下，基于小波包和高阶累积量的端点检测方法也有着良好的端点检测准确率。

本章提出的基于小波包和高阶累积量的端点检测方法检测的正确率明显优于另外两种传统方法。在低信噪比情况下，传统方法的端点检测的正确率极低。随着信噪比的提高，三种算法的正确率都有显著提高，且走势一致。高斯白噪声条件下，本章方法的语音端点检测率最高，滤掉了大量噪声信号，符合高阶累积量对于抑制高斯噪声的优越性。本章所提出的算法针对不同类型的噪声在低信噪比环境下仍然具有良好的检测性能。

3.5 基于自适应门限的分形维数语音端点检测

复杂背景下语音信号精确的端点检测是语音识别领域一个非常重要的研究分支[50]。所谓端点检测，就是要对一段原始声音数据中的语音段进行定位，找到语音段的起止点[51]。语音识别系统的性能、鲁棒性以及处理时间可通过精确高效的端点检测来大幅度提高，因此，该领域的研究具有重要的理论意义和实际应用价值[52]。传统的检测方法主要是根据语音的短时能量、过零率等语音特征来确定端点[52]，但这些特征只局限于无噪声或信噪比较高的情况，在低信噪比时就会失去效果[53]。

随着声学和空气动力学等领域研究工作的不断深入，语音信号已被证明是一个复杂的非线性过程，其中存在着产生混沌的机制。而描述混沌信号有效的手段就是分形理论[54]，它的基本特征就是局部与整体保持自相似性，语音时域波形也具有自相似性，且表现出周期性和随机性，因此将分形维数引入语音信号分析具有很好的理论基础。文献[55]将分形维数用于语音起止点的检测中，为了提高检测的准确性，算法从短时频域上提取分形维数来区分语音和噪声，虽然在检测准确率上有所提高，但由于选取的是固定门限值，使得鲁棒性较差。本章在此基础上，给出了一种基于自适应门限的分形维数语音端点检测算法，在低信噪比下提高了语音端点检测的准确性和鲁棒性。

3.5.1 基于分形维数的端点检测

(1)分形维数的定义

分形维数是描述分形理论特征的重要参数，从测度的角度将维数从整数扩

大到分数，突破了一般拓扑集维数为整数的界限[56]。

n 维空间子集 F 的分形维数 D_B 定义为

$$D_B = \lim \frac{\lg N(F)}{\lg(1/r)} \tag{3.45}$$

式中，r ——单元大小；

$N(F)$ ——用单元大小 r 来覆盖子集 F 所需的个数。

(2)语音信号分形维数的计算

计算步骤如下。

① 将原始语音信号归一化，得到信号 $x(t)$ 。

② 设 r 足够小，取边长为 r 的正方形，可以得到 $x(t)$ 的波形图被 $N(F)$ 个正方形网格所覆盖，多次改变 r 的值，计算出相应的 $\lg N(F)$ ，$\lg(1/r)$ 。

③ 令 $x_i = \lg(1/r)$ ，$y_i = \lg N(F)$ $(i = 1, 2, \cdots, M)$ ，利用 (x_i, y_i) 最小均方差拟合直线 $y = kx + b$ ，此直线的斜率即为分形维数 D_B 。令

$$E = \sum_{i=1}^{M} (y_i - kx_i - b)^2 \tag{3.46}$$

以及 $\frac{\partial E}{\partial k} = 0$，$\frac{\partial E}{\partial b} = 0$，可解得

$$D_B = \frac{\left(\sum_{i=1}^{M} y_i\right)\left(\sum_{i=1}^{M} x_i\right) - M\left(\sum_{i=1}^{M} y_i x_i\right)}{\left(\sum_{i=1}^{M} y_i\right)^2 - M\sum_{i=1}^{M} x_i{}^2} \tag{3.47}$$

(3)带噪语音信号的端点检测

分形维数对于信号的复杂程度很敏感，体现了信号波形的精细度和规律性，越规律、细节越不丰富的信号，其分形维数越小。在噪声语音信号中，语音信号的波形较噪声信号(如高斯白噪声)的波形具有较大的周期性和规则性[57-60]。因此，语音的分形维数小于噪声的分形维数，由此来设计算法进行端点检测。算法流程图如图 3.34 所示。

(4)实验仿真

在 MATLAB 环境下，输入为“长度”的纯净音频，格式为 wav，采样频率为 8kHz，由噪声库提供高斯白噪声。在无背景噪声和信噪比(SNR)分别为 10，0dB 的情况下，用文献[61]中固定门限值的短时频域分形维数算法来进行端点检测的实验。固定的门限按照传统方法选取，即选前 20 帧的分形维数的平均值作为门限值，是一个固定值，得到的实验结果如图 3.35~图 3.37 所示。

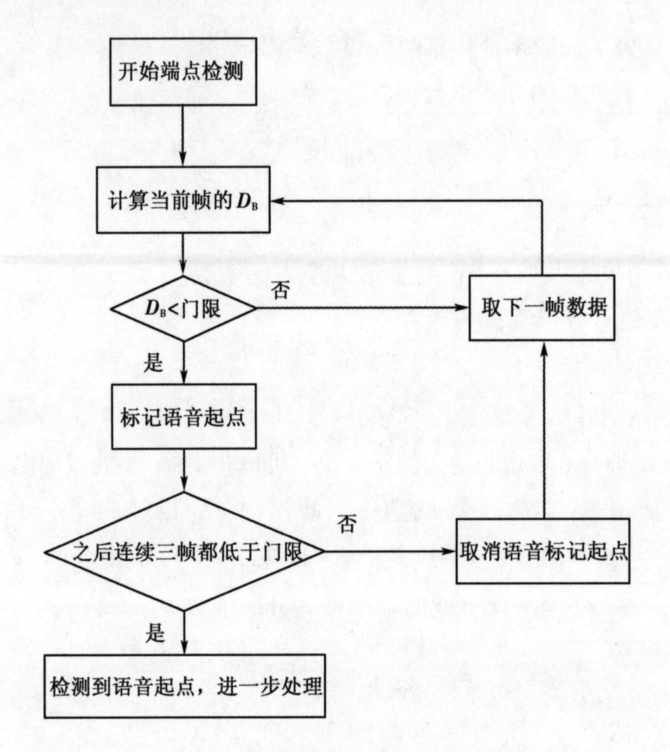

图 3.34　分形维数端点检测的流程图

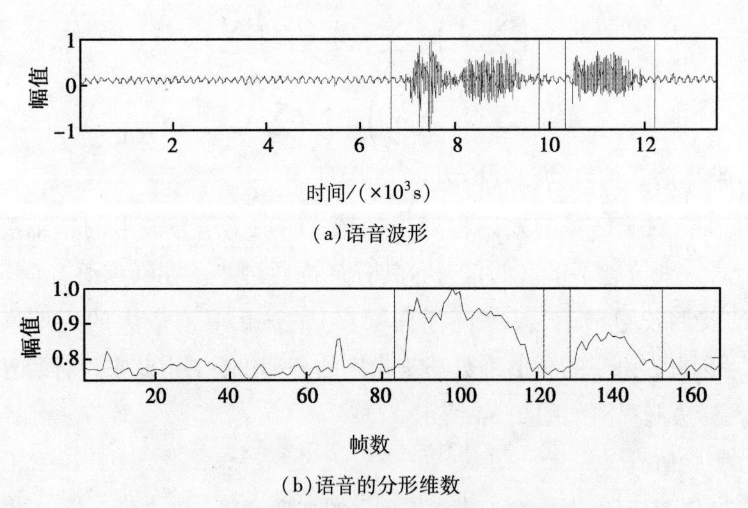

图 3.35　无背景噪音时分形维数算法的检测结果

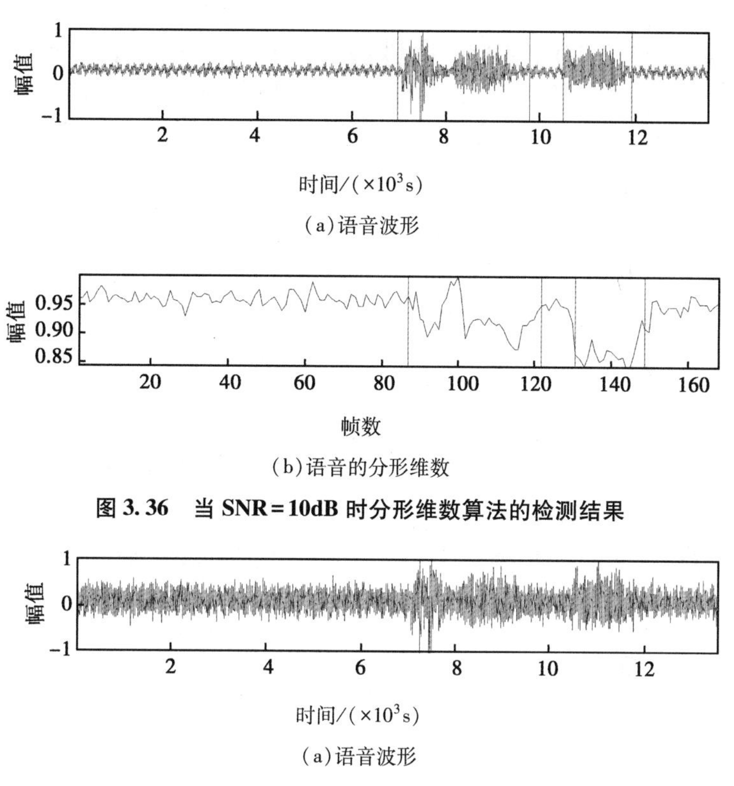

(a)语音波形

(b)语音的分形维数

图 3.36　当 SNR = 10dB 时分形维数算法的检测结果

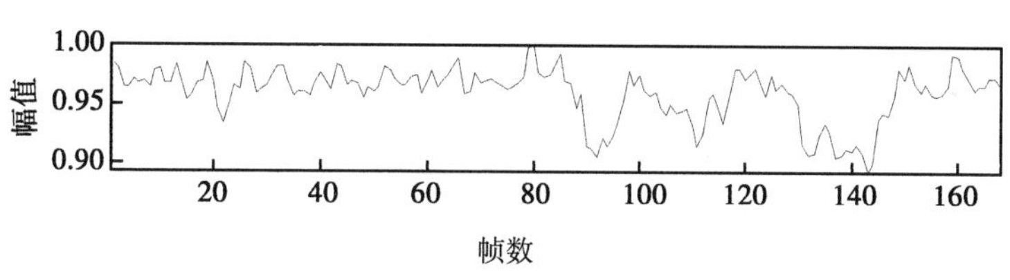

(a)语音波形

幅值

1.00

0.95

0.90

20　40　60　80　100　120　140　160

帧数

(b)语音的分形维数

图 3.37　当 SNR = 0dB 时分形维数端点检测算法的检测结果

由图 3.35 可知，在无背景噪声时，利用语音信号的自身特点，分形维数算法得到了较高的检测率。图 3.36 中，SNR = 10dB，语音和噪声相比精细度更小，规则度更高，两者的分形维数差别明显，也能找到语音的起止点，从而有效地进行端点检测。从图 3.37 可见，当 SNR = 0dB 时，原始语音信号中幅值低的部分已经被噪声所覆盖，尤其体现在语音的起止和结束部分，无法检出语音端点。究其原因，是由于算法中所使用的门限是一个固定值，而固定门限对于波动过大的背景噪声的处理能力有限，失去了理想的效果。因此将自适应门限引入分形维数中来改进算法。

3.5.2 基于自适应门限的分形维数端点检测算法设计

(1)自适应门限的设计

自适应门限的基本思想是让门限随信噪比变化而变化。通过对大量语音数据进行拟合分析，由每一时刻的分形维数确定信噪比，从而确定门限，以达到自适应的效果。计算过程如下。

① 采用曲线拟合来估计语音信号的 SNR。

SNR 定义为

$$\mathrm{SNR}=10\lg\left(\frac{P_{\mathrm{s}}}{P_{\mathrm{n}}}\right) \tag{3.48}$$

式中，P_{s}，P_{n}——语音和噪声的功率。

对安静环境下录制的大量纯净语音段加入平稳高斯白噪声，分别混音 SNR 为 0~40dB 的带噪语音，然后在较纯净语音信号波形上手工标记语音段的起止点，依照手工标记的端点分别统计不同 SNR 下带噪语音的语音段和噪音段的均值 $D_{\mathrm{s,\ mean}}$ 和 $D_{\mathrm{n,\ mean}}$，采用多项式拟合方法，设抽样信号的 SNR 的估计值为

$$\mathrm{SNR}=10\lg f(D_{\mathrm{s,\ mean}}/D_{\mathrm{n,\ mean}}) \tag{3.49}$$

其中，f 为待拟合的 n 阶多项式。式(3.49)等价于

$$10^{(\mathrm{SNR}/10)}=f(D_{\mathrm{s,\ mean}}/D_{\mathrm{n,\ mean}}) \tag{3.50}$$

令 $\mathrm{SNR}=10^{(\mathrm{SNR}/10)}$，代入式(3.50)中得

$$\mathrm{SNR}=f(D_{\mathrm{s,\ mean}}/D_{\mathrm{n,\ mean}}) \tag{3.51}$$

拟合结果如图 3.38 所示。综合考虑运算量和拟合误差两个因素，选择三阶多项式作为拟合结果，将结果代入式(3.50)中，得到分形维数和信噪比的关系式为

$$\begin{aligned}\mathrm{SNR}=10\lg(&1.0025(D_{\mathrm{s,\ mean}}/D_{\mathrm{n,\ mean}})^3-3.0239(D_{\mathrm{s,\ mean}}/D_{\mathrm{n,\ mean}})^2+\\&3.0382(D_{\mathrm{s,\ mean}}/D_{\mathrm{n,\ mean}})-1.0168)\end{aligned} \tag{3.52}$$

② 确定 SNR 和门限的关系。

对平稳高斯白噪声环境下 SNR 从 0~40dB 的语音信号分别测试出端点检测的最佳门限值 G。对语音信号序列进行中值滤波两次，然后取序列前后各 20 帧，计算平均值，平均值即最佳门限值。利用直线拟合，可以得到 SNR 在 0~40dB 范围内的最佳门限 G 和 SNR 拟合曲线，如图 3.39 所示。

由图 3.39 可得最佳门限 G 和 SNR 的函数关系：

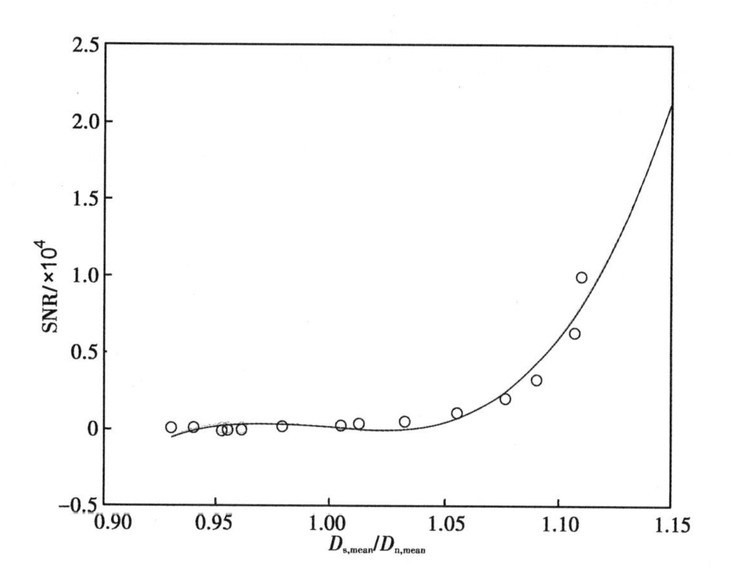

图 3.38　拟合曲线结果

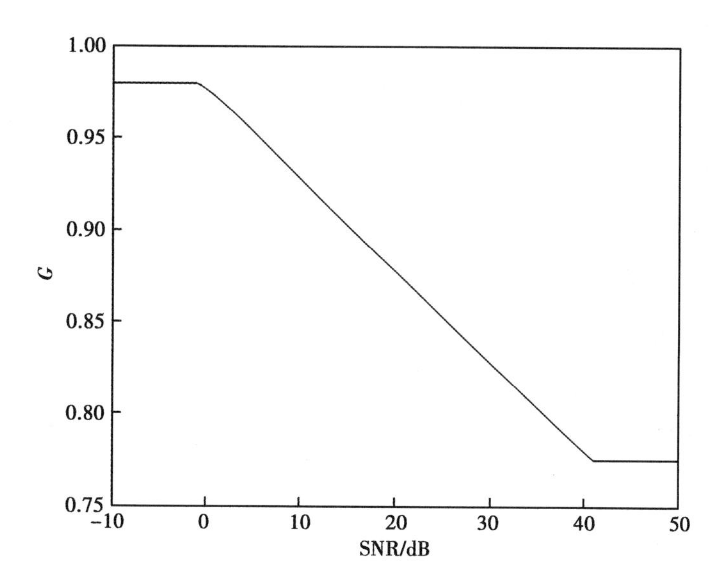

图 3.39　门限与 SNR 直线拟合结果

$$G=\begin{cases}0.9718, & \text{SNR}<0\\ -0.005\times\text{SNR}+0.9718, & 0\leqslant\text{SNR}\leqslant 40\text{dB}\\ 0.7862, & \text{SNR}>40\text{dB}\end{cases}\tag{3.53}$$

(2)端点检测的步骤

① 计算起始若干帧的分形维数，求得 $D_{n,\ mean}$。

② 定一个初始门限 G。

③ 开始端点检测，同时逐帧对 SNR 的估计式(3.51)中的 $D_{n,\ mean}$ 进行实时更新，公式为

$$D_{n,\ mean}(i+1)=\frac{k_i-1}{k_i}D_{n,\ mean}(i)+\frac{1}{k_i}D(i) \tag{3.54}$$

式中，$D(i)$ ——前一噪声帧的分形维数；

k_i ——调整因子，初始值为 1，且每更新一帧，k_i 加 1。

④ 当检测到语音起点时，停止对 $D_{n,\ mean}$ 的更新。

⑤ 由下一帧开始对 $D_{s,\ mean}$ 进行更新，更新公式如下所示：

$$D_{s,\ mean}(i+1)=\frac{k_i-1}{k_i}D_{s,\ mean}(i)+\frac{1}{k_i}D(i) \tag{3.55}$$

⑥ 用门限来判断是否为语音的终止点，若是，则停止对 $D_{s,\ mean}$ 的更新，之后更新 $D_{n,\ mean}$。重复上述过程，直至采样帧结束。

其中，每执行一次更新操作，由式(3.53)计算 SNR 进而计算门限 G。

在该算法中，每一帧的分形维数是变化的，由此计算出的门限也是变化的，达到了自适应的效果。通过每一帧分形维数和门限的比较，可以确定每一帧是语音还是噪声，实现了实时检测。

(3)实验仿真

为了检测算法的有效性，再次对 SNR = 0dB 的语音进行端点检测，结果如图 3.40 所示。并采用改进的自适应门限的分形维数算法与传统短时能量算法进行仿真对比实验，图 3.41 给出了仿真对比实验的结果。

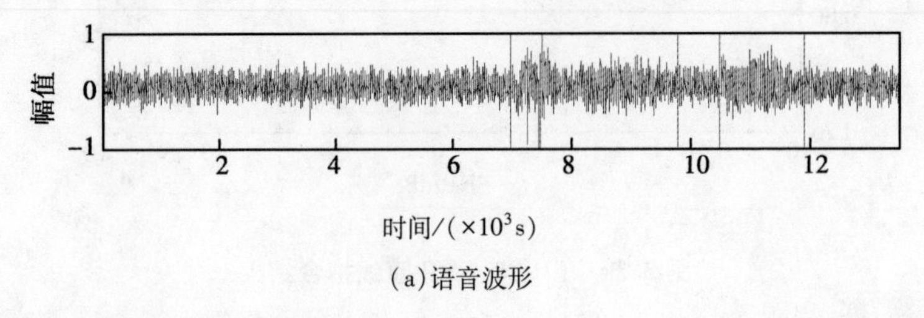

(a)语音波形

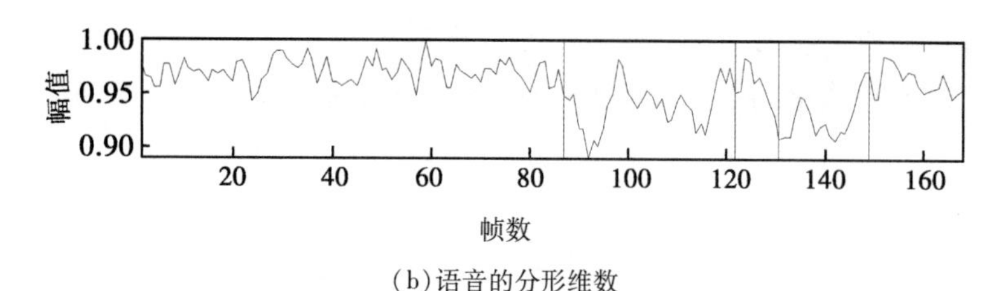

(b)语音的分形维数

图 3.40　SNR = 0dB 时自适应门限的分形维数端点检测结果

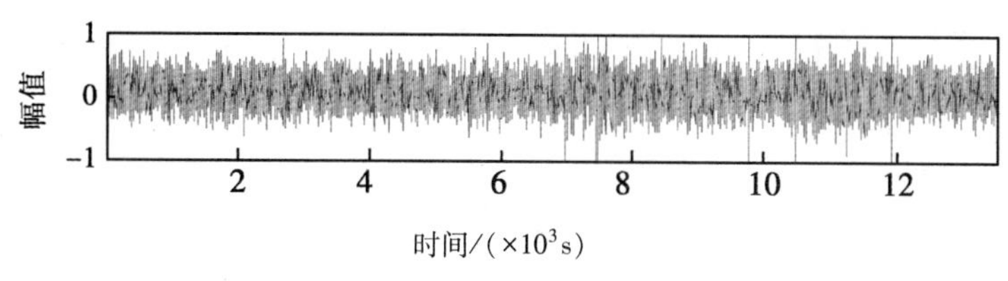

(a)改进算法的语音波形

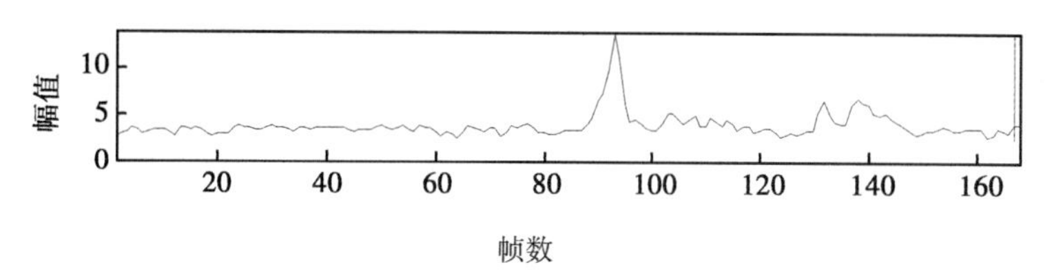

(b)改进算法的语音的分形维数

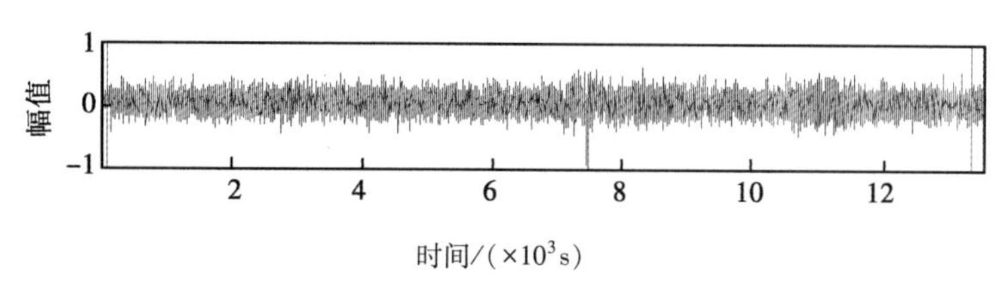

(c)短时能量算法的语音波形

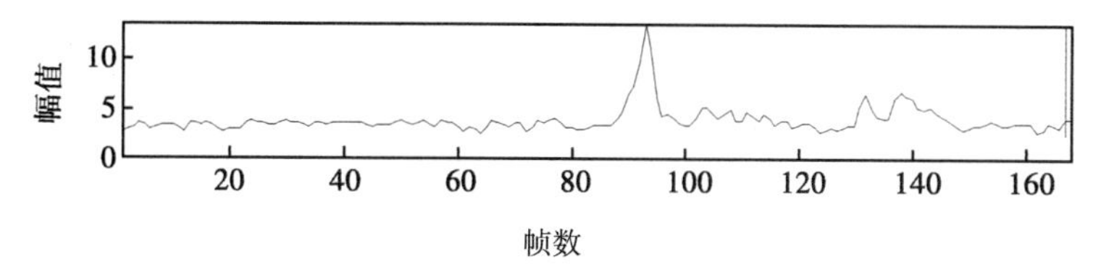

(d)短时能量算法的语音的分形维数

图 3.41　SNR = −5dB 时改进算法与短时能量算法检测结果对比图

由图 3.40 和图 3.37 对比可见，自适应门限的加入在低信噪比的情况下实现了有效的语音端点检测。

由图 3.41 可知，自适应门限的分形维数算法在低信噪比下能够有效地进行端点检测，并具有鲁棒性。而短时能量算法因语音和噪声都具有能量，端点

检测效果并不理想。为了更直观地衡量改进算法的实际性能，将其与短时能量算法进行检测准确率的对比，检测准确率的计算公式为

$$准确率 = \frac{正确检测的样本数}{总体样本数} \times 100\% \tag{3.56}$$

在不同信噪比下，用两种算法分别抽样语音信号进行检测，并计算准确率。图 3.42 给出了信噪比为-5~20dB 时两种算法检测的准确率。

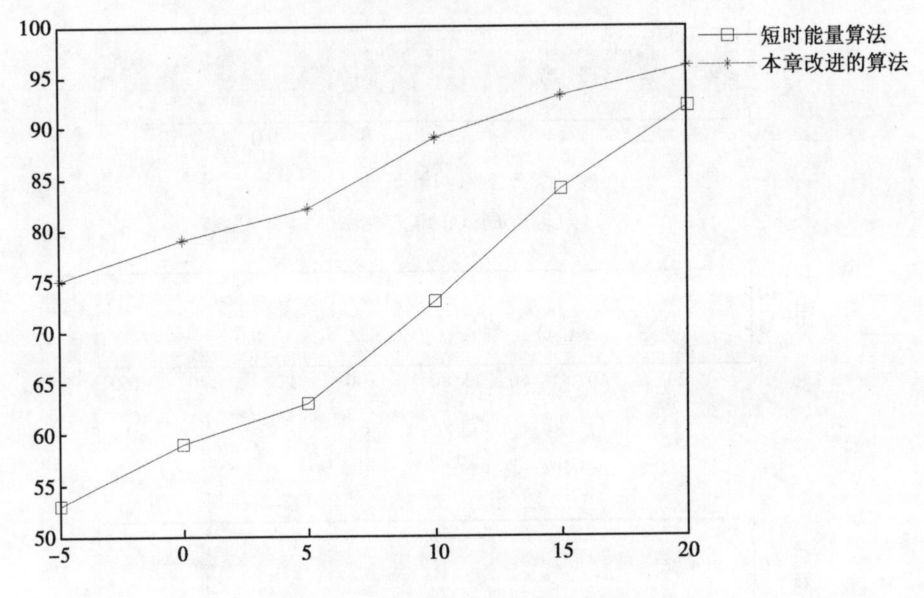

图 3.42　两种算法端点检测的准确率

从图 3.42 中可以清晰地看出，改进的算法明显优于传统短时能量算法。当信噪比大于 15dB 时，也就是语音主观上不受噪声影响时，两种检测算法都得到了较高的准确率，但是在低信噪比下，语音中存在着明显的噪声，传统短时能量算法的准确率下降到很低的水平，而基于自适应门限的分形维数算法的准确率只受到了轻微的影响，说明改进的算法在低信噪比下仍有良好的准确率和鲁棒性。

本节利用分形维数对信号的敏感程度来区分语音和噪声，并使用自适应门限进行判断，不仅有效地实现了端点检测，而且更具有鲁棒性，提高了检测的正确率。与传统检测算法相比，所采用的自适应门限的分形维数算法更具有有效性。然而，在汉语语音中，某些具有噪声行为特征的辅音，在低信噪比的条件下仍然很难与噪声进行区分，有待进一步研究。

3.6　本章小结

本章详细阐述了语音信号的端点检测以及通过端点检测实现语音分割的技术、基于语音信号端点检测的基本原理，详细介绍了三种常规的语音端点检测方法，分别为基于短时能量和过零率的方法、基于自相关函数的方法以及基于小波变换理论的方法，同时给出了基于小波变换的端点检测的实现。提出了基于小波包和高阶累积量的端点检测以及基于自适应门限的分形维数语音端点检测方法，为后续的语音识别研究提供了预处理理论基础。

第 4 章　语音分割聚类

4.1　基于混合特征的说话人语音分割聚类

说话人分割聚类技术作为一项重要的前端处理技术，可以获取一段多人对话语音中的说话人身份变动的信息，并确定哪些语音段是由同一个人发出来的。说话人分割聚类技术在多种领域中都有重要作用，如在会议语音中，说话人分割聚类可以将每个人的语音分割出来，方便提取目标人语音。在声纹鉴定工作中，送检的检材通常是多人对话，但需要鉴定的往往是其中一人的语音。因此，鉴定人员需要将整段音频预检后，再选取目标语音进行检验。当音频时间较长时，这一步骤会花费鉴定人员大量的精力。说话人分割聚类技术可以帮助鉴定人员解决这一问题。

最初说话人语音分割方法基于的是短时能量，这种方法的适用前提是在说话人身份转变时有一段寂静期。当有抢话现象或者有背景噪声时，这种方法的性能就会急剧下降。目前说话人语音分割主流的方法是基于距离尺度和基于模型。基于距离尺度常用的方法有贝叶斯信息准则(BIC)、归一化似然比(GLR)和 KL2 距离[62-64]等。基于距离尺度方法不需要先验知识，计算量小，但是需要划定门限，鲁棒性较差。基于深度神经网络模型的说话人分割的方法漏检率低，但是计算量较大。说话人语音聚类方法有自下而上和自上而下两种[65]。目前大多数的说话人聚类系统都采用自下而上的聚类方法，但是这种方法的鲁棒性较差；自上而下的聚类最开始只有一个类别，每次增加一个类别然后重新计算更新类别，这种方法的类别区分性较差。

本章提出了基于混合特征的语音分割聚类算法，在保证算法计算量小、运行速度快的同时，弥补了普通语音分割聚类算法鲁棒性差的缺点，使其可以用于司法语音检验。改进的算法在具有背景噪声的情况下仍然能保证分割聚类的

准确性。针对叠加不同信噪比的粉红噪声、工厂噪声的语音，改进算法的分割聚类准确率均比单一特征分割聚类算法的准确率高。

4.1.1　说话人语音分割聚类

说话人语音分割聚类包括预处理、特征提取、说话人语音分割、说话人语音聚类。

(1)特征提取

在说话人语音分割聚类中，常使用经典的 Mel 频率倒谱系数(MFCC)特征，与普通的按照频率顺序排列的线性倒谱系数不同，它是通过 Mel 三角滤波器滤波后再进行离散余弦变换、倒谱变换得到的特征参数[66]。

MFCC 特征提取过程如图 4.1 所示。

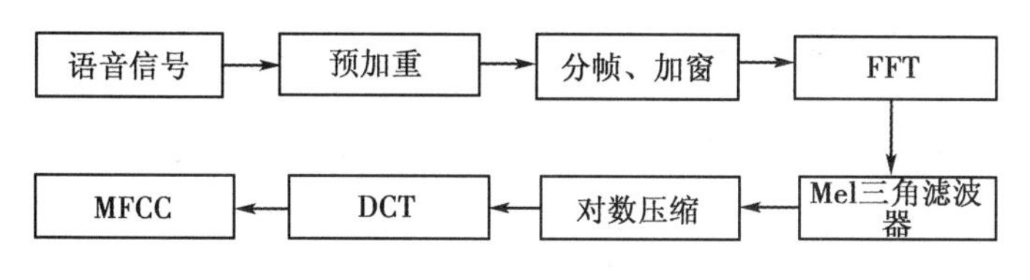

图 4.1　MFCC 特征提取过程

由于在提取 MFCC 特征时使用的滤波器是三角滤波器，它对人耳基底膜分频特性模仿效果比较差，导致 MFCC 在复杂噪声下识别效果差。而 Gammatone 滤波器可以模仿基底膜的分频特性，谱峰比三角滤波器平坦，可以解决三角滤波器能量泄漏问题，其倒谱系数具有很好的抗噪性[65-71]。

Gammatone 频率倒谱系数(GFCC)特征提取过程如图 4.2 所示。

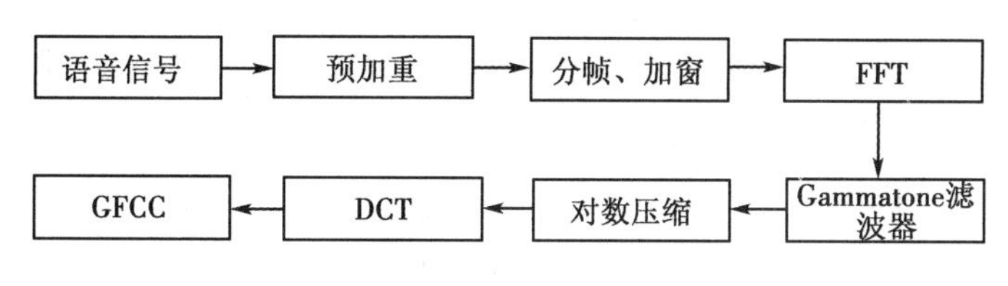

图 4.2　GFCC 特征提取过程

(2)说话人语音分割

说话人语音分割就是将一段连续的语音分成多个语音段，使每个语音段中只包含一个说话人。目前常见的分割方法有基于距离分割和基于模型分割。

基于距离分割存在一个假设前提：说话人的语音特征向量服从特征的分布(一般是高斯分布)，而且不同说话人的特征向量的分布是不同的。基于距离分割就是比较两个相邻语音段的特征分布，计算它们之间的距离，然后根据阈值或者惩罚因子来判断这两段语音是否为同一人所说。基于模型分割就是将语音分成等长小段，并用每段与现有说话人模型对比，若模型接受，则更新模型；若拒绝，则训练一个新的说话人模型。重复此循环，直至所有语音段都归于特定的说话人模型。

(3)说话人语音聚类

说话人语音聚类方法有自下而上和自上而下两种。自下而上的聚类法又名层次凝聚聚类，目前多数说话人分割聚类系统都采用这一方法。其基本原理是先将分割好的语音段作为原始类别，再计算两两类别之间的相似度，合并相似度最高的两类别并更新类别，重复这一过程，直至满足聚类终止条件。自上而下的聚类方法是聚类开始只有一个原始类别，每次增加一个类别，然后重新分配语音段同时更新类别[72]。

4.1.2　基于混合特征的语音分割聚类算法设计

在实际应用中，所处理的音频通常含有各种噪声，因此将 MFCC 特征与 GFCC 特征相结合，提高语音分割聚类的准确性和鲁棒性。

(1)基于 BIC 的语音分割

会议语音、电视剧语音、声纹鉴定送检语音等都是多人对话的语音，建立模型比较困难，因此不适合使用基于模型分割的方法。本算法采用了基于 BIC 的语音分割方法。

基于 BIC 的单一分割点检测原理[73-75]是：假设一段语音最多含有一个跳变点，其特征向量集 $\boldsymbol{X}=\{x_1, x_2, x_3, \cdots, x_N\}$。因为同一段语音的特征向量服从多元高斯分布，所以判断某一帧 $a(1<a<N)$ 是否为跳变点，可以转化为对下面两个假设模型选择问题：

模型 M0：$x_1, x_2, x_3, \cdots, x_N \sim N(\mu, \Sigma)$；

模型 M1：$x_1, \cdots, x_a \sim N(\mu_1, \Sigma_1)$；$x_{a+1}, \cdots, x_N \sim N(\mu_2, \Sigma_2)$。

设 $\Delta\mathrm{BIC}(a)=\mathrm{BIC}(\mathrm{M1})-\mathrm{BIC}(\mathrm{M0})$，当 $\Delta\mathrm{BIC}(a)>0$ 时，表明模型 M1 优于 M0，说明 $\boldsymbol{X}$ 中存在跳变点。

对于含有多个跳变点的音频，基于 BIC 的音频分割具体步骤如下。

① 初始化检测窗口。

② 计算 BIC 值，判断是否存在分割点。

③ 若存在分割点，则移动检测窗口，不改变窗的大小；若不存在分割点，则改变窗的大小。

④ 重复步骤②③，直到将音频分割完。

(2) *K*-means 聚类

聚类作为无监督学习方式的一种，不需要提前设定输出，就是把相似的对象聚集在一起，不用考虑这一类是什么。因此可以把聚类应用在说话人语音分类上。

通过聚类把同一说话人的语音聚集在一起。*K*-means 是最常用的聚类算法之一，其中，*K* 代表聚类类别，means 代表均值。在 *K*-means 聚类中，*K* 值的选取非常重要，如果聚类个数过多，会产生过拟合现象；如果聚类个数过少，那么会造成欠拟合。但是在实际应用中，一般会有多种简单方法确定 *K* 的值，如在司法语音检验工作中，送检人需要详细介绍送检音频，包括音频中含有几个人的语音，这样就解决了 *K* 值的选取问题。所以本算法采用了 *K*-means 聚类，其具体步骤如下。

① 输入语音的特征集以及聚类类别 *K*。

② 从输入的特征集中随机选取 *K* 个点为初始聚类中心。

③ 计算所有输入样本到各个聚类中心的距离。将点归到距离最近的簇中。

④ 按照距离对所有样本分完组后，计算每个簇的均值，作为新的聚类中心。

⑤ 重复步骤③④，直至收敛。

综上，基于混合特征的语音分割聚类算法流程图如图 4.3 所示。

4.1.3　实验验证

为了验证本章所提出的基于混合特征的说话人语音分割聚类算法的有效性，在 Matlab 环境下对算法进行了实验分析，实验音频为一段包含 34 个身份跳变点的男女对话。使用 NOISEX-92 数据库中的 pink、factory 噪声分别按照信噪比为 0，5，10，15dB 叠加到实验音频上形成带噪语音。分别使用基于混合特征的分割聚类方法和基于单一特征的分割聚类方法对语音进行分割聚类。

为了评估语音分割聚类的效果，使用了召回率、准确率、综合性能 F 测度 3 个参数，其定义如下[73]。

召回率(RCL)：

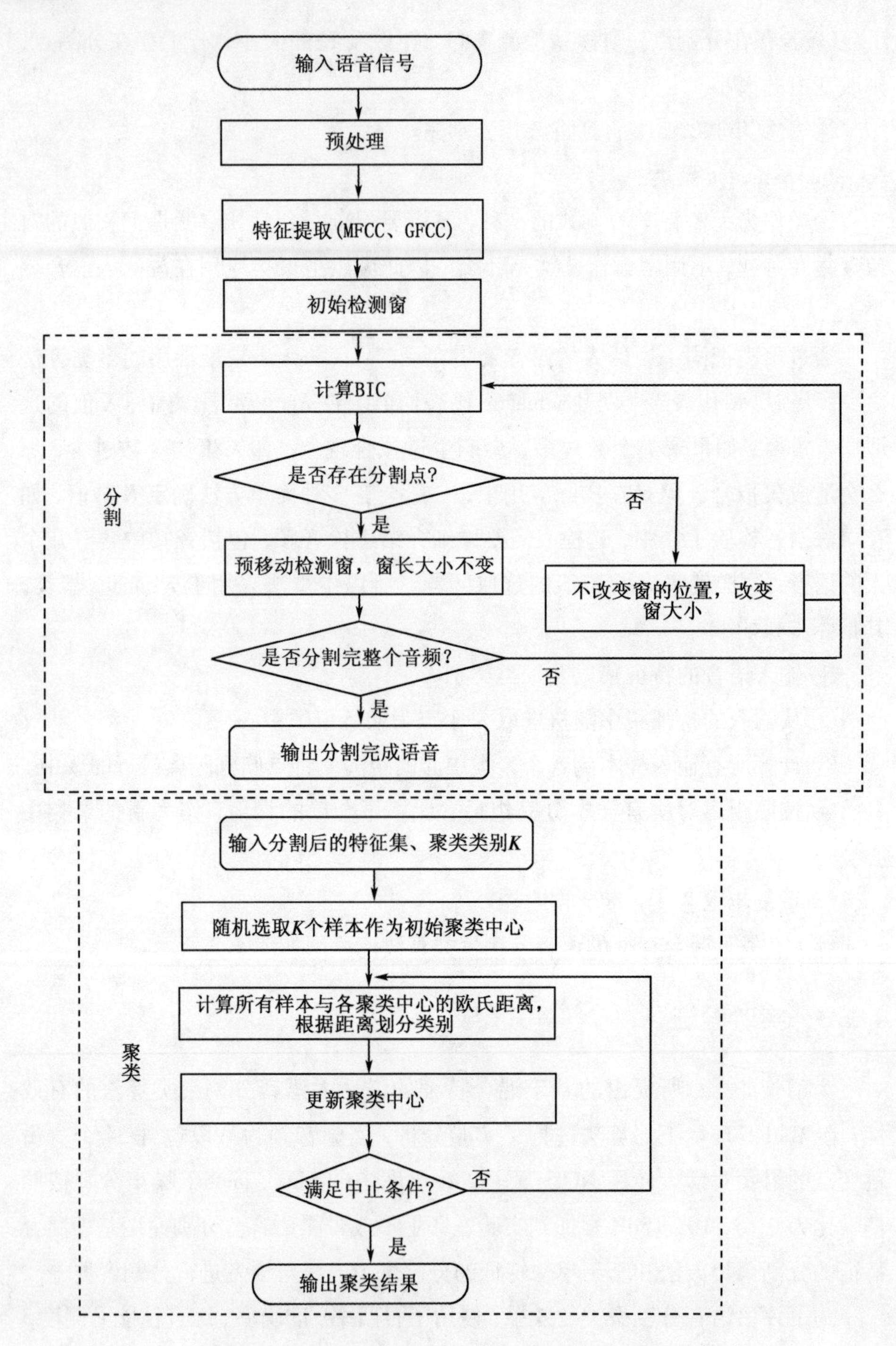

图 4.3　基于混合特征的语音分割聚类算法流程图

$$\mathrm{RCL} = \frac{\text{检出正确跳变点的个数}}{\text{实际跳变点的个数}} \times 100\%$$

准确率(PRC)：

$$\mathrm{PRC} = \frac{\text{检出正确跳变点的个数}}{\text{检出总跳变点的个数}} \times 100\%$$

综合性能 F 测度：

$$\mathrm{F} = \frac{2 \times \mathrm{PRC} \times \mathrm{RCL}}{\mathrm{PRC} + \mathrm{RCL}}$$

本章所提出的算法和单一特征算法对叠加粉红噪声的音频分割聚类后的召回率、准确率以及综合性能 F 测度如图 4.4~图 4.6 所示。

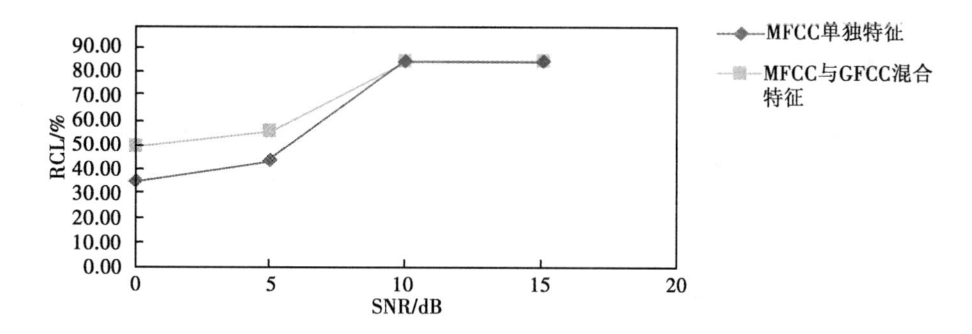

图 4.4　两种算法在不同信噪比粉红噪声下的召回率

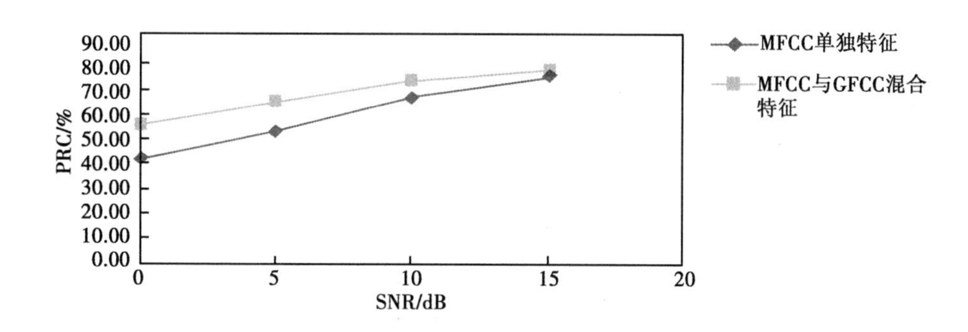

图 4.5　两种算法在不同信噪比粉红噪声下的准确率

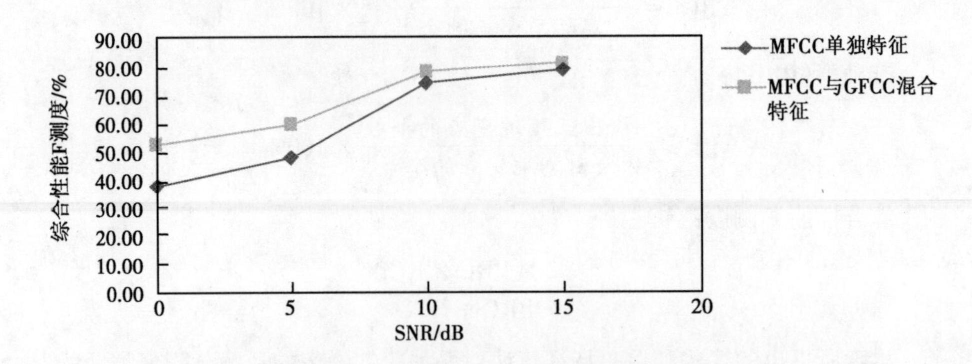

图 4.6　两种算法在不同信噪比粉红噪声下的综合性能 F 测度

由图 4.4~图 4.6 可以清晰地看出，对于同一段语音，当叠加信噪比 0，5dB 的粉红噪声时，本章提出的算法的分割聚类的召回率、准确率和综合性能 F 测度均明显高于使用单一特征算法；当叠加信噪比 10，15dB 的粉红噪声时，所改进的算法和单一特征算法的性能相差不大，二者分割聚类的结果都较准确。

所提出的算法和单一特征算法对叠加工厂噪声的音频分割聚类后的召回率、准确率以及综合性能 F 测度如表 4.1 所示。

表 4.1　两种算法在不同信噪比工厂噪声下的各项参数

信噪比/dB	算法	RLC/%	PRC/%	综合性能 F 测度/%
0	MFCC	37.46	41.68	39.45
	混合特征	50.28	52.44	51.34
5	MFCC	42.13	51.78	46.46
	混合特征	56.27	62.11	59.05
10	MFCC	80.61	67.82	73.66
	混合特征	85.45	71.66	77.11
15	MFCC	85.32	75.71	80.23
	混合特征	86.22	77.38	81.56

由表 4.1 可以清晰地看出，对于同一段语音，当叠加信噪比 0，5dB 的工厂噪声时，本章所提出的算法相比于单一特征算法，召回率分别提高了 12.82%、14.14%，准确率分别提高了 10.76%、10.33%，综合性能 F 测度分别提高了 11.89%、12.59%；当叠加信噪比 10，15dB 的工厂噪声时，两种算法分割聚类的结果都较准确。

4.2　基于改进双门限端点检测法的说话人语音分割

说话人语音分割(speaker segmentation，SS)，即把包含多个说话人的连续音频分割成具有相同声学特征的多个语音段，使得每个语音段中只包含一个人的语音。SS 是语音识别领域的一个重要的研究分支，是自动标注、说话人跟踪、音频索引的必要步骤，也是下一节说话人语音聚类的前提。

本节结构安排：通过分析确定了采用基于静音的分割方法；介绍了短时能量和短时平均过零率两种特征和它们的提取方法，以及经典的双门限端点检测算法；研究了双门限法的不足，介绍了频谱质心特征并改进了双门限法；最后通过实验对比分析，验证了所改进算法的优越性。

4.2.1　语音分割方法的选取

说话人语音分割主要是通过在音频中寻找声学特征的改变点来实现的，常用的方法有三种：基于静音的方法(silence-based methods)、基于距离的方法(metric-based methods)、基于模型的方法(model-based methods)。

本节研究的一个大前提是：不考虑说话人语音之间有重叠的复杂情况(这属于语音分离研究范畴)。另外，由于所在的实验室环境下录制的音频是不含有音乐、室外环境噪声等过于复杂的非语音信息的，实验结果证明，在这种情况下，绝大多数(99%以上)的说话人改变点都是存在静音的，所以可以通过寻找静音并去除静音的方式来分割音频，这样操作的特点是：

① 分割后的音频能够保证每个片段只包含一个人的语音，从而为下一阶段的语音聚类提供可靠的输入；

② 检测出来的分割点并不一定是说话人改变点，这是因为同一个人的语音内部是有多处停顿的。

在有些文献中，会判断静音处两端的音频是否是同一个人的语音，若是，则认为它不是说话人改变点，合并语音段；若不是，则确认其为说话人改变点。本节认为这样的处理是多余的，因为一旦判断出错，错误会一直向后累积，从而影响到语音的聚类，而按照静音分割后，已经保证了每段只包含一个人的语音，所以直接在整体上将这些语音片段进行聚类即可[74]。

综上所述，本节采取基于静音的语音分割方法，即从头至尾检测音频中的语音段与静音段，该方法属于语音端点检测(voice activity detection，VAD)的研究范畴[75]。

4.2.2 传统双门限端点检测算法研究

语音的端点检测是为了区分音频中的非语音段和语音段，对带噪语音精确地进行端点检测是语音处理领域的一个重要研究分支。端点检测常用于语音识别中，用来检测训练语料中语音的开始和结束，去除两端的静音，从而提取更纯净的语音特征，以提高语音识别的精确性，而在本节中，端点检测直接作为长音频中的语音分割手段，这就对算法有了更高的要求。本节对传统的双门限法(double-threshold method)作出较大的调整和改进，提高了检测的准确率和抗噪能力，使其更加适应语音分割的要求。

双门限法是最传统也是最常用的端点检测方法，该方法利用了语音在时域范围内的两个特征——短时能量和短时平均过零率，分别为它们设置门限值，来确定音频中语音信号的起点和终点。

(1)短时能量和短时平均过零率特征

短时能量，也叫作短时平均能量(short-time average energy)。因为语音信号的能量随时间的变化十分明显，浊音与清音的能量差异显著，通常浊音能量远高于清音能量，因此短时能量可以精确描述语音特征的这种变化情况[76]。

定义 n 时刻某个语音信号的短时能量 E_n 为

$$E_n = \sum_{m=-\infty}^{+\infty} (x(m)w(n-m))^2 = \sum_{m=n-(N-1)}^{n} (x(m)w(n-m))^2 \tag{4.1}$$

式中，$w(n)$ ——窗函数；

N ——所选取窗口的长度。

由式(4.1)可见，短时能量为一帧语音中所有采样点值的加权平方和。

特殊地，窗函数选择为矩形窗时，短时能量为

$$E_n = \sum_{m=n-(N-1)}^{n} x^2(m) \tag{4.2}$$

从另一个角度来解释，令 $h(n)=w^2(n)$ ，短时能量还可以表示为

$$E_n = \sum_{m=-\infty}^{+\infty} x^2(m)h(n-m) = x^2(n) \times h(n) \tag{4.3}$$

式(4.3)可以这样理解：先求语音信号中所有采样点值的平方，再通过一个单位冲激响应为 $h(n)$ 的滤波器，输出是由各帧短时能量构成的时间序列。

如图 4.7 所示。

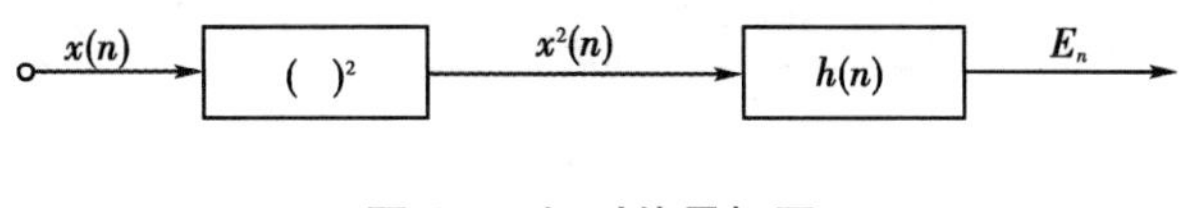

图 4.7　短时能量框图

短时能量主要应用于以下几方面:

① 可以区分浊音与清音, 通过设置能量门限值, 能大致判定清音变浊音或浊音变清音的时刻, 并大致划分清音区间与浊音区间;

② 在信噪比较高的情况下, 能作为区分无声段与有声段的依据;

③ 对韵母和声母分解, 或对连字分界;

④ 辅助于语音识别, 作为识别系统中特征向量的一维参数, 表示语音的能量大小与超音段信息。

在双门限法端点检测中, 短时能量主要是作为区分无声段与有声段的依据。因为对于空气在嘴唇中的冲击、爆破或摩擦产生的清音信号, 用能量来检测效果不明显, 所以只采用短时能量来进行端点检测的可靠性差, 这就需要用到短时平均过零率(short-time average zero-over rate)特征了。

短时平均过零率也是在时域范围内提取出来的特征参数, 定义 n 时刻某个语音信号的短时平均过零率

$$
\begin{aligned}
Z_n &= \sum_{m=-\infty}^{+\infty} \left| \operatorname{sgn}[x(m)] - \operatorname{sgn}[x(m-1)] \right| w(n-m) \\
&= \left| \operatorname{sgn}[x(n)] - \operatorname{sgn}[x(n-1)] \right| \times w(n)
\end{aligned}
\tag{4.4}
$$

式中, sgn[　] ——符号函数, 定义如下:

$$
\operatorname{sgn}[x(n)] = \begin{cases} 1, & x(n) \geqslant 0 \\ -1, & x(n) < 0 \end{cases}
\tag{4.5}
$$

由式(4.4)可知, 短时平均过零率计算的是每帧语音信号中相邻两个采样点之间符号改变的次数。语音的频率越高, 等价于语音波形穿过横轴越频繁, 而对于离散的语音信号, 如果相邻的两个采样点具有不同的代数符号, 就称之为发生了“过零”, 可以用过零的次数来代表语音穿过横轴的次数。因此, 短时平均过零率可以在一定程度上反映语音信号的频率信息。

求解过零率的实现过程为: 通过对信号的成对采样来确定是否发生过零, 再进行一阶差分和求绝对值运算, 最后进行低通滤波运算。实现框图如图 4.8 所示。

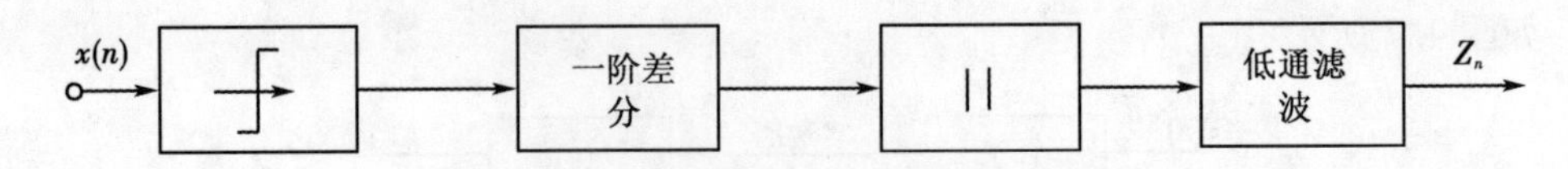

图 4.8 短时平均过零率框图

实际计算时，需要注意的是，若语音信号中包含漂移（即信号通过 A/D 转换器之前带有一个直流分量），使得 A/D 转换后继续存在这个直流分量，就会影响短时平均过零率的计算，所以应该在处理前消去这个直流分量。

短时平均过零率主要应用于以下两方面。

① 用来粗略地判断浊音、清音。由于清音的能量多数出现在较高的频率上，浊音的能量集中于 3kHz 以下，所以清音段的过零率较高，浊音段的过零率较低。这种高低只是相对而言的，没有精确的数值关系。

② 用来从背景噪声中找出语音信号。

（2）双门限法端点检测原理

双门限法端点检测，其一指能量门限，其二指过零率门限。在绝大多数情况下，语音的能量要远高于噪声的能量，所以用能量门限能够滤去大部分噪声，但是实验结果表明，噪声的能量与语音中清辅音的能量比较接近，只从能量角度很难将它们分开，而它们在过零率上差异很大，噪声的过零率要远小于清辅音的过零率。因此，双门限法端点检测采用短时能量和短时平均过零率这两个特征结合的方式。

双门限法使用二级判决来实现。语音中突发的噪声（比如物体碰撞声、门窗开关声）容易造成能量或过零率参数值升高，但是通常难以维持足够长的时间。因此在端点检测开始之前，首先分别为短时能量与短时平均过零率这两个特征分别设定两个门限，门限值是按照经验设置的。第一个是低门限，数值小，对信号变化比较敏感，比较容易被超过；第二个是高门限，数值大，该门限必须要信号达到一定的强度时才能被超过。超过了低门限不代表语音的开始，这有可能是短时的噪声引起的，只有超过了高门限才可以基本确定语音信号的开始。

整个语音信号可以被分为几段：静音段、过渡段、语音段、结束段。端点检测的基本步骤为：

① 在静音段时，若有短时能量或过零率其中一个特征超过了低门限，则标记为检测语音起点，进入过渡段。

② 在过渡段，若连续几帧语音都有能量或过零率特征超过了高门限，则确

认进入了真正的语音段；否则，就把当前状态恢复为静音状态。

③ 语音段的终点按照上述方法反向检测即可。

综上所述，双门限法端点检测流程图如图 4.9 所示。

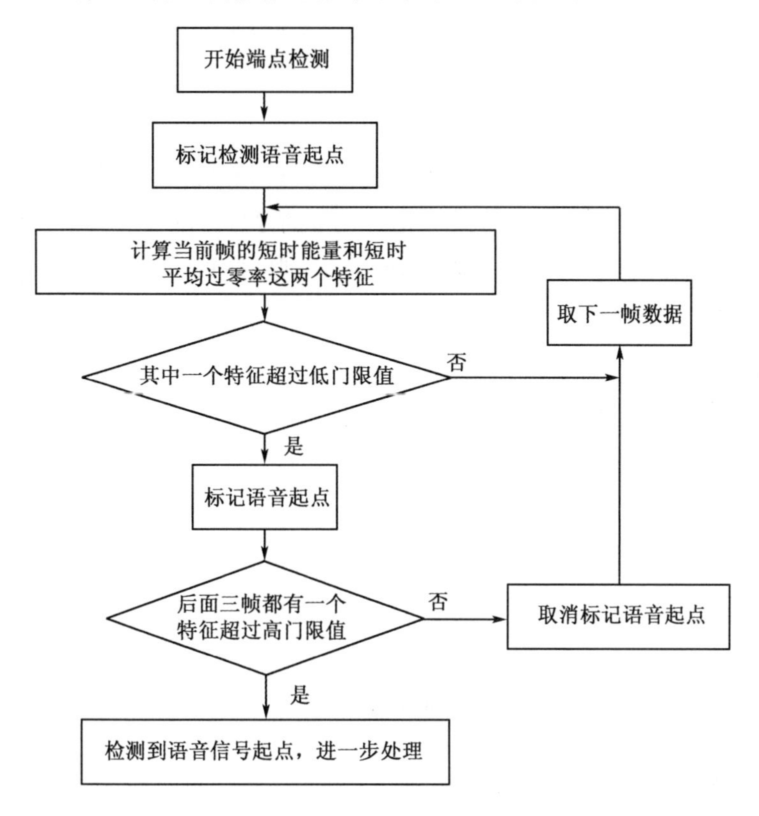

图 4.9　双门限法端点检测流程图

(3) 双门限法端点检测的缺陷

根据相关的文献研究，以及本节对于检测结果的要求，传统双门限法端点检测的缺陷主要有以下几点。

① 抗噪能力弱。噪声环境是影响检测结果的主要因素，不同的信噪比、不同的噪声都会影响到检测的准确性。正常情况下，语音的韵母和声母处都有很高的过零率，静音处有较低的过零率，而有些噪声含有丰富的高频成分，相应的过零率比较高，若噪声过大，就会导致在一些无声段的噪声处出现比韵母、声母还要高的过零率。噪声的过零率相比声母，时而大，时而小，这与噪声的短时特性有关。所以在低信噪比环境下，检测结果极不稳定。

② 门限值通常是按经验设定的。用一个固定的阈值检测不同说话人或不

同情况的语音是极不精确的。

③ 短时能量和短时平均过零率这两个特征都是在时域范围内提取的，计算过程简单，对语音的实际特性表示得不够全面。过零率虽然在一定程度上反映信号的频率信息，但是毕竟没有深入到信号的频谱中，这种反映也比较“粗略”。

④ 双门限法一般应用于语音识别中，用来检测训练语料中语音的开始和结束，从而提取更纯净的语音特征，以提高语音识别的精确性，所以它只能检测出一段语音的起始点，而不能检测出语音内部的停顿。本节的端点检测是为语音分割服务的，所用语料的时长远大于语音识别中的短时语料，这就需要检测出一段长音频中的所有分割点。显然，传统的方法不能满足要求。

4.2.3 双门限端点检测算法的改进设计

针对上文总结的传统双门限法端点检测算法的缺陷性，为了使其更加满足实验要求，本节将在理论上对其进行全面改进。

主要的改进有以下三处。

① 针对短时平均过零率特征的局限性，用频谱质心特征来替换。采用频谱质心与短时能量结合的方式进行检测。

② 为了提高双门限法的抗噪性能，对两个特征的曲线进行中值滤波平滑处理。

③ 针对门限值按经验选取导致精确性差的问题，给出一种算法，通过分析整体的特征序列来合理地选取门限值。

以下分别围绕每一处改进点进行介绍。

(1)频谱质心特征

频谱质心(spectral centroid)是描述音色属性的参数。在主观感知上，它描述声音的明亮度，一般来说，低沉、阴暗的声音更倾向于有较多的低频成分，频谱质心相对较低；而欢快、明亮的声音倾向于有较多的高频成分，频谱质心相对较高。因此，此参数也常用于乐器音色的分析研究。

与短时能量和短时平均过零率不同，频谱质心是在频域上提取出来的特征参数，首先要对信号作短时傅里叶变换，进行时频分析，在得到信号的语谱图后，第 i 帧语音的频谱质心

$$C_i = \frac{\sum_{k=1}^{N}(k+1)X_i(k)}{\sum_{k=1}^{N}X_i(k)} \tag{4.6}$$

式中，$X_i(k)$ ——第 i 帧语音的频谱图中第 k 项离散傅里叶变换(DFT)系数。

可见频谱质心代表频谱“重力”的中心，是频谱能量的集中点，一般来说，频谱质心越小，能量越集中于低频范围。

实验选取短时能量与频谱质心特征结合的方式来进行端点检测，依据如下。

① 对于简单的情况(背景噪声不是很高)，语音段的短时能量通常大于非语音段的短时能量。

② 频谱质心是频域范围内的特征，比起时域内的短时平均过零率对语音频率的粗略反映，能更加精确地体现信号的频率信息。如果非语音段包括简单的环境噪声，那么通常噪音的频谱质心要低于语音段的频谱质心。

(2)中值滤波平滑处理法

在提取短时能量和频谱质心特征后，检测语音时直接在特征曲线上设置阈值是有缺陷的，因为信噪比较低时，特征曲线在非语音段的起伏较大，阈值设置低容易引起误判，而阈值设置高又会造成漏检。所以减少特征曲线在非语音段的起伏是很有必要的，可以采用中值滤波(median filtering)来对曲线进行平滑处理。

中值滤波是一种基于统计排序理论的非线性平滑技术，基本思想是：对于任何信号元素(声音或图像)，找出与其周围最接近的元素。原理是：把信号序列中某一点的值用其邻域内各点的中值来代替，从而将孤立的噪声点消除。

中值滤波的优点是：

① 可以很好地滤去脉冲噪声，并保护信号边缘使其不被模糊；

② 在有效去除少量野点的同时，又不破坏信号在两个平滑段间的阶跃变化；

③ 算法简单，易于硬件实现。

这些优点是线性滤波法所不具有的，因此中值滤波平滑法在数字信号处理领域得到了广泛的应用。

中值滤波平滑处理基本原理如下。

设 $x(n)$ 为输入信号，$y(n)$ 为中值滤波器输出。设置一个滑动窗口，$x(n)$

在 n_0 处的输出为 $y(n_0)$，若窗口的中心移动到 n_0 处，则 $y(n_0)$ 取窗口内所有样点的中值。

详细地说，首先定义一个奇数长度的窗口，窗长为 $2L+1$，L 为正整数。在某一时刻，窗口内信号序列为 $x(n-L)$，…，$x(n)$，…，$x(n+L)$，其中，$x(n)$ 是该窗口中心处的信号样值。把窗口内的 $(2L+1)$ 个样值按照从小到大的次序排列，并取此序列的中间值作为平滑滤波器的输出，为

$$y(n)=\mathrm{Med}[x(n-L),\cdots,x(n),\cdots,x(n+L)] \tag{4.7}$$

式中，L——一般取 1 或 2，即滤波器的窗口一般包含 3 个或 5 个样值，也称为 3 点或 5 点中值滤波。

实际应用中，随着窗口长度的增加，计算量将迅速增加，因此寻找中值平滑滤波的快速算法是一项重要的研究。中值滤波的快速算法，通常用三种方式：①数字和模拟的选择网络法；②直方图数据修正法；③样本值二进制逻辑判断法。

通常情况下，一次中值滤波之后的数据还不够平滑，这就要作多次滤波，本实验对语音的两个特征序列各作了两次中值平滑滤波。

(3)门限值选取算法

经过了中值平滑滤波后，短时能量和频谱质心特性曲线均得到了平滑处理。传统双门限法是靠经验来设置门限值的，但是不同人或不同情况下的语音特征差异很大，用同一个阈值来筛选语音是很不精确的。下面设计一种算法，能够动态并合理地选取门限值，以提高在噪声情况下的检测准确率。

首先，计算平滑滤波后的特征序列的直方图。直方图是数据分布情况的精确图形表示，是变量的概率分布估计。为了建立直方图，第一步是对值的范围进行分段，通常是等间隔的，然后统计数据出现在每一段的次数。以频谱质心特征序列为例，先找出频谱质心特征系数的最小值与最大值，把最小值到最大值这一范围平均分为 L 段，统计频谱质心系数出现在每一段的次数，最后画出直方图。设直方图中第 i 项（$i=1,2,\cdots,L$）的值为 $f(i)$。

之后，统计直方图的局部极大值 M，这是因为在某一位置上，如果特征序列出现的概率远远大于临近的位置，那么该处极有可能是非语音向语音过渡的地方。基本原理是：若在直方图中，某一段出现的次数比相邻段出现的次数多，则该段的中心对应的特征系数值是局部极大值。具体方法如下。

设置一个步长 step，从直方图中的第一项至第（L-step）项依次判断，当 $i\leqslant$

step 时，若出现：

$$\text{mean}(f(1:i)) < f(i) \text{ 且 } \text{mean}(f(i+1:i+\text{step})) < f(i) \tag{4.8}$$

则直方图中第 i 段的中心所对应的特征系数为局部极大值。当 $i >$ step 时，若出现：

$$\text{mean}(f(i-\text{step}:i-1)) < f(i) \text{ 且 } \text{mean}(f(i+1:i+\text{step})) < f(i) \tag{4.9}$$

则直方图中第 i 段的中心所对应的特征系数为局部极大值。

按上述统计方法，设检测出来的极大值数目为 n，特征序列的门限值为 T。T 的计算分以下三种情况。

① $n = 0$，则有

$$T = \frac{\sum_{k=1}^{N} C_k}{4N} \tag{4.10}$$

式中，C_k ——特征序列的第 k 个值。

式(4.10)表示，若从头至尾都检测不到局部极大值，门限值用特征序列平均值的 1/4 代替，但是此种情况并不常见。

② $n = 1$，则有

$$T = M \tag{4.11}$$

式中，M——检测出来的唯一局部极大值。

此种情况也不常出现，通常情况下都会检测出两个以上的局部极大值。

③ $n \geqslant 2$，则有

$$T = \frac{WM_1 + M_2}{W + 1} \tag{4.12}$$

将检测出来的所有极大值按出现次数从大到小排列，式(4.12)中，M_1 和 M_2 分别是前两个极大值。W 是自定义参数，W 越大，代表门限值越接近第一个极大值 M_1。

用此方法分别计算短时能量和频谱质心特征的门限值，分别记为 T_1 和 T_2。当一帧音频信号中的两个特征都高于门限值时，判断该帧为语音信号。

4.2.4　基于改进双门限法的说话人语音分割步骤

将上述改进后的双门限法端点检测算法应用到说话人语音分割中，基本流程如下。

① 采集语音信号，得到其时域波形。

② 对语音分帧、加窗，作短时傅里叶变换，得到信号的语谱图。

③ 在时域上提取语音的短时能量特征 E_n，在频域上提取频谱质心特征 C_n。

④ 分别对短时能量特征和频谱质心特征作两次中值滤波平滑处理。

⑤ 分别计算以上两个特征序列的直方图，统计直方图的局部极大值，最后应用式(4.10)~式(4.12)求解两个特征的门限值，短时能量特征的门限值为 T_1，频谱质心特征的门限值为 T_2。

⑥ 对语音帧从头至尾进行判定，若某一帧的短时能量特征大于 T_1 且频谱质心特征大于 T_2，则标记该帧为语音帧，否则标记为非语音帧。语音帧与非语音帧的转换处即为分割点，按其对音频分割。

⑦ 后处理阶段(视情况使用)：将每个语音段的两端各延长 2 个窗口，最后将连续段合并，将其作为最终的语音段。

基于改进双门限法的说话人语音分割算法流程如图 4.10 所示。其中，后处理阶段主要是考虑到语音中有时会出现极其短暂的停顿，把这些停顿消除掉并合并语音，可以减少语音段，降低结果的复杂性。但是少数情况下，这些短暂的停顿也可能是说话人的改变点，这样就会导致错误的合并，影响下一阶段的语音聚类。因此，在音频中只包含一个人的语音时使用后处理方法，而多人对话的情况下不使用此方法。

4.2.5 实验验证

为了验证改进后算法的有效性，在 3.30GHz Intel(R) Core(TM) i5-6600 CPU、8GB 内存的 PC 机上，使用 Matlab 2017a 软件对语音信号进行端点检测实验，语料采用 Newsmy 录音笔录制。实验样本为一段 1.5s 的语音，内容为“你好”的中文发音。输出为标准 Windows 下的 wav 音频文件，文件名为“你好.wav”，采样频率为 $f_s = 8\text{kHz}$，单声道，采用 16 位编码。

实验思路为：对于原始语音，分别使用传统双门限法与改进的方法进行端点检测实验，对比分析；再给原始语音加上不同程度的噪声，对带噪语音分别使用两种方法进行端点检测，对比分析。

(1)原始语音端点检测实验

提取“你好.wav”原始音频文件的时域波形如图 4.11 所示。

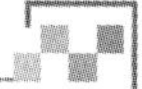

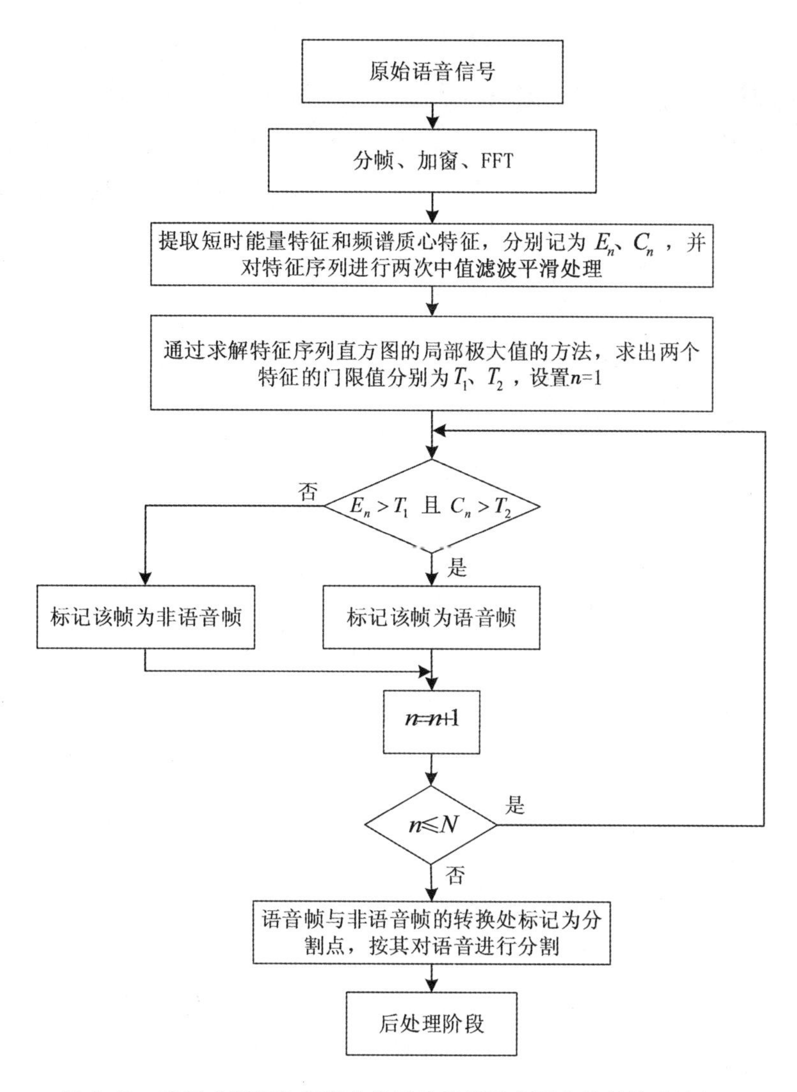

图 4.10　基于改进双门限端点检测法的说话人语音分割算法流程图

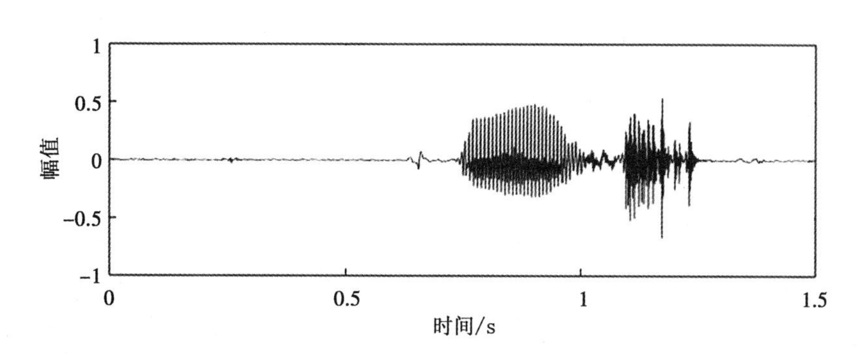

图 4.11　原始语音信号图

首先对语音信号进行分帧、加窗处理，帧长 wlen = 200（即每帧有 200 个采样点），帧移 inc = 100，窗函数使用汉宁窗。在 $f_s = 8\text{kHz}$ 的采样频率下，语音序列总的采样点数为 12001，被分为 119 帧，每帧对应的时间为 25ms。计算每帧语音的能量，并提取语音的短时能量特征，图 4. 12 显示了语音的短时能量图。

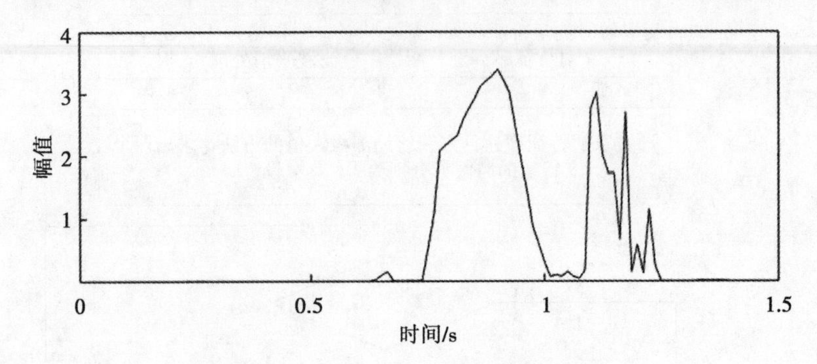

图 4. 12　原始语音信号的短时能量图

计算每帧语音的短时平均过零率，并提取过零率特征。图 4. 13 显示了语音的短时平均过零率特征。

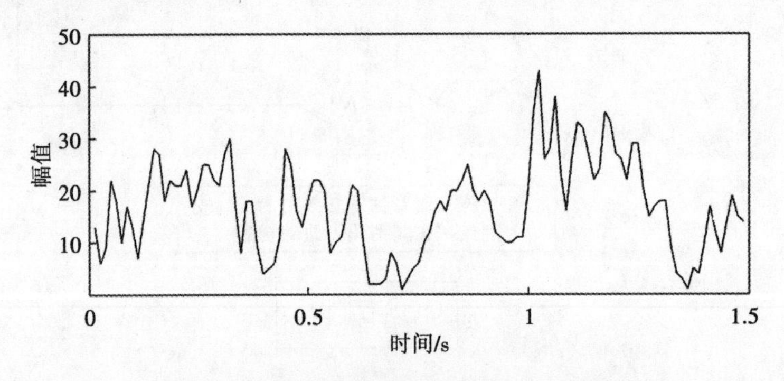

图 4. 13　原始语音信号的短时平均过零率图

将短时能量与短时平均过零率特征结合起来，采用上文介绍的传统双门限端点检测算法，检测音频波形中内容为“你好”的语音出现的位置，检测出来的结果如图 4. 14 所示。

图 4. 14 中，语音的起点用实线标记，终点用虚线标记，由图可知，语音在 0. 73s 左右开始并在 1. 23s 左右结束，通过人耳检测，这与实际情况相吻合。说明在噪声极低的环境下，原始的双门限端点检测法能够取得很好的检测效果。

接着，采用改进的双门限法进行原始语音的端点检测。首先，计算每帧语音的频谱质心，并提取频谱质心特征，再对短时能量和频谱质心特征各进行两

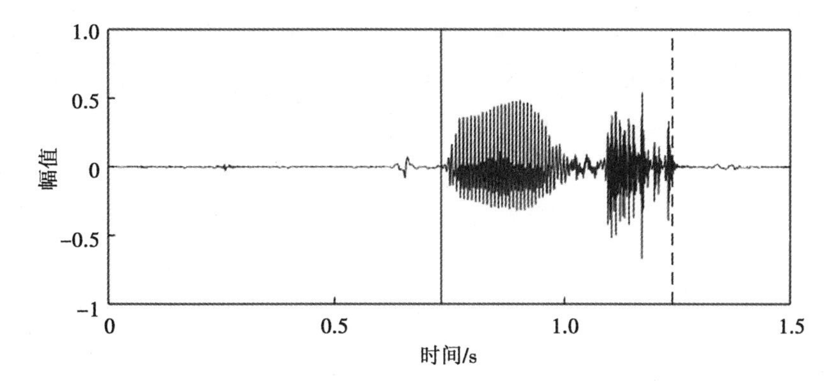

图 4.14　双门限法端点检测结果

次中值滤波平滑处理，应用式(4.8)~式(4.12)来计算两个特征的门限值。改进双门限法的端点检测结果如图 4.15 所示。

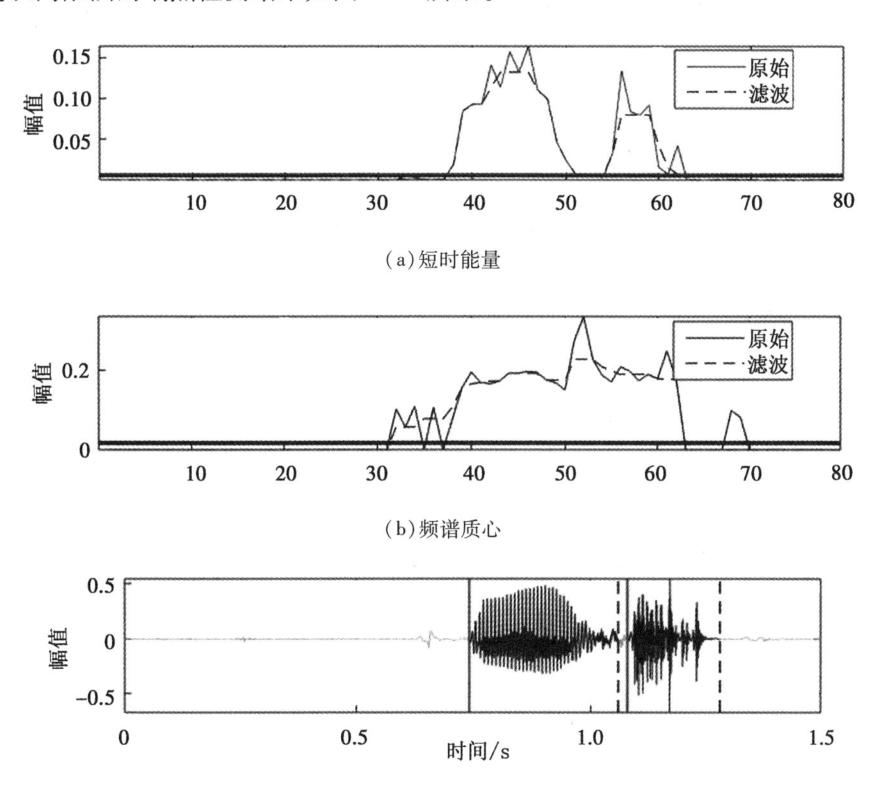

图 4.15　改进双门限法端点检测结果

图 4. 15 中，(a)和(b)分别是短时能量和频谱质心特征图像，实线部分为原始特征曲线，虚线部分为两次平滑滤波后的特征曲线。图中的黑色“粗横杠”对应的纵坐标是经过计算后选取的特征门限值，特征曲线超越横杠代表该特征超过门限值，只有两个特征均超过门限值，该帧才被判定为语音帧。

图 4. 15(c)是改进算法的端点检测结果，语音的起点用实线标记，终点用虚线标记。由图可知，该方法检测出来两段语音，分别出现在 0. 74 ~ 1. 06s 和 1. 08 ~ 1. 26s 处，实际情况中，音频中的语音“你”字和“好”字之间的确有微小的停顿。两种方法检测出来的语音整体出现的时间基本相同，但是原始的双门限法只检测出来了整体的语音段，而改进的方法能精确检测出语音段中间的停顿。因此，改进的方法更能适应本节中说话人语音分割的需求。

在后处理阶段，将这两个语音段的两端各延长 2 个窗口，两个语音段被合为一段，如图 4. 16 所示。

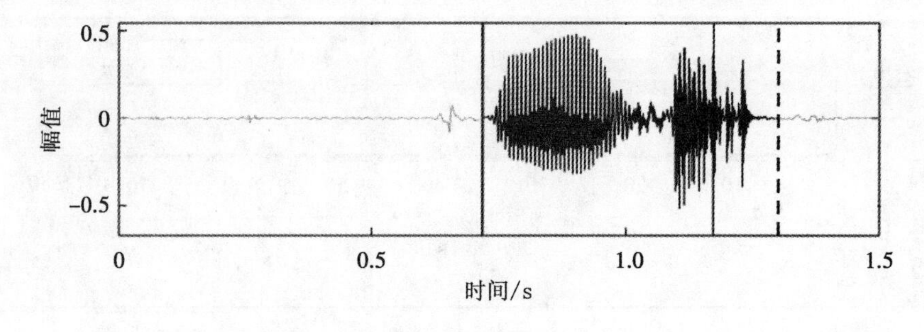

图 4. 16　后处理阶段

(2)带噪语音端点检测实验

实验中所使用的原始语音信号是日常环境中录制的语音，噪声非常小，为了验证算法的抗噪能力，对音频文件进行加高斯白噪声(white Gaussian noise)处理。高斯指概率分布为正态函数，白噪声指它的二阶矩不相关且一阶矩是常数，高斯白噪声是信号分析中加噪声的理想模型。

为“你好.wav”音频文件叠加信噪比(SNR)为 40dB 的高斯白噪声，采用原始双门限法进行端点检测，结果如图 4. 17 所示。

得到的结果还是类似于图 4. 11，说明在信噪比为 40dB 时，原始方法依旧能准确检测出语音端点，但是如果减少信噪比，改成加 20dB 的高斯白噪声，结果就不同了，如图 4. 18 所示。

可见，在信噪比为 20dB 时，原始双门限法不能准确检测出语音端点。采用改进的双门限法，对叠加 20dB 和 15dB 高斯白噪声的原始语音分别进行端点

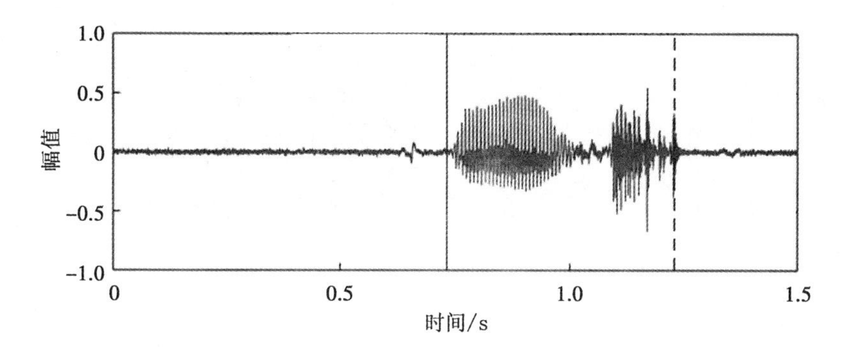

图 4.17　带噪语音双门限法端点检测结果(SNR=40dB)

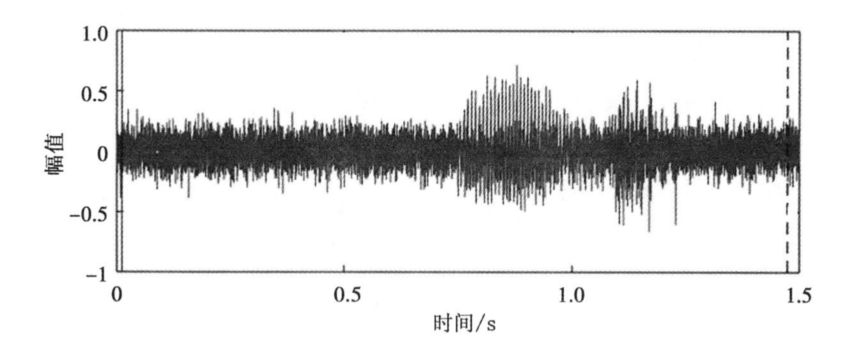

图 4.18　带噪语音双门限法端点检测结果(SNR=20dB)

检测，结果如图 4.19 所示。

图 4.19(a)为信噪比为 20dB 时的检测结果，图 4.19(b)为信噪比为 15dB 时的检测结果。可见，在噪声强度不断增加时，改进的算法依然能够取得很好的端点检测效果，检测的抗噪性得到了很大的提高。

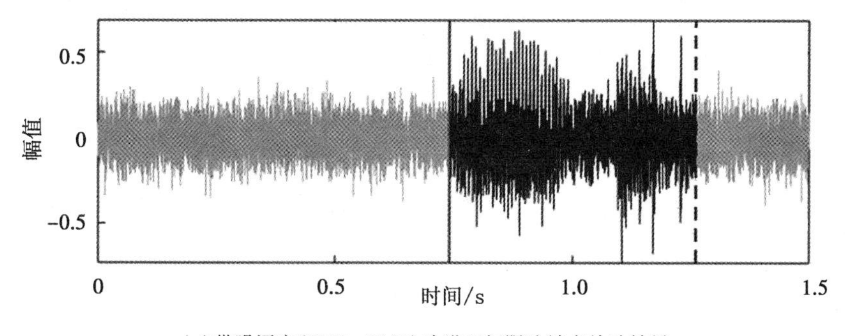

(a)带噪语音(SNR=20dB)改进双门限法端点检验结果

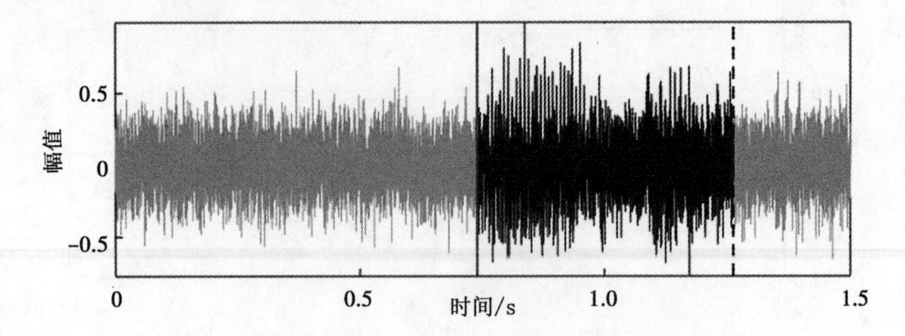

(b)带噪语音(SNR=15dB)改进双门限法端点检验结果

图4.19 带噪语音改进双门限法端点检测结果(SNR=20dB、15dB)

(3)实验结果对比分析

针对“你好.wav”原始音频文件，以及加不同程度的高斯白噪声后的音频文件，分别采用原始双门限法与改进的双门限法进行了端点检测，表4.2显示了两种算法的实验结果对比情况。

表4.2 两种语音端点检测算法实验结果对比

音频文件加噪情况	原始双门限端点检测算法	改进的双门限端点检测算法
不加噪声	能准确检测出整体语音	能更精确地检测出两段语音
SNR=40dB	能准确检测出整体语音	能准确检测出整体语音
SNR=20dB	不能检测语音	能准确检测语音
SNR=15dB	不能检测语音	能准确检测语音

由表4.2可见，在静音或噪声非常小的情况下，原始双门限法可以准确地检测出语音的端点，但是它只能检测出整体的语音段，不能检测出语音内部的停顿，这种方法更适合应用于语音识别的前端处理，去除训练语料两端的静音，以提高识别准确率；而改进的算法可以精确地检测出语音中所有微小的停顿点，适用于说话人语音分割任务，并为下一阶段的说话人聚类系统提供良好的输入。

在为音频文件加了噪声后，随着信噪比的不断降低，噪声不断增强，原始双门限法便显得无能为力，而改进的算法依然能够准确地检测出语音。

综上所述，改进的双门限端点检测算法提高了检测的准确性，增强了抗噪性能，因此，本节对端点检测算法作出的改进是有效的。本章可以采用改进后的端点检测算法来进行说话人语音分割任务。

4.3　基于自组织神经网络的改进 *K*-means 说话人语音聚类

聚类(cluster)技术是一种可靠的探查数据结构的工具，即将元素划分到若干个簇，使同一个簇中的元素有一定的相似性，而不同簇中的元素相异。元素可以通过与其他元素的关系(相似性、逐对距离等)或某些度量(特征、属性)来描述。在生活中，对数据进行组织并从中学习有价值的信息是很有必要的，因此，聚类成为一个重要的研究领域，也是数据挖掘中应用最多的方法之一。

聚类技术属于典型的无监督学习(unsupervised learning)方式，即给定的数据只有特征没有标签，通过数据间的内在联系与相似性将其分类。相反，监督学习(supervised learning)方式是指给定的训练数据含有标签和特征，通过训练来找到特征与标签的联系，从而在面对新数据(只有特征没有标签)时能判断出标签。两种学习方式的系统组成对比如图 4.20 所示。

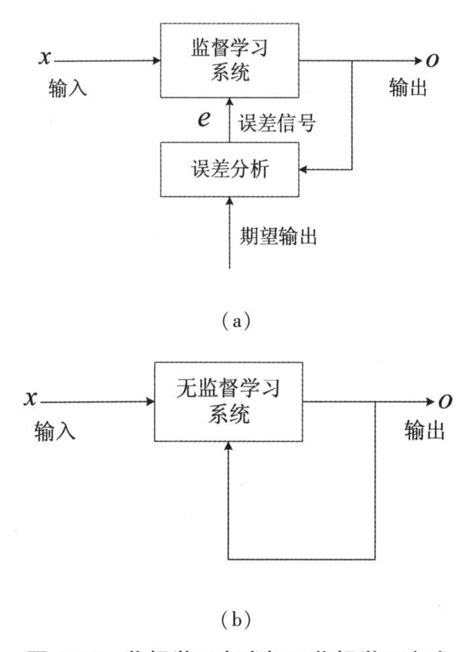

图 4.20　监督学习方式与无监督学习方式

在图 4.20 中，(a)和(b)分别为监督学习方式和无监督学习方式的系统组成。可见，聚类作为无监督学习方式，无须提前设定输出，不存在人为的干扰，其目的是把相似的对象聚在一起，而不关心这一类是什么。本节把聚类技术应用到说话人语音的聚类上，通过聚类把同一个人所说的语音归到一类。

K-means 算法和自组织神经网络(SOM)算法是聚类分析中使用广泛的两种算法。*K*-means 算法具有计算方便、快速、结果准确的优点，但是需要提前给出聚类数目，而且结果受初始聚类中心的选择影响较大，易陷入局部最优。自组织神经网络具有解释性强、学习能力强、可视化等优点，但是收敛速度慢，且不能提供精确的聚类信息，在非大容量样本上聚类准确性差，所以不适用于说话人语音聚类。因此，为了寻求更优的聚类手段，本节将自组织神经网络引入说话人聚类上，用其改进 *K*-means 算法，通过网络来预判 *K*-means 算法的聚类数目与初始聚类中心，以克服这两种方法的缺陷，并提高聚类准确率。

本节结构安排：对于 *K*-means 算法与自组织神经网络聚类算法，分别研究其原理，针对两种算法各自的优缺点，设计基于自组织神经网络的改进 *K*-means 说话人聚类算法，并给出改进后方法的基本思想与算法步骤。最后，通过说话人语音聚类实验，验证所改进算法的有效性。

4.3.1 *K*-means 说话人语音聚类算法

K-means 算法也称 *K* 均值算法，是最成熟也是运用最广泛的聚类方法之一，属于基于原型的目标函数聚类法，试图寻找给定数据的类别，这些类别是以它们的类中心(也就是此类别所有数据的均值)为代表的。*K*-means 方法是一个不断重复移动类中心的过程，即把类中心移动到该类成员的平均位置，再重新对类成员进行划分。算法以欧氏距离为相似度测度。

K-means 算法是典型的基于样本之间相似度的算法，用距离作为相似性指标，即两元素的距离越近代表其越相似。算法以聚类数目 K 为参数，将 n 个样本分为 K 个簇，使得每一簇内的相似度较高，而簇与簇之间的相似度较低。基本原理是：随机选取 K 个样本，每个样本代表一个聚类中心，对其余的每一个样本，分别计算其与各聚类中心的相似性，将其分配给与之最相似的类别中，接着，重新计算每一类的新聚类中心，不断重复以上过程，直到准则函数(误差平方和函数)收敛为止。

应用在本节的说话人语音聚类上，其基本步骤为：

① 输入语音段的 MFCC 特征集，设置聚类数目 K；

② 从特征集中随机选取 K 个点作为初始聚类中心；

③ 计算输入数据中的所有点到各聚类中心的距离(欧氏距离)，将点归到离其最近的类别中；

④ 计算各类别的几何中心(即该类别所有点的平均值)，将其作为新的聚类中心；

⑤ 重复第③④步，直到收敛(聚类中心不再发生移动)。

综上所述，*K*-means 说话人聚类算法步骤如图 4.21 所示。

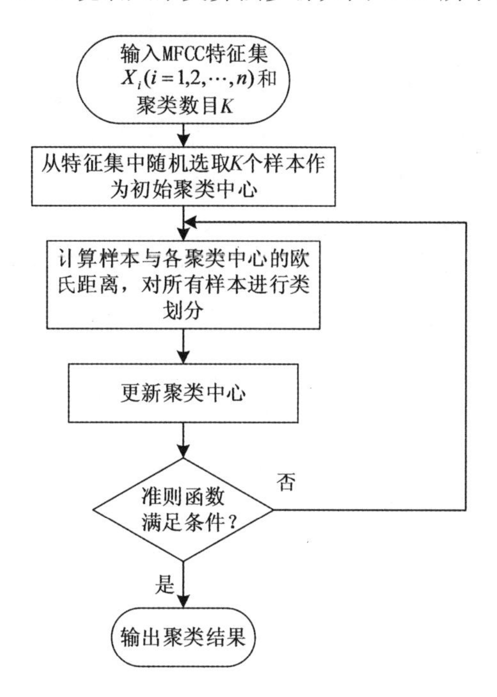

图 4.21　*K*-means 说话人聚类算法流程图

4.3.2　自组织神经网络说话人聚类算法设计

自组织神经网络，又名自组织神经网络(self-organizing feature map，SOM)，是基于生物神经系统中的一种侧抑制现象提出来的。

生物学研究结果表明，人脑中感知通道上的神经元组织是有序排列的，当受到外界特定模式的刺激时，大脑皮层内特定的神经元就会开始兴奋。对于某一个刺激，与之对应的神经元具有最大程度的响应，位置相近的神经元具有相近的响应，而彼此远离的神经元响应差别较大。大脑中神经元的这种特性不是先天具有的，而是通过后天的自组织学习形成的。

神经系统中存在一种侧抑制现象，即当一个神经元兴奋后，会使附近的其他神经元被抑制，这种抑制作用导致神经元之间产生竞争，结果是一些神经元胜利而另一些失败，表现形式为：获胜神经元兴奋，失败神经元受抑制。自组织神经网络就是模拟神经系统的这种功能的神经网络。

自组织神经网络属于前向神经网络模型，采用非监督学习算法，它不像一般的神经网络那样以误差作为算法准则，而是模拟神经系统中的竞争、抑制作用来指导网络工作的，基本思想是：对于特定的输入模式，各神经元竞争响应的机会，最终只有一个神经元胜利，该获胜神经元就代表对输入模式的分类。因此，自组织神经网络很容易与聚类联系在一起。

(1)自组织神经网络结构

与其他的神经网络相比，自组织神经网络的结构有自己的特点，网络结构一般为两层网络：输入层+竞争层，并且没有隐藏层，有时候竞争层上各神经元间还存在横向连接。一种典型的自组织神经网络结构如图 4.22 所示。

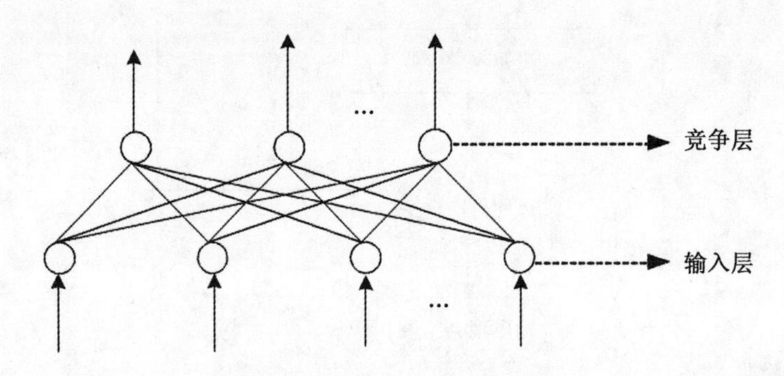

图 4.22　典型的 SOM 模型

输入层：模拟感知外界信息的视网膜，接受信息，起到观察的作用，并向竞争层传递输入模式，输入层神经元数量一般为样本数量。

竞争层：模拟发生响应的大脑皮层，负责对输入进行比较分析，寻找规律并归类，竞争层的输出代表对该模式的分类。神经元数量通常为类别数。

另一种结构是二维形式，它更具有大脑皮层的形象，如图 4.23 所示。

竞争层的每个神经元与其附近的神经元按一定的方式侧向连接，排成平面，类似棋盘状。此类结构中，竞争层的神经元排列成二维节点矩阵，输入层与输出层的神经元按照权值互相连在一起。

(2)竞争学习规则

自组织神经网络遵循竞争学习规则，即竞争获胜神经元会使失败神经元受

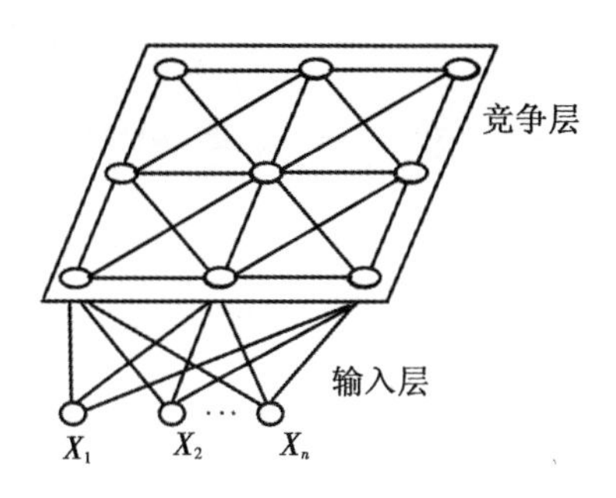

图 4.23　二维 SOM 模型

到抑制。因为它属于非监督学习方式，样本中没有期望模式的输出，对于某一个输入元素应该被分到哪一类没有先验知识，因此要根据样本之间的相似性来分类。相似性是自组织神经网络聚类的依据。

神经网络的输入用向量表示，两个向量的相似性可用向量间的距离表示，一般采用欧氏距离或余弦相似度来表示。

① 两个向量 $\boldsymbol{X}_a$ 与 $\boldsymbol{X}_b$ 之间的欧氏距离为

$$d = \| \boldsymbol{X}_a - \boldsymbol{X}_b \| = \sqrt{(\boldsymbol{X}_a - \boldsymbol{X}_b)(\boldsymbol{X}_a - \boldsymbol{X}_b)^{\mathrm{T}}} \tag{4.13}$$

d 越小，代表 $\boldsymbol{X}_a$ 和 $\boldsymbol{X}_b$ 越接近，两个样本越接近。

② 两个向量 $\boldsymbol{X}_a$ 与 $\boldsymbol{X}_b$ 之间的余弦相似度为

$$\cos\phi = \frac{\boldsymbol{X}_a \boldsymbol{X}_b^{\mathrm{T}}}{\| \boldsymbol{X}_a \| \, \| \boldsymbol{X}_b \|} \tag{4.14}$$

两个向量的夹角余弦值 $\cos\phi$ 越大，夹角 ϕ 越小，代表两者越相似。通常情况下，在处理之前要将两个向量进行归一化，使得式(4.14)的分母为 1，求余弦相似度就等价于求两向量的内积。

竞争学习规则的基本步骤如下。

① 向量归一化。

对自组织神经网络中的输入向量 $\boldsymbol{X}$ 、竞争层中的每个神经元对应的权重 $\boldsymbol{W}_j(j = 1, 2, \cdots, m)$ 全部进行归一化，得到 $\hat{\boldsymbol{X}}$ 和 $\hat{\boldsymbol{W}}_j$ ：

$$\hat{\boldsymbol{X}} = \frac{\boldsymbol{X}}{\| \boldsymbol{X} \|} \tag{4.15a}$$

$$\hat{\boldsymbol{W}}_j = \frac{\boldsymbol{W}_j}{\| \boldsymbol{W}_j \|} \tag{4.15b}$$

② 寻找获胜神经元。

将 $\hat{X}$ 与竞争层的所有神经元的权重 W_j 逐一进行相似度比较，最相似的神经元为获胜神经元，其权重为 $\hat{W}_{j^*}$：

$$\|\hat{X}-\hat{W}_{j^*}\| = \min_{j\in\{1,2,\cdots,m\}}\{\|\hat{X}-\hat{W}_j\|\} \tag{4.16}$$

前面说过，归一化后相似性最大即内积最大：

$$\hat{W}_{j^*}^{\mathrm{T}}\hat{X} = \max_{j\in\{1,2,\cdots,m\}}\{\hat{W}_j^{\mathrm{T}}\hat{X}\} \tag{4.17}$$

也就相当于在单位圆中找出夹角最小的点。

③ 网络权重调整。

按照学习法则，获胜神经元的输出为1，其余神经元的输出为0，即

$$y_j(t+1)=\begin{cases}1, & j=j^*\\0, & j\neq j^*\end{cases} \tag{4.18}$$

只有获胜的神经元才有权对权向量进行调整，调整如下：

$$\left.\begin{aligned}W_{j^*}(t+1)=\hat{W}_{j^*}(t)+\Delta W_{j^*}=\hat{W}_{j^*}(t)+\eta(t)(\hat{X}-\hat{W}_{j^*}), \quad & j=j^*\\ W_j(t+1)=\hat{W}_j(t), \quad & j\neq j^*\end{aligned}\right\} \tag{4.19}$$

式中，$\eta(t)$——学习率，一般随着时间而减小，即调整程度越来越小，逐渐趋向于聚类中心，$0<\eta(t)<1$。

式(4.19)的含义是：对于某一个样本输入，在找出对应的获胜神经元之后，将其权重向该样本的方向调整，使两者的相似性更强。

④ 重新归一化。

权重向量经过调整后不再是单位向量，需要再次对其进行归一化处理，重新训练网络，直到学习率 $\eta(t)$ 衰减至0，算法结束。

在测试阶段，计算给定对象与各神经元权重的内积，与哪个神经元最相似就被分到哪一类。

对于二维的自组织神经网络结构，通常采用 Kohonen 算法，该算法是对上述竞争学习规则的改进。Kohonen 算法与竞争学习规则的主要区别是：神经元权重调整的侧抑制方式不同。竞争学习规则中，只有获胜的神经元才有权调整权重；而 Kohonen 算法中，获胜的神经元对周围神经元的影响是由近到远、由兴奋逐渐变为受抑制的，所以它附近的神经元也要在其影响下不同程度地调整权重。以获胜神经元为中心，设置一个邻域半径 R，这个范围被称为优胜邻域，算法中，优胜邻域内的神经元按照离获胜神经元的远近，不同程度地调整其权

重。一开始，优胜邻域的半径设定得很大，随着训练次数的增加，不断收缩，直至为零，如图 4.24 所示。

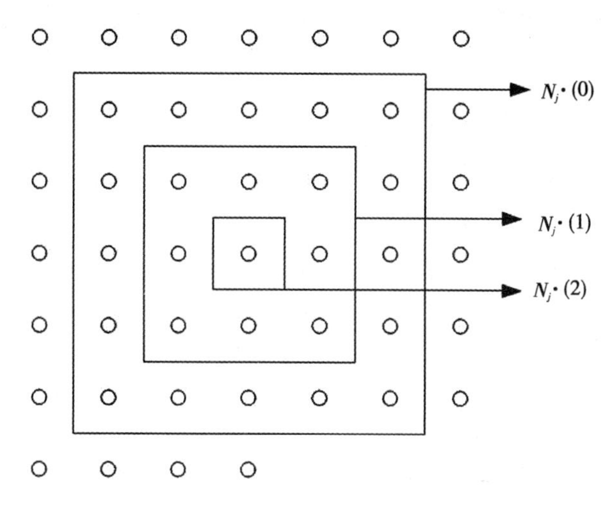

图 4.24　优胜邻域的收缩

常见的调整方式有以下几种。

① 墨西哥草帽函数：获胜的节点权重调整量最大，离获胜节点越远，权重调整量越小，一直到某一距离 d_0 时，权重调整量为零，距离再远时，调整量变为负值，更远时再回到零，如图 4.25(a)所示。

② 大礼帽函数：墨西哥草帽函数的一种简化形式，如图 4.25(b)所示。

③ 厨师帽函数：大礼帽函数的一种简化，如图 4.25(c)所示。

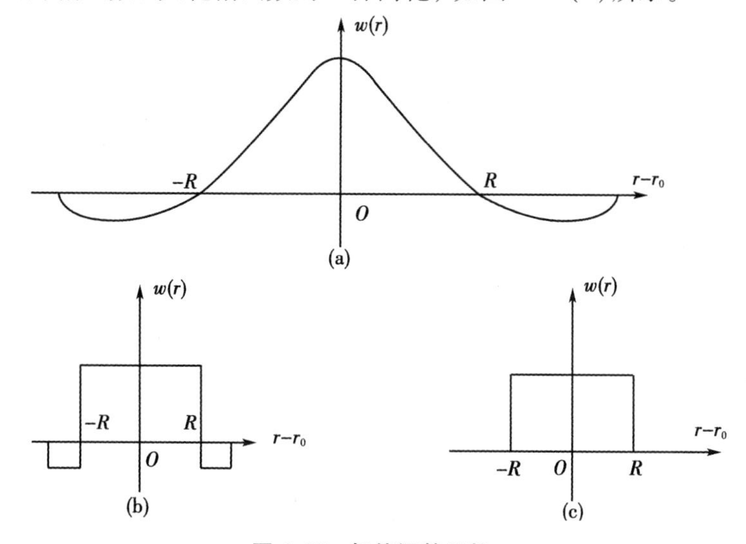

图 4.25　权值调整函数

自组织神经网络的运行分为训练和测试两个阶段。训练阶段，输入训练集样本，对于某个特定的输入，竞争层中会有某个神经元产生最大的响应而获胜。训练开始阶段，竞争层中哪个神经元对哪种输入产生最大响应是不确定的，当输入的类别改变时，二维平面中的获胜节点也会相应改变。网络通过自组织的方式，用训练样本来调整权重，最终使竞争层中的一些神经元对特定模式类的输入敏感，对应的权重成为各输入模式的中心，从而在竞争层形成了能反映类分布情况的特征图。

将自组织神经网络应用在本节的说话人聚类上，其基本步骤如图 4.26 所示。

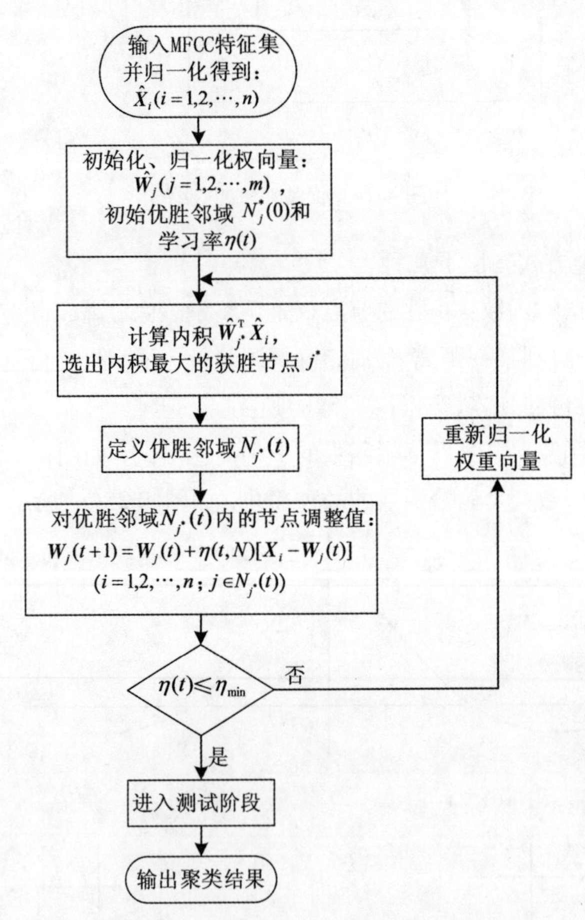

图 4.26　SOM 说话人聚类算法流程图

4.3.3　基于自组织神经网络的改进 *K*-means 说话人语音聚类算法设计

本节首先分析了 *K*-means 算法与自组织神经网络算法各自的优缺点，然后设计了基于自组织神经网络的改进 *K*-means 说话人聚类算法。

(1) *K*-means 算法与自组织神经网络算法优缺点分析

K-means 算法的优点是：

① 易于理解，快速性好，且聚类效果不错；

② 算法效率高，可以保证较好的伸缩性。

但是它也存在两个缺陷：

① 聚类数目 *K* 值需要提前给定。*K* 值的选择难以估计，通常情况下，事先并不能确定给定样本集应该被分为多少类才合适。

② 算法对初始聚类中心的选择依赖性极强。这是因为算法开始时要在样本集中随机选取 *K* 个点作为初始聚类中心，这些聚类中心的选取对聚类结果的影响很大，不同的初始值会导致不同的聚类结果，一旦初值选取不当，可能使聚类过程陷入局部最优解，导致准确性很差。

因此，为了使 *K*-means 方法能够满足说话人语音聚类的要求，必须对算法进行改进，克服以上两个缺陷。

自组织神经网络因其很强的学习能力、强解释性、可视化等优点，运用范围越来越广，但是其不足之处也逐渐暴露出来：

① 网络训练时间长，收敛速度慢，效率不高；

② 随着网络的学习，可能会出现在竞争层中有些神经元一直不能胜出的情况；

③ 对于小的数据集，聚类结果的准确性差。

在说话人语音聚类中，实验所用的语料通常是时长几分钟至几十分钟的音频文件，在进行语音分割后，提取每个语音段的特征，作为聚类系统的输入。此数据集不属于大容量样本，自组织神经网络在对非大容量样本聚类时效果不如 *K*-means 方法，而且训练时间又长，因此，本节选用 *K*-means 算法来进行最终的说话人语音聚类。

然而 *K*-means 算法又存在“依赖初始聚类中心的选择、*K* 值需要提前给定”这两个缺陷，所以本节将自组织神经网络引入 *K*-means 算法中，改进后的算法既可以弥补自组织神经网络收敛慢的缺点，又可以改进 *K*-means 算法的不足。

(2)基于自组织神经网络的改进 K-means 说话人聚类算法的步骤

由上述分析，本节提出基于自组织神经网络的改进 K-means 说话人聚类算法，其核心内容如下。

① 预判聚类数目。

先用自组织神经网络对语音特征集训练很短的一段时间，设计一种判别方法，根据网络中竞争层神经元的获胜情况，判定类别数 K 值。

② 求初始聚类中心。

不使用训练后的网络来聚类，而是把神经元的权重作为初始聚类中心，采用 K-means 算法完成语音段的聚类。

在改进的算法中，自组织神经网络不是用来聚类，而是用来求取 K-means 算法的初始值，所以训练时不必要等待网络完全收敛，减少了网络的训练时间，使得所改进算法的效率优于自组织神经网络算法的效率。对于训练后的网络，竞争层的神经元获胜次数越多，说明其越靠近实际的聚类中心，因此可以用神经元的获胜情况来预判聚类数目 K 并求解初始聚类中心。

算法的具体步骤如下。

① 样本输入。

采用第 3 章中的改进双门限端点检测算法对长音频进行语音分割，分割成 n 个只包含一个人语音的短时语音段，提取每个语音段的 MFCC 特征，形成特征集合 $\boldsymbol{X}_i(i=1,2,\cdots,n)$，作为系统的输入。

② 训练自组织神经网络。

第一步，首先对类别数 K 有一个大致的估计，假设本实验中说话人数不超过 9 人，即 $K\leqslant 9$，网络中竞争层设置 9 个神经元，采用 3×3 的布局。输入层神经元个数为 n。

第二步，初始化：将语音段特征向量归一化得到 $\hat{\boldsymbol{X}}_i(i=1,2,\cdots,n)$，对竞争层中的神经元权重 $\boldsymbol{W}_j(j=1,2,\cdots,9)$ 赋较小的随机数，并归一化处理，得到 $\hat{\boldsymbol{W}}_j(j=1,2,\cdots,9)$，设置初始的优胜邻域 $N_j^*(0)$ 与学习率 η 初始值。令训练时间 $t=1$，因为自组织神经网络在该算法中被用于 K-means 方法的前端处理，所以为了减少训练时间，不需要等到网络完全收敛，只需要设置一个比较小的迭代次数(实验中设置为 100 次)。

第三步，寻找获胜神经元：对于第 i 个输入对象，计算 $\hat{\boldsymbol{X}}_i$ 与 $\hat{\boldsymbol{W}}_j$ 的内积，从中找出最大内积所对应的神经元，为获胜神经元 j^*。

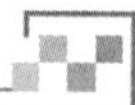

$$\hat{\boldsymbol{W}}_{j^*}^{\mathrm{T}}\hat{\boldsymbol{X}}_i=\max_{j\in\{1,2,\cdots,m\}}\{\hat{\boldsymbol{W}}_j^{\mathrm{T}}\hat{\boldsymbol{X}}_i\} \tag{4.20}$$

第四步，定义优胜邻域 $N_{j^*}(t)$：以 j^* 为中心，确定 t 时刻的优胜邻域 $N_{j^*}(t)$，一般初始邻域 $N_j^*(0)$ 较大(约为总节点的50%~80%)，$N_{j^*}(t)$ 随着训练时间的增大而缩小。

第五步，调整权重：对优胜邻域 $N_{j^*}(t)$ 内的所有神经元进行权重调整：

$$\boldsymbol{W}_j(t+1)=\boldsymbol{W}_j(t)+\boldsymbol{\eta}(t,N)[\boldsymbol{X}_i-\boldsymbol{W}_j(t)]$$
$$(i=1,2,\cdots,n;j\in N_{j^*}(t)) \tag{4.21}$$

式中，$\boldsymbol{\eta}(t,N)$ ——学习率，训练时间 t 和优胜邻域内神经元 j 与获胜神经元 j^* 之间的拓扑距离 N 的函数，这个函数一般具有以下规律：

$$t\uparrow\rightarrow\eta\downarrow \tag{4.22a}$$

$$N\uparrow\rightarrow\eta\downarrow \tag{4.22b}$$

例如：

$$\eta(t,N)=\eta(t)\mathrm{e}^{-N} \tag{4.23}$$

$\eta(t)$ 可以采用 t 的单调下降函数，也称退火函数。

第六步，$t=t+1$，重新执行第三步至第五步，直到 $\eta(t)\leqslant\eta_{\min}$ 或达到最大训练次数，进入步骤③。

③ k 值的判定。

统计训练后竞争层中各神经元的获胜次数为 $P_j(j=1,2,\cdots,9)$。令 $k=0$，$j=1$，若满足：

$$P_j>\frac{4}{3}\mathrm{mean}[P_1,P_2,\cdots,P_9] \tag{4.24}$$

则类别数 $k=k+1$。

$j=j+1$，继续按式(4.12)进行判定，得出最终的类别数为 $k=k_o$。此处的思想是：神经元的获胜次数越多，说明其越靠近实际的聚类中心，从而认为获胜次数较少的神经元(小于平均获胜次数的4/3)远离聚类中心，将其忽略。

④ 初始聚类中心的预判。

重新训练自组织神经网络。此时更改为竞争层中设置 k_o 个神经元，其他不变。待网络训练结束，得到各神经元的权重值 $\boldsymbol{W}_l(l=1,2,\cdots,k_o)$，将其作为 K-means 方法中所使用的初始聚类中心。

⑤ K-means 说话人聚类。

第一步：算法输入为：语音段的MFCC特征集 $\boldsymbol{X}_i(i=1,2,\cdots,n)$，类别数

k_o，初始聚类中心 $\boldsymbol{\mu}_j$：

$$\boldsymbol{\mu}_j = \boldsymbol{W}_j \quad (j = 1, 2, \cdots, k_o) \tag{4.25}$$

迭代次数为 $t = 1, 2, \cdots, T$。

第二步：将类划分 C 初始化为

$$C_j = \phi \quad (j = 1, 2, \cdots, k_o) \tag{4.26}$$

第三步：计算各样本 $\boldsymbol{X}_i$ 与各聚类中心 $\boldsymbol{\mu}_j$ 的距离为

$$d_{ij} = \| \boldsymbol{X}_i - \boldsymbol{\mu}_j \|_2^2 \tag{4.27}$$

对于 $\boldsymbol{X}_i$，将其归为最小的 d_{ij} 所对应的类别 λ_i，并更新类划分：

$$C_{\lambda_i} = C_{\lambda_i} \cup \{\boldsymbol{X}_i\} \tag{4.28}$$

第四步：对于 $j = 1, 2, \cdots, k_o$，重新计算 C_j 中所有样本点的聚类中心：

$$\boldsymbol{\mu}_j = \frac{1}{N_j} \sum_{i=1}^{N_j} \boldsymbol{X}_i \tag{4.29}$$

式中，N_j ——各类别 C_j 中样本的数量。

第五步：$t = t + 1$，采用误差平方和准则函数来显式判断算法是否结束：

$$J = \sum_{j=1}^{k_o} \sum_{x \in C_j} (\boldsymbol{x} - \boldsymbol{\mu}_j)^2 \tag{4.30}$$

若满足 $| J(n) - J(n-1) | < \xi$，或迭代次数 $t = T$，则算法结束，转到步骤⑥。否则转到第二步。

⑥ 算法输出。

输出聚类划分 $C = \{C_1, C_2, \cdots, C_{k_o}\}$，算法结束。

综上所述，基于自组织神经网络的改进 K-means 说话人聚类算法流程如图 4.27 所示。

4.3.4 实验验证

为了验证基于自组织神经网络的改进 K-means 说话人聚类算法，在 3.30GHz Intel(R) Core(TM) i5-6600 CPU、8GB 内存的 PC 机上，使用 MATLAB 2017a 软件对语音信号进行聚类实验，实验样本为几分钟的多人对话音频，采用 Newsmy 录音笔录制，模拟多人开会的情形，输出为标准 Windows 下的 wav 音频文件，采样频率为 $f_s = 8\text{kHz}$，单声道，采用 16 位编码。录制音频时要求交叉说话，且说话人的语音之间不能出现重叠，为了保证语音的纯净从而提高聚类准确率，说话时要发音清晰，不要发出“咳嗽声”等噪声。

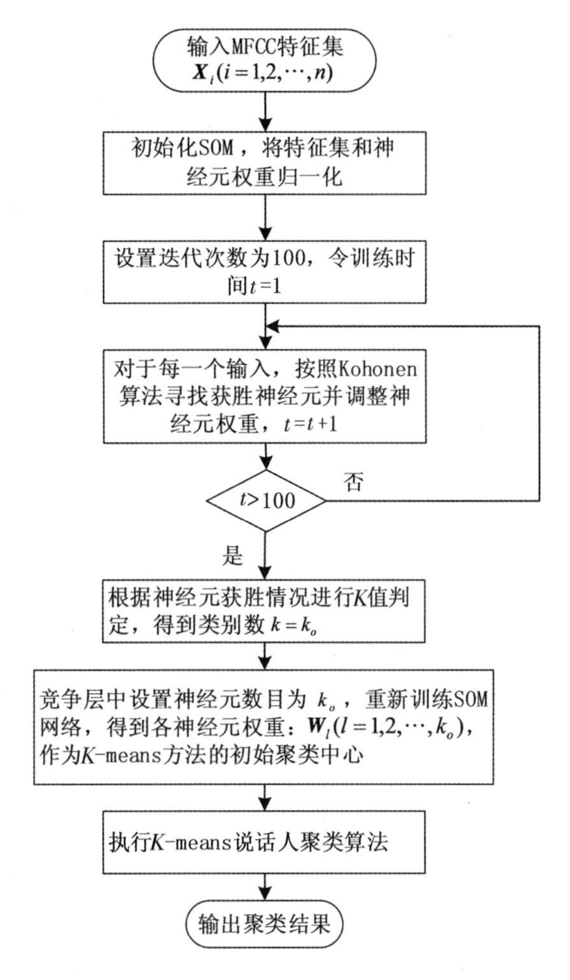

图 4.27　基于 SOM 的改进 *K*-means 说话人聚类算法流程图

实验过程如图 4.28 所示，分别使用 *K*-means 说话人聚类算法、自组织神经网络说话人聚类算法、基于自组织神经网络的改进 *K*-means 说话人聚类算法对语音段进行聚类实验，对比分析，验证改进算法的有效性。

选取一段名为“录音 1.wav”的音频文件，该音频时长 3min，包含两男一女共三个人的语音。

提取“录音 1.wav”音频文件的时域波形见图 4.29。

首先对语音信号进行预处理，包括预加重、分帧和加窗处理，帧长 wlen = 200(即每帧有 200 个采样点)，帧移 inc = 100，窗函数使用汉宁窗。音频时长为 180s，在 $f_s=8$kHz 的采样频率下，序列总的采样点数为 1419856，被分为 14197 帧，每帧对应的时间为 25ms。通过时域波形可见，该音频有若干个语音段，语

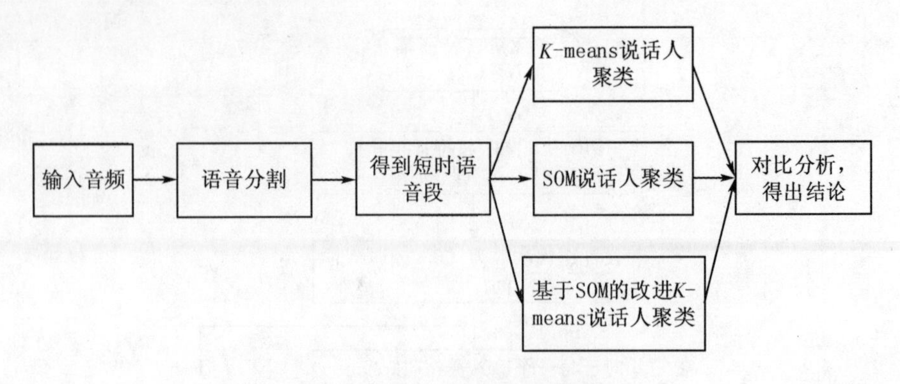

图 4.28　说话人聚类实验流程图

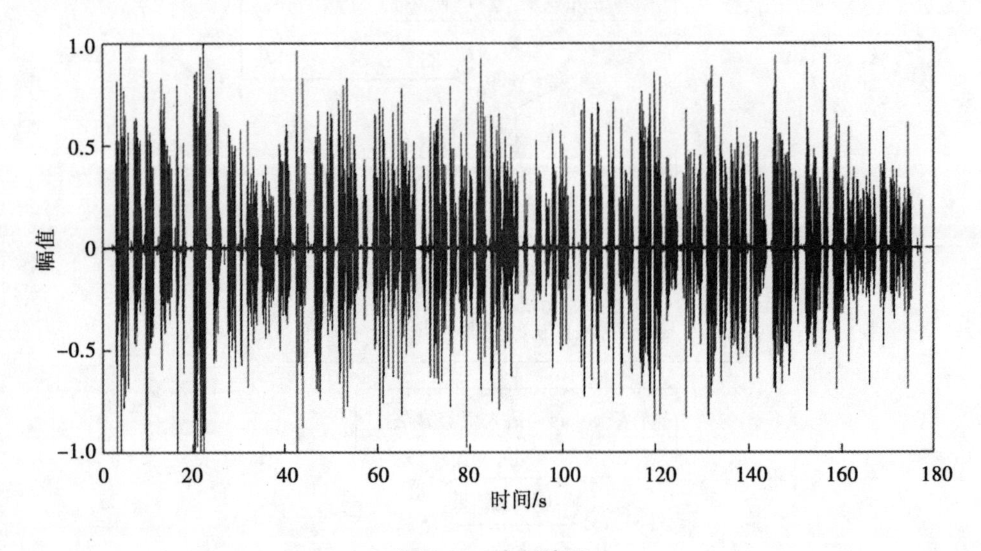

图 4.29　音频波形

音段之间存在短短的间隙。

从头至尾计算每帧语音的短时能量和频谱质心特征，采用第 3 章所述的改进双门限端点检测法对音频进行语音分割，分割后的语音波形如图 4.30 所示。

为了观看清晰，局部放大图如图 4.31 所示。

由图 4.31 可见，音频被分割为许多语音片段。图 4.31 中，语音段以深色表示，语音段之间的静音以浅灰色表示。经过语音分割后，共获得 96 个短时语音段，每个语音段只包含一个人的语音。

聚类实验中，采用 MFCC 作为区分不同说话人的依据。

对这 96 个短时语音段分别进行分帧、加窗处理，帧长 wlen = 200，帧移 inc = 100，窗函数使用汉宁窗，经过快速傅里叶变换（FFT）得到语音的语谱图，

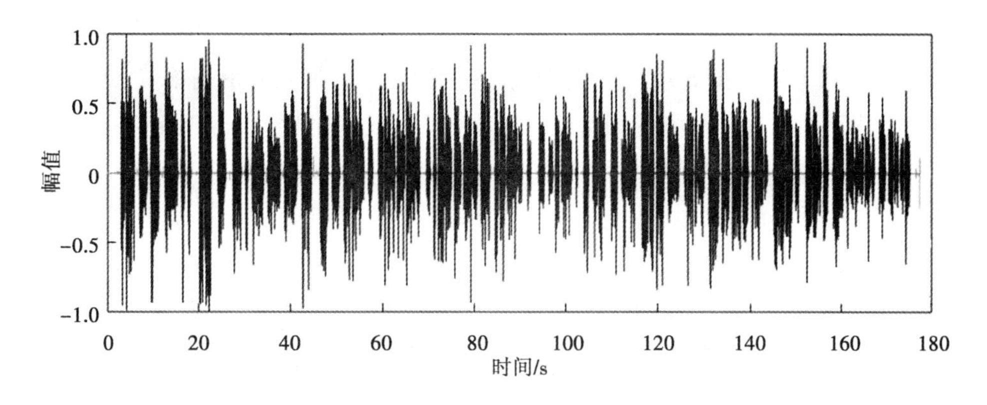

图 4.30　分割后的语音波形

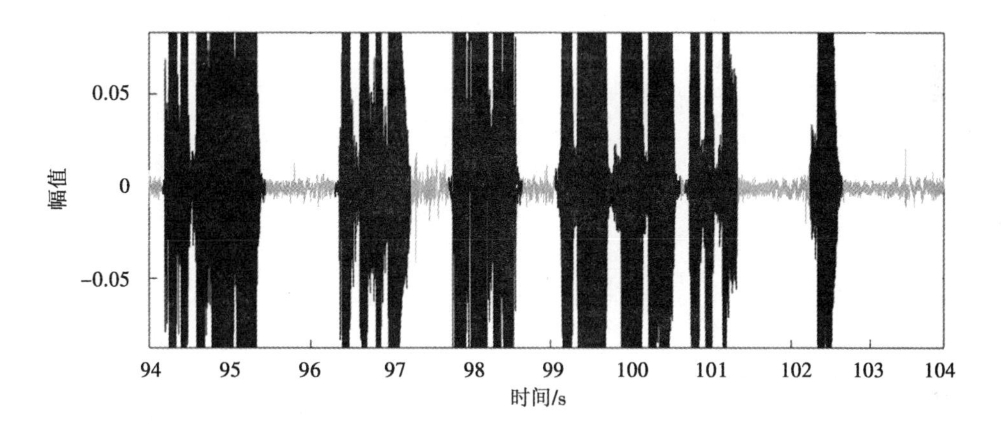

图 4.31　分割后的语音波形(局部放大)

提取每段语音的 MFCC 特征，特征维度选取 12 维。由于 MFCC 特征是逐帧进行提取的，如果一段语音的帧数为 n ，那么提取出来的特征是一个 $n \times 12$ 的特征矩阵，各语音的长度不同，所得特征矩阵的大小也就不同，无法为聚类系统提供统一尺度的输入。为了解决这个问题，用语音中所有帧的 MFCC 向量的均值表示整段语音的 MFCC 特征，即按列求取特征矩阵的平均值，得到 1×12 的 MFCC 特征向量。图 4.32 为第一段语音的 MFCC 特征向量。

	1	2	3	4	5	6	7	8	9	10	11	12
1	-0.0350	-14.6156	-10.1262	-1.0592	-12.8799	-2.8833	-3.6408	-6.7915	-1.6861	-3.6902	-0.9547	-0.3075

图 4.32　第一段语音的 MFCC 特征向量

对于这 96 个语音段，分别提取每个语音段的 MFCC 特征向量，合成 96 × 12 的特征集。在数据处理中，不同评价指标通常具有不同的量纲单位，从而影响到分析结果。为了消除不同量纲的影响，使其具有可比性，需要对特征集进行归一化处理，归一化的数据各指标在-1~1，处于同一量级，适合综合对比评价。将归一化后的 MFCC 特征集作为聚类系统的输入样本。

该音频的 MFCC 特征集 $\boldsymbol{X}_i(i=1, 2, \cdots, 96)$ 如图 4.33 所示。

	1	2	3	4	5	6	7	8	9	10	11	12
1	-0.2318	-0.6216	-0.8246	0.8197	-1	0.0115	0.0276	-0.7478	-0.3292	-1	-0.0117	-0.3540
2	-0.4504	-0.4722	-0.2641	0.6031	-0.4363	0.0251	-0.0120	-0.3220	-0.2556	-0.3009	-0.0195	-0.5682
3	0.0611	0.4078	0.4520	0.9593	-0.1953	0.2274	0.2702	0.4878	-0.1718	0.5584	-0.1076	-0.1543
4	0.0127	0.6880	-0.1491	-0.3808	-0.0066	0.0899	0.2659	0.5310	-0.4424	0.2297	-0.4673	-0.0847
5	0.1407	0.7320	0.4009	0.6745	0.1440	0.1724	0.0330	0.4351	-0.2905	0.5446	0.2133	-0.2824
6	-0.7343	-0.4021	-0.4176	-0.1656	-0.5628	-0.1922	-0.0962	-0.5104	-0.5630	-0.3270	-0.7263	-0.5573
7	-0.3879	0.7239	-0.1195	-0.3951	-0.3567	0.3155	-0.0020	0.6301	-0.0082	0.4713	-0.0835	0.0816
8	-0.9601	-0.7837	-0.3593	0.0225	-0.2102	0.0413	-0.1888	-0.6212	-0.4318	-0.3511	-0.1205	-0.2959
9	-0.8367	-1	-0.0377	0.4291	-0.6289	-0.1104	-0.4750	-0.9491	-0.3937	0.0958	-0.5412	-0.2736
10	-0.0155	0.2727	0.2820	0.6068	-0.1523	0.4739	0.3752	0.2055	-0.5360	0.1430	0.0281	-0.2739
11	-0.5196	-0.6370	-0.3923	0.1216	-0.5501	-0.0138	-0.2554	-0.5492	-0.3250	-0.4713	0.0153	-0.0793
12	0.2645	0.5404	-0.5999	0.3577	0.3054	-0.3061	0.2822	0.8176	-0.2828	0.6644	-0.4664	-1
13	0.1543	0.6268	-0.0959	-0.0056	-0.0863	-0.1137	0.3584	0.8135	-0.7636	0.2058	-3.0007...	-0.5701
14	-0.3113	0.7890	0.1734	-0.0671	-0.6751	-0.1598	0.6133	0.5194	-0.4182	1	-0.3457	-0.5522
15	0.1356	0.7456	-0.1363	-0.1853	0.4774	-0.2183	0.0697	0.8824	-0.9199	0.4200	-0.8365	-0.3673
						⋮						
88	-0.5569	0.2714	-0.8230	0.2283	-0.0786	-0.7724	-0.2758	-0.2648	-0.6207	-0.3815	-0.2345	0.1627
89	-0.2697	-0.2357	-0.7891	-0.0462	0.3934	-0.3903	-0.1434	-0.5120	-0.0433	-0.8132	0.0258	-0.0983
90	0.0043	-0.0438	-0.8671	0.1035	-0.2169	-0.9042	-0.2299	-0.4181	-0.5621	-0.4401	-0.3949	0.1063
91	0.9374	-0.3438	-0.9019	0.2494	-0.9633	-1	0.4109	0.0358	-0.2700	-0.9540	-0.6541	-0.5618
92	0.4810	0.5058	0.5543	0.4640	-0.0819	0.2065	0.2168	9.4952e...	0.1676	0.1380	0.0483	0.0595
93	0.2873	-0.2742	-0.2113	0.5668	0.0048	-0.2358	-0.2286	-0.0165	-0.2277	-0.0424	0.0560	0.0929
94	-0.2994	0.0670	-0.6855	0.0121	-0.2985	-0.6471	0.0806	-0.2228	-0.5288	-0.1501	-0.1191	0.6426
95	-0.6023	0.0626	-0.4080	-0.2971	-0.0838	-0.7251	-0.1777	-0.3717	-0.0202	-0.6585	-0.3076	0.5214
96	0.0239	-0.4341	-0.7470	0.2458	0.0398	-0.7044	-0.0350	-0.4216	0.0658	-0.4074	-0.4117	-0.0400

图 4.33　MFCC 特征集

该特征集有 12 列，代表 MFCC 特征的维度为 12；每行代表一个样本，即共有 96 个短时语音段。

下面对于特征集 $\boldsymbol{X}_i(i=1, 2, \cdots, 96)$ 分别使用 *K*-means 说话人聚类算法、自组织神经网络说话人聚类算法、基于自组织神经网络的改进 *K*-means 说话人聚类算法进行聚类实验。

(1) *K*-means 说话人聚类实验

首先试听分割后的音频，为不同的说话人附上区分性的标号，以便作对比分析。其中，张三的语音用“a”表示，李四的语音用“b”表示，王五的语音用“c”表示。如表 4.3 所示。

表 4.3　　　　　　　　**语音类别表**

标号	1	2	3	4	5	6	7	8	9	10
类别	a	a	b	c	b	a	c	a	a	b
标号	11	12	13	14	15	16	17	18	19	20
类别	a	c	c	c	c	c	b	b	a	c
标号	21	22	23	24	25	26	27	28	29	30
类别	c	b	a	a	a	a	b	a	a	a
标号	31	32	33	34	35	36	37	38	39	40
类别	a	a	b	c	c	c	c	c	c	b
标号	41	42	43	44	45	46	47	48	49	50
类别	a	a	a	a	b	b	a	b	c	a
标号	51	52	53	54	55	56	57	58	59	60
类别	a	b	c	a	a	c	c	a	a	a
标号	61	62	63	64	65	66	67	68	69	70
类别	c	c	c	b	b	b	a	a	a	a
标号	71	72	73	74	75	76	77	78	79	80
类别	c	c	c	c	c	a	a	a	c	c
标号	81	82	83	84	85	86	87	88	89	90
类别	a	c	c	b	c	c	a	a	a	a
标号	91	92	93	94	95	96				
类别	a	b	a	a	a	a				

用 *K*-means 说话人聚类算法对 MFCC 特征集 $\boldsymbol{X}_i(i = 1, 2, \cdots, 96)$ 进行聚类，设置 *K* 值为 3，随机初始化聚类中心。当初始聚类中心选取恰当时，聚类准确率最高可达 94.8%，但是，对此样本进行 50 次 *K*-means 聚类后，其中有 12 次由于初始聚类中心选取不当导致聚类异常，大大降低了平均聚类准确率。此 50 次 *K*-means 说话人聚类的平均准确率为 84.5%。

表 4.4 描述了某次初始聚类中心选取不当时的异常聚类结果，后缀为“×”的是错误聚类项。该次聚类的准确率为 52.1%。

可见，*K*-means 说话人聚类受初始聚类中心的选取影响很大，聚类结果不稳定，直接导致了平均聚类准确率的降低。

表 4.4　　初始值选取不当的 ***K*-means** 说话人聚类结果

标号	1	2	3	4	5	6	7	8	9	10
类别	a	a	b	b×	b	a	b×	a	a	b
标号	11	12	13	14	15	16	17	18	19	20
类别	a	b×	b×	c	c	b×	b	b	a	b×
标号	21	22	23	24	25	26	27	28	29	30
类别	b×	b	a	a	a	a	b	a	a	a
标号	31	32	33	34	35	36	37	38	39	40
类别	a	a	b	b×	b×	c	c	b×	b×	b
标号	41	42	43	44	45	46	47	48	49	50
类别	a	a	a	c×	b	b	c×	b	b×	c×
标号	51	52	53	54	55	56	57	58	59	60
类别	c×	b	b×	c×	a	b×	b×	a	c×	c×
标号	61	62	63	64	65	66	67	68	69	70
类别	b×	b×	b×	b	b	b	c×	c×	c×	c×
标号	71	72	73	74	75	76	77	78	79	80
类别	b×	b×	b×	b×	b×	a	ca	a×	b×	b×
标号	81	82	83	84	85	86	87	88	89	90
类别	a	b×	b×	b	b×	b×	c×	c×	a	c×
标号	91	92	93	94	95	96				
类别	a	b	a	c×	c×	a				

（2）自组织神经网络说话人聚类实验

初始化自组织神经网络，设置输入层神经元数目为 96，竞争层神经元数目为 3，迭代次数为 500 次，学习率 $\eta(t)=0.1$。用自组织神经网络说话人聚类算法对 MFCC 特征集 $\boldsymbol{X}_i(i=1, 2, \cdots, 96)$ 进行聚类。

表 4.5 描述了自组织神经网络说话人聚类结果，后缀为"×"的是错误聚类项。该次聚类的准确率为 88.5%。

可见，自组织神经网络算法的准确率低于初始聚类中心选取恰当时的 *K*-means 算法，但是因其聚类结果稳定，平均聚类准确率高于 *K*-means 算法。因此，尝试将两算法结合，用自组织神经网络来改进 *K*-means 算法，使聚类结果既稳定，又能保证较高的准确率。

表 4.5　　SOM 说话人聚类结果

标号	1	2	3	4	5	6	7	8	9	10
类别	a	a	b	c	b	a	b×	a	a	b
标号	11	12	13	14	15	16	17	18	19	20
类别	a	c	c	b×	c	b×	b	b	a	c
标号	21	22	23	24	25	26	27	28	29	30
类别	c	b	a	a	a	a	b	a	a	a
标号	31	32	33	34	35	36	37	38	39	40
类别	a	a	b	c	a×	c	a×	c	c	b
标号	41	42	43	44	45	46	47	48	49	50
类别	a	a	a	b×	b	b	b×	b	c	a
标号	51	52	53	54	55	56	57	58	59	60
类别	a	b	c	a	a	c	c	a	a	a
标号	61	62	63	64	65	66	67	68	69	70
类别	c	a×	a×	b	b	b	a	a	a	a
标号	71	72	73	74	75	76	77	78	79	80
类别	c	c	a×	c	c	a	a	b×	c	c
标号	81	82	83	84	85	86	87	88	89	90
类别	a	c	c	b	c	c	a	a	a	a
标号	91	92	93	94	95	96				
类别	a	b	a	a	a	a				

(3)基于自组织神经网络的改进 *K*-means 说话人聚类实验

用基于自组织神经网络的改进 *K*-means 说话人聚类算法对 MFCC 特征集 $\boldsymbol{X}_i(i = 1, 2, \cdots, 96)$ 进行聚类。

首先进行类别数的预判：假定音频中说话人个数是未知的，通过自组织神经网络来预判说话人数目。设类别数为 $K \leqslant 9$，在网络竞争层设置 9 个神经元，采用 3×3 布局。输入层神经元数目为 96，设置一个比较小的迭代次数(100 次)。

训练后，统计竞争层中各神经元的获胜次数 $P_j(j = 1, 2, \cdots, 9)$，如图 4.34 所示。

图 4.34 显示了 9 个神经元的获胜次数，按照式(4.24)，平均获胜次数的 4/3 为 14.22，获胜次数超过 14.22 的神经元有 3 个，其获胜次数分别为 22、

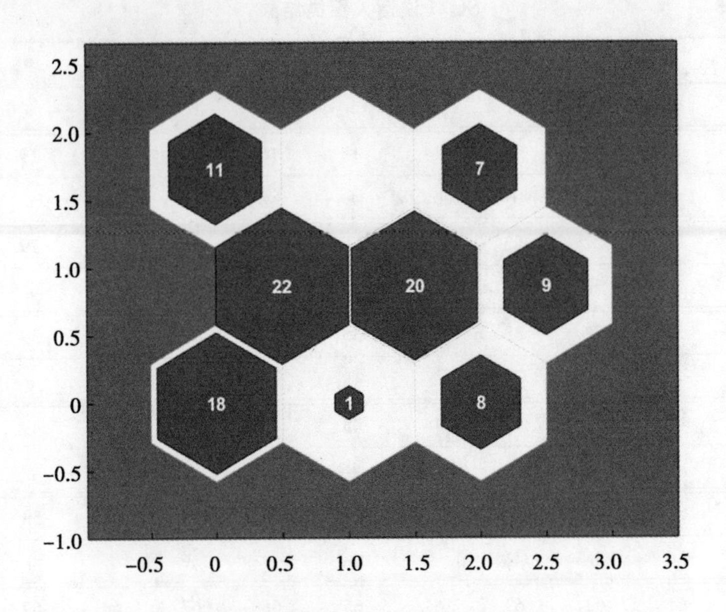

图 4. 34　竞争层神经元获胜情况

20、18，说明这三个神经元更靠近实际的聚类中心；而获胜次数少于 14. 22 的神经元则远离实际的聚类中心，可以将其忽略。因此预判类别数 $K=3$。为了准确地预判类别数，可以通过多次判别求众数的方式。

在预判说话人数为 3 人之后，重新训练自组织神经网络，此时更改为竞争层中设置 3 个神经元，其他不变。在网络训练结束后，得到各神经元的权重值 $\{\boldsymbol{W}_1, \boldsymbol{W}_2, \boldsymbol{W}_3\}$ 如图 4. 35 所示。

	1	2	3	4	5	6	7	8	9	10	11	12
1	-0.4599	-0.2687	-0.4762	0.0375	-0.3098	-0.4637	-0.3003	-0.4836	-0.4448	-0.4555	-0.1798	0.0254
2	0.1069	0.5795	0.2901	0.4029	-0.0095	0.2195	0.1038	0.2853	-0.0727	0.2792	0.1259	-0.2594
3	0.3370	0.6511	-0.3395	-0.1476	0.1696	-0.2267	0.4405	0.5404	-0.4869	0.4999	-0.5759	-0.1712

图 4. 35　训练后各神经元的权重值

图 4. 35 中，矩阵的三行分别对应 $\boldsymbol{W}_1$、$\boldsymbol{W}_2$、$\boldsymbol{W}_3$ 的值。将此权重值 $\{\boldsymbol{W}_1, \boldsymbol{W}_2, \boldsymbol{W}_3\}$ 保存，作为 *K*-means 算法的初始聚类中心。

最后，设置 *K*-means 算法的初始聚类中心为 $\boldsymbol{\mu}_j = \boldsymbol{W}_j (j = 1, 2, 3)$，执行 *K*-means 说话人聚类算法，实验完毕。

表 4. 6 描述了基于自组织神经网络的改进 *K*-means 说话人聚类结果，后缀为“×”的是错误聚类项。该次聚类结果保持稳定且准确率达到 94. 8%。

表 4.6　　基于 SOM 的改进 *K*-means 说话人聚类结果

标号	1	2	3	4	5	6	7	8	9	10
类别	a	a	b	c	b	a	c	a	a	b
标号	11	12	13	14	15	16	17	18	19	20
类别	a	c	c	c	c	c	b	b	a	c
标号	21	22	23	24	25	26	27	28	29	30
类别	c	b	a	a	a	a	b	a	a	a
标号	31	32	33	34	35	36	37	38	39	40
类别	a	a	b	b×	c	c	c	b×	c	b
标号	41	42	43	44	45	46	47	48	49	50
类别	a	a	a	a	b	b	a	b	c	a
标号	51	52	53	54	55	56	57	58	59	60
类别	c×	b	c	a	a	b×	c	a	a	a
标号	61	62	63	64	65	66	67	68	69	70
类别	c	c	c	b	b	b	a	a	a	c×
标号	71	72	73	74	75	76	77	78	79	80
类别	c	c	c	c	c	a	a	a	c	c
标号	81	82	83	84	85	86	87	88	89	90
类别	a	c	c	b	c	c	a	a	a	a
标号	91	92	93	94	95	96				
类别	a	b	a	a	a	a				

综上所述，对于“录音 1. wav”，基于自组织神经网络的改进 *K*-means 说话人聚类算法取得了很好的聚类效果，有效地弥补了自组织神经网络算法与 *K*-means 算法各自的不足。

聚类效果如图 4. 36 所示，以不同灰度值来区分不同的说话人，既形象又直观。

为了观看清晰，局部放大图如图 4. 37 所示。

(4)实验结果对比分析

为了进一步验证所改进算法的有效性，本实验又选取了 9 段音频文件，分别进行上述实验验证，加上“录音 1. wav”，共计 10 段录音。各音频文件的内容如下：

录音 1：包含三个人的语音，两男一女；

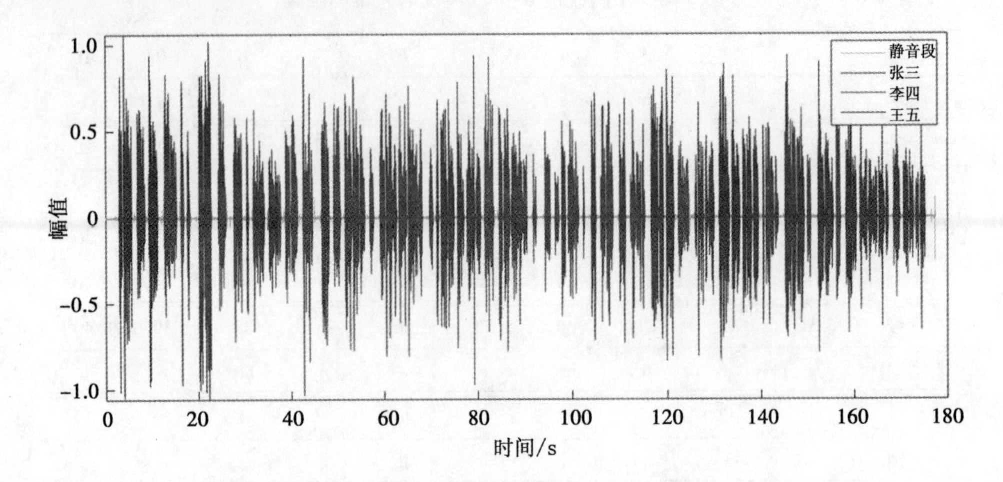

图 4.36　基于 SOM 的改进 *K*-means 说话人聚类结果图

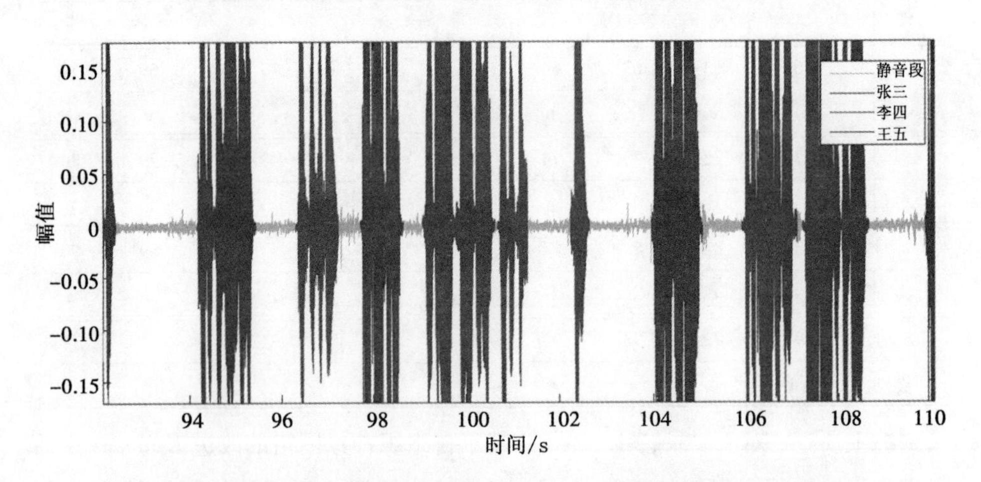

图 4.37　基于 SOM 的改进 *K*-means 说话人聚类结果图(局部放大)

录音 2：包含两个人的语音，两男；

录音 3：包含两个人的语音，两女；

录音 4：包含两个人的语音，一男一女；

录音 5：包含三个人的语音，一男两女；

录音 6：包含三个人的语音，三男；

录音 7：包含三个人的语音，三女；

录音 8：包含四个人的语音，两男两女；

录音 9：包含四个人的语音，两男两女；

录音 10：包含四个人的语音，三男一女。

采用第 3 章所述的改进双门限端点检测法分割音频后，分别使用三种算法进行说话人聚类实验，各自的准确率如表 4.7 所示。

表 4.7　三种算法的说话人聚类结果对比　%

	K-means 说话人聚类	SOM 说话人聚类	基于 SOM 的改进 *K*-means 说话人聚类
录音 1	84.5	88.5	94.8
录音 2	84.3	89.2	95.1
录音 3	85.2	83.7	94.9
录音 4	86.0	90.2	96.1
录音 5	82.2	85.5	93.6
录音 6	81.0	82.2	90.2
录音 7	82.0	81.5	89.8
录音 8	74.8	77.2	85.5
录音 9	73.8	76.8	86.0
录音 10	73.3	78.0	84.8

由表 4.7 可见，自组织神经网络算法的聚类准确率较低，但因 *K*-means 算法具有不稳定性，导致其平均准确率时常低于自组织神经网络算法。随着音频样本中的说话人数的增加，或性别差异的减小，聚类准确率有下降趋势，但是在同一音频样本下，基于自组织神经网络的改进 *K*-means 算法的聚类准确率总是高于另外两种算法。

综上所述，相比于 *K*-means 说话人聚类算法，改进的算法不仅能够预判类别数，也能合理地选择初始聚类中心，使聚类结果稳定；相比于自组织神经网络说话人聚类算法，改进的算法减小了网络的迭代次数，使收敛更快，而且大大提高了聚类的准确率。因此，基于自组织神经网络的改进 *K*-means 说话人聚类算法要优于自组织神经网络算法与 *K*-means 算法。

4.4　本章小结

说话人语音分割技术是本章的研究重点之一，分割的准确性直接影响到说话人语音聚类任务。本章首先基于 MFCC 和 GFCC 混合特征对语音进行了分割聚类，针对双门限端点检测法进行了改进，并用于语音分割的研究。同时改进了 *K*-means 算法，基于自组织神经网络对语音进行了分割并聚类的研究。实验结果表明，对特征提取进行改进能有效提高语音分割和聚类的效果，改进的双门限端点检测法和 *K*-means 算法能有效提高算法准确率，为语音信号的进一步研究奠定了扎实的理论基础。

第 5 章　基于神经网络的语音识别

研究神经网络以探索人的听觉神经机理，改进现有语音识别系统的性能，是当前语音识别研究的一个重要方向。反向传播(back propagating，BP)神经网络为常见的人工神经网络之一，其优点为结构简单、易于实现，具有很好的稳定性，但存在易陷入局部极小、参数设置不固定等不足。自适应免疫克隆算法是模拟免疫系统对病菌的多样性识别能力的多峰值搜索算法[77-78]。其保留了传统免疫算法较强的自我调节能力以及抗干扰能力，并且通过克隆操作强化了其变异的有效性，更为高效地避免陷入局部极小的可能[79]。其中，自适应操作的引入很好地解决了传统变异概率为固定值所产生的不足，如其过大可能会导致优秀个体的丢失，而过小则可能会陷入局部最优的状态[62]。

由上述可知，神经网络和自适应免疫克隆算法必须得到更深入的研究。

本章结构安排：主要阐述自适应免疫算法和人工神经网络；提出一种改进的自适应免疫克隆人工神经网络算法，包括它的基本思想和算法；对改进的算法进行实验验证。

5.1　自适应免疫克隆算法和神经网络基础知识

5.1.1　自适应免疫克隆算法

自适应免疫克隆算法的原理为：首先随机生成初始种群，计算每个抗体和抗原的亲和度，然后根据计算结果对当前的抗体进行克隆操作，产生临时抗体群[80]。接着对该抗体群中的每个抗体进行变异操作，其中变异概率选择为一个自适应变异概率函数，根据变异结果进行更新迭代操作，最后判断停机条件[81]。其算法原理框图如图 5.1 所示。

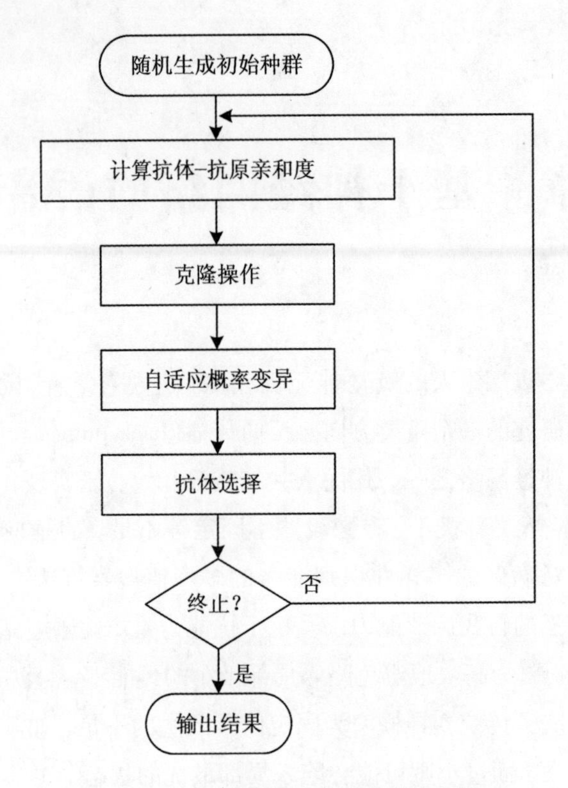

图 5.1　自适应免疫克隆算法流程图

人工神经网络(artificial neural networks，ANN)仿照人脑的生物神经网络而构成，简称神经网络，其结构与工作机理基本以人脑组织结构及活动规律为背景，有类似人脑功能的若干基本特征，如学习记忆、知识概括及输入信息特征提取等[82]。20 世纪 80 年代以来，ANN 以其非线性、自适应、鲁棒性及学习特性且易于硬件实现等而受到很大关注，目前，ANN 的研究已获得很多进展与成果[83]。利用 ANN 进行模式识别是最活跃的课题，ANN 在信息处理中最典型、最有希望的领域就是模式识别[84]。基于 ANN 的模式识别与传统的统计模式识别相比，有几个明显的优点：

① 可识别有噪声或变形的输入模式；

② 有很强的自适应学习能力，通过对样本学习掌握模式变换的内在规律；

③ 可将识别处理与若干预处理融合在一起进行；

④ 识别速度快。

人工神经网络由神经元、网络拓扑和学习算法三部分构成。

5.1.2　神经元

神经元是神经网络处理信息的基本单元，是由突触权值、加法器以及激活函数三部分构成的非线性模型[85]。单神经元模型图如图 5.2 所示。

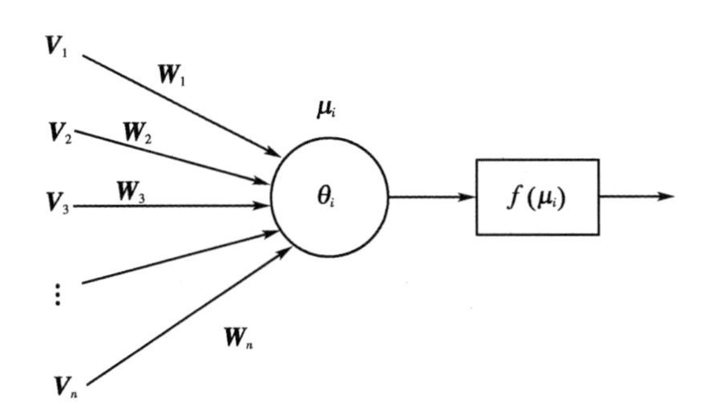

图 5.2　单神经元模型图

其中，$\boldsymbol{V}_1$，$\boldsymbol{V}_2$，…，$\boldsymbol{V}_n$ 表示其他神经元轴突输出和该神经元的输入向量；$\boldsymbol{W}_1$，$\boldsymbol{W}_2$，…，$\boldsymbol{W}_n$ 表示其他神经元与该神经元的 n 个权值向量，每个元素的值可正可负；θ 为神经元阈值。

对 n 个互联的神经元中的第 i 个神经元，外界输入的总和影响其激活值，i 神经元的状态以某种函数形成输出，即有

$$\mu_i = \sum_{j=1}^{N} w_{ij} \cdot x_j - \theta_i \tag{5.1}$$

$$v_i = f(\mu_i) \tag{5.2}$$

式中，μ_i ——神经元 i 的活跃值，即神经元状态；

w_{ij} ——神经元 i 与神经元 j 之间连接的强度(模拟生物神经元之间突触接强度)，称为连接权；

v_j ——神经元 j 的输出，即是神经元 i 的一个输入；

θ_i ——神经元 i 的阈值[86]；

$f(\mu_i)$ ——神经元的输入和输出的函数，称为神经元激活函数，该函数为非线性函数。

常用的特征函数包括[87]：

① 线性特性函数：

$$v_i = f(\mu_i) = k\mu_i \tag{5.3}$$

② 阈值逻辑特性函数：

$$v_i = f(\mu_i) = \begin{cases} 1, \mu_i \geqslant \theta_i \\ 0, \mu_i \leqslant \theta_i \end{cases} \tag{5.4}$$

③ S形逻辑特性函数(Sigmoid 函数):

$$v_i = f(\mu_i) = \frac{1}{1 + \exp(-\mu_i)} \tag{5.5}$$

④ 双曲正切特性函数:

$$v_i = f(\mu_i) = \text{th}(\mu_i) \tag{5.6}$$

5.1.3 网络连接方式

ANN 的连接方式是指各神经元连接的方式，又称为网络的拓扑结构，主要有三种[88]。

① 单层连接方式，即网络只包含输入和输出两层外。单层感知机即基于这样的连接而构成[89]。

② 多层连接方式，即网络中除输入和输出层外，还有若干中间层。多层感知机即基于这种连接方式[90]。

③ 循环连接方式。其包含反馈，即神经元间存在反馈回路，反馈输入可来自同一层另一个神经元的输出，也可来自下一层各神经元的输出[91]。

5.1.4 学习(训练)算法

神经网络的学习方式可分为有监督学习、无监督学习和强化学习三类[92]。

有监督学习是在有人为监督的情况下进行学习的方式，人为地给定了所有输入 $\boldsymbol{x}$ 对应的期望输出 $\boldsymbol{y}$，并判定实际输出 $\boldsymbol{o}$ 与期望输出 $\boldsymbol{y}$ 的误差 $\boldsymbol{e}$[93]，如图 5.3 所示。

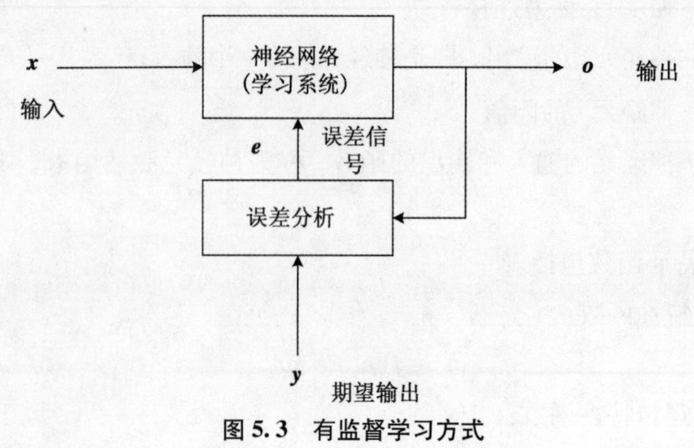

图 5.3 有监督学习方式

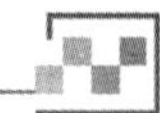

无监督学习不存在人为干扰，无须事先设定输出矢量，是一种自动聚类过程。其通过训练矢量的加入不断调整权，以使输出矢量反映输入矢量的分布特点[94]，如图 4.4 所示。

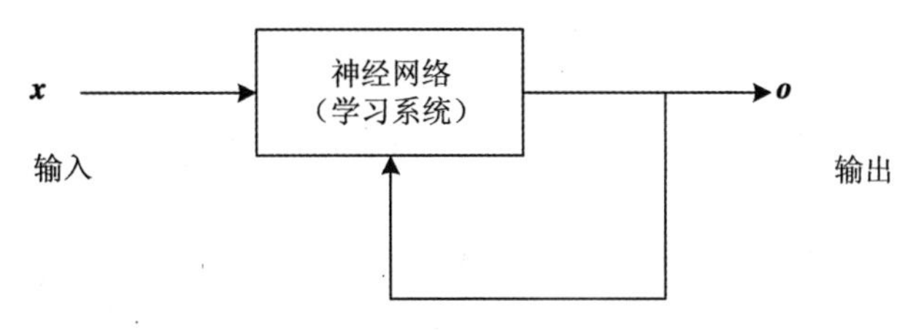

图 5.4　无监督学习方式

强化学习介于上述两种学习方式之间[95]，如图 5.5 所示。

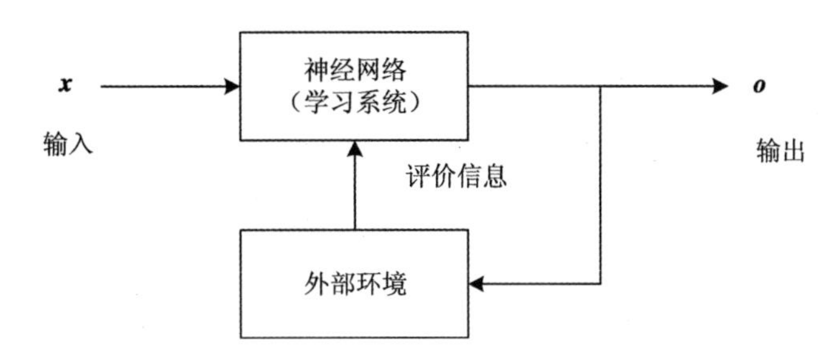

图 5.5　强化学习方式

5.1.5　BP 神经网络

BP 神经网络是一种包含前向和反向两个阶段的有监督学习过程[96]。多层 BP 神经网络模型的拓扑结构如图 5.6 所示。

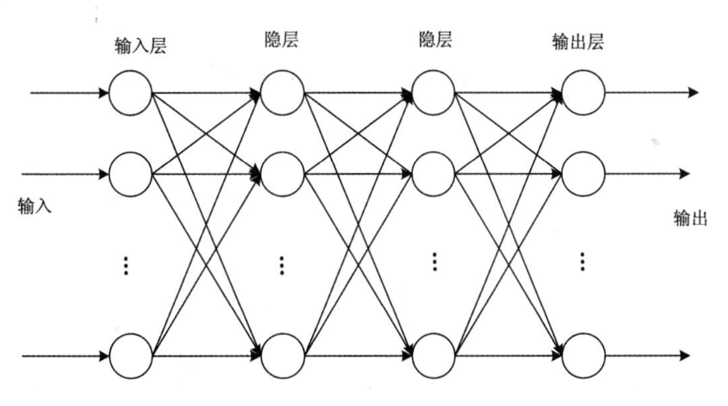

图 5.6　多层 BP 网络结构图

多层感知机的每个隐层或输出层单元主要进行两种计算[97]。

① 计算神经元的输出处出现的函数信号，表现为关于输入信号以及与该神经元有关的突触权值的连续非线性函数[98]。

② 计算梯度向量，即误差曲面对神经元输入权值的梯度的估计值，以便反向通过网络[99]。

BP 算法是大多数 MLP 学习算法的基础，它允许在每个权值中找到梯度，从而进行优化。下面对 BP 算法进行具体的介绍。

BP 网络的训练采用有监督方式。$\boldsymbol{x}(n)$ 为输入信号，$\boldsymbol{d}(n)$ 为期望输出信号，$\boldsymbol{y}(n)$ 为实际输出信号[100]，则误差信号为

$$e_j(n) = d_j(n) - y_j(n) \tag{5.7}$$

式中，$d_j(n)$ ——期望响应向量 $\boldsymbol{d}(n)$ 的第 j 个元素[101]。

瞬时误差能量为

$$\varepsilon(n) = \sum_{j \in \mathbf{C}} \varepsilon_j(n) = \frac{1}{2} \sum_{j \in \mathbf{C}} e_j^2(n) \tag{5.8}$$

则把误差函数 $\varepsilon(n)$ 作为调整 BP 网络突触权值的衡量函数。整个反向传播算法过程如图 5.7 所示[102]。

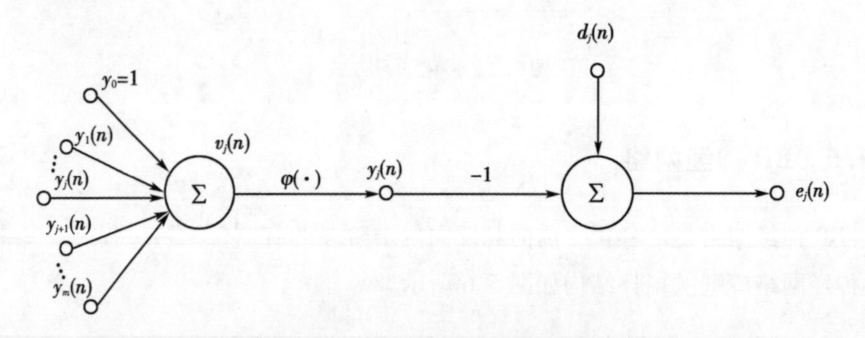

图 5.7　BP 网络结构信号图

图 5.7 中，m 是作用于下一个神经元 j 的所有输入的个数；y_0，$y_1(n)$，…，$y_m(n)$ 是输入端函数信号，即激励信号；$\varphi(\cdot)$ 为激活函数；$v_j(n)$ 是神经元 j 的诱导局部域；$y_j(n)$ 是神经元 j 输出端的函数信号[103]。

反向传播分为前向、反向两个阶段。

(1)前向阶段

网络的突触权值固定，输入信号一层层传播到达输出端。神经元 j 处的函数信号为

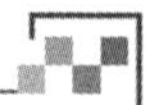

$$y_j(n)=\varphi(v_j(n)) \tag{5.9}$$

其中的诱导局部域 $v_j(n)$ 定义为

$$v_j(n)=\sum_{i=0}^{m} w_{ji}(n)y_i(n) \tag{5.10}$$

式中，$w_{ji}(n)$ ——连接神经元 i，j 的突触权值[104]。

若 j 为隐层，则 $y_j(n)$ 为下一层的输入信号：$y_j(n)=x_j(n)$；否则，j 为输出层，$y_j(n)=o_j(n)$。这样，输出信号与期望响应 $d_j(n)$ 比较就得到误差信号 $e_j(n)$[105]。

(2)反向阶段

误差信号从输出层向左传播，用 LMS 算法中瞬时误差能量 $\varepsilon(n)=\frac{1}{2}\sum_{j\in\mathbf{C}} e_j^2(n)$ 作修正权值 $w_{ji}(n)$ 的训练函数，递归计算得到每个神经元的局部梯度 $\boldsymbol{\delta}$，从而改变每一层的突触权值，得到最终训练模型[106]。

下面计算权值校正项 $\Delta w_{ji}(n)$ 由输出层信号反向得到的过程[107]。

$\Delta w_{ji}(n)$ 正比于偏导数 $\frac{\partial\varepsilon(n)}{\partial w_{ji}(n)}$，$\eta$ 为学习率：

$$\Delta w_{ji}(n)=-\eta\frac{\partial\varepsilon(n)}{\partial w_{ji}(n)} \tag{5.11}$$

而

$$\frac{\partial\varepsilon(n)}{\partial w_{ji}(n)}=\frac{\partial\varepsilon(n)}{\partial y_j(n)}\cdot\frac{\partial y_j(n)}{\partial v_j(n)}\cdot\frac{\partial v_j(n)}{\partial w_{ji}(n)}=-e_j(n)\cdot\varphi_j'(v_j(n))\cdot y_i(n) \tag{5.12}$$

其中

$$\left.\begin{aligned}
\varepsilon(n)&=\frac{1}{2}\sum_{k\in\mathbf{C}} e_k^2(n)=\frac{1}{2}\sum_{k\in\mathbf{C}}\left[d_k(n)-y_k(n)\right]^2\\
y_j(n)&=\varphi_j(v_j(n))\\
v_j(n)&=\sum_{i=0}^{m} w_{ji}(n)y_i(n)
\end{aligned}\right\} \tag{5.13}$$

定义局部梯度 $\delta_j(n)$ 表示突触权值根据输出所需的变化：

$$\delta_j(n)=-\frac{\partial\varepsilon(n)}{\partial v_j(n)}=e_j(n)\cdot\varphi_j'(v_j(n)) \tag{5.14}$$

这样，$\Delta w_{ji}(n)$ 可表示为

$$\Delta w_{ji}(n) = \eta \cdot \delta_j(n) \cdot y_j(n) \tag{5.15}$$

BP 神经网络的学习过程如图 5.8 所示[108]。

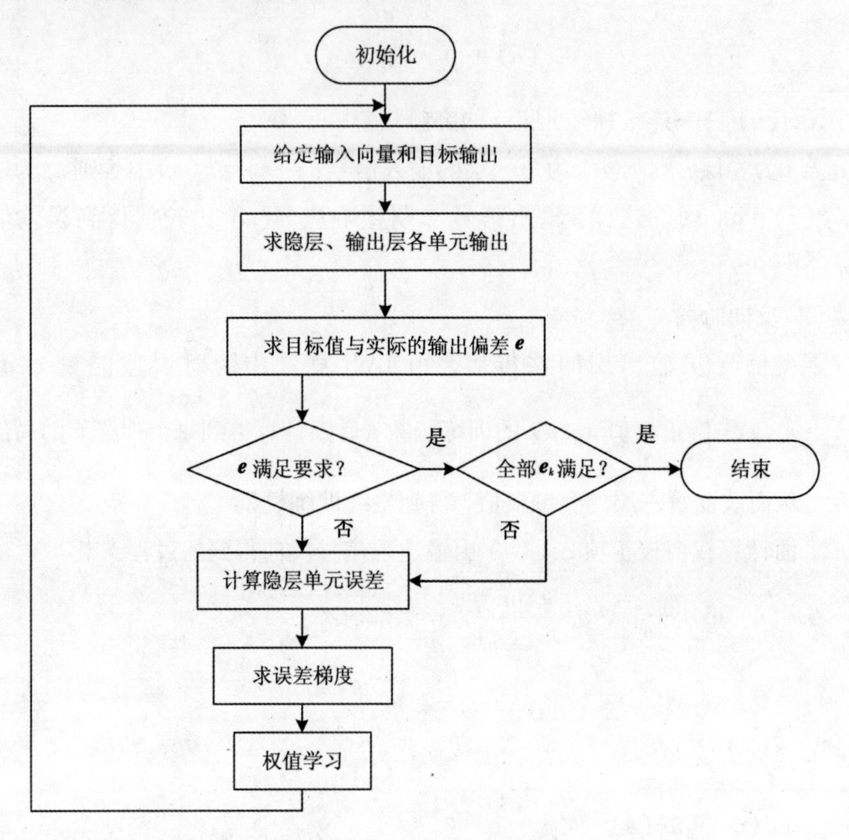

图 5.8　BP 算法流程图

5.2　基于自适应免疫克隆神经网络的语音识别算法设计

人们在实际应用中发现，由于网络误差曲面本身的复杂性，基于梯度下降原理的 BP 神经网络存在很多问题，如易陷入局部极小、振荡而导致难以收敛[109]；网络结构难以确定，存在隐含节点数选择的问题[110]。针对这些问题，采用自适应免疫克隆算法对 BP 神经网络的权值进行优化，以克服传统梯度下降法所带来的缺陷，并基于改进得到后的自适应免疫克隆神经网络算法设计语音识别系统，以验证该算法的性能。实验结果表明，改进后得到的算法有效地

提高了语音识别系统的准确识别率。

ANN 与自适应免疫克隆算法结合，可充分利用二者的长处，训练后的网络有较强的非线性映射能力，且可得到全局最优解[111]。

算法的主要步骤如下。

(1)初始化抗体种群

随机生成一个初始抗体群为 $A=\{a_1, a_2, \cdots, a_u\}$ ，其中，抗体为 a_i ($i=1, 2, \cdots, u$)，变量 a_i 代表 BP 网络的连接权值。抗体选择实数制编码[112]。

三层 BP 网络的结构如图 5.9 所示。假设输入节点数为 m ，隐层节点数为 h ，输出节点数为 n ，第 i 个输入节点到第 k 个隐层节点的连接权值为 w_{ik} ，第 k 个隐层节点到第 j 个输出节点的连接权值为 v_{kj} ，则第 k 个隐层节点的连接权值的编码为

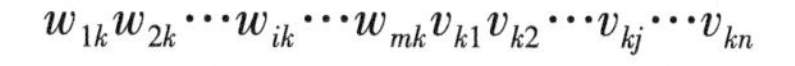

$$w_{1k}w_{2k}\cdots w_{ik}\cdots w_{mk}v_{k1}v_{k2}\cdots v_{kj}\cdots v_{kn}$$

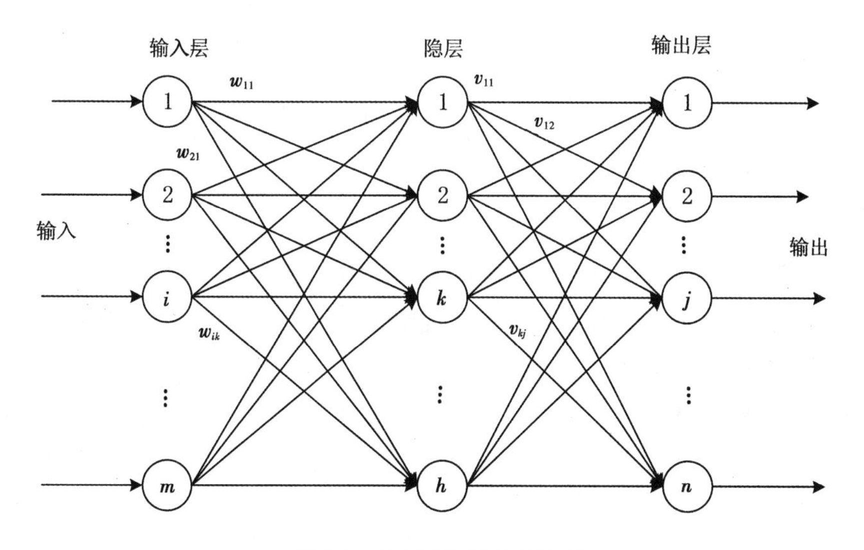

图 5.9　三层 BP 网络结构图

(2)计算初始种群的亲和度

亲和度代表的是抗体和抗原之间的匹配程度。亲和度越高，说明抗体与抗原越类似，也就是越接近问题的解。BP 神经网络的性能主要是通过其实际输出值与期望输出值之间的误差平方和来进行参考的。误差平方和越小，则表示该 BP 网络的性能越好。所以，就 BP 网络权值优化而言，抗体的亲和度可以表示为：

$$\text{aff}(a_i)=\frac{1}{\text{MSD}+K} \tag{5.16}$$

$$\text{MSD}=\frac{1}{M}\sum_{i=1}^{M}\left(Y_e(i)-Y(i)\right)^2 \tag{5.17}$$

式中，MSD ——BP 网络误差平方和的平均值；

Y ——实际输出；

Y_e ——期望输出；

M ——训练样本；

K ——一个很小的正整数，目的是为了防止计算过程中出现分母为零的情况。

(3)抗体克隆

对当前初始群体中的抗体进行克隆操作，生成临时克隆群体。每个抗体的克隆规模可以通过其亲和度大小而决定：亲和度越大，则克隆规模也越大。克隆规模为

$$C(a_i)=\text{ceil}\left(U\cdot\frac{\text{aff}(a_i)}{\text{sum}}\right)\quad(i=1,2,\cdots,u) \tag{5.18}$$

式中，ceil(　)——上取整函数；

U ——克隆后的群体规模；

sum——克隆前初始群体中所有抗体的亲和度和。

可以这么看，克隆操作的目的是将低维空间的问题转化到更高维空间中进行解决，然后将结果重新投影回低维空间，从而得到对问题更加全面的理解。

克隆后的临时抗体群为 $A'=\{A'_1, A'_2, \cdots, A'_i, \cdots, A'_u\}$，其中，$A'_i=\{a_{i1}, a_{i2}, \cdots, a_{im}\}$，$a_{i1}=a_{i2}=\cdots=a_{im}=a_i$，$m$ 为 A'_i 中克隆抗体的数量。

(4)抗体变异

经过克隆操作后群体的规模得到增大，对这个临时群体中的每个抗体进行变异操作，从而增加抗体的多样性。

由于该算法中没有抗体的交叉重组这个步骤，所以变异概率选取得好坏将很大程度上决定算法的性能。较大的变异概率可以加快算法产生新抗体，但也会导致抗体亲和度差异较大，可能会丢失亲和度高的抗体；较小的变异概率则可以提高抗体的收敛速度，但不能保证抗体的多样性，从而出现局部收敛。传统免疫克隆算法的变异概率一般需通过大量的实验得到，大大降低了算法的实用性，所以采用自适应变异概率以提高其性能，具体公式如下[113]：

$$P_m = \begin{cases} k_1 \sin\left(\frac{\pi}{2} \cdot \frac{a_{max} - a}{a_{max} - a_{avg}}\right) , & a > a_{avg} \\ k_2 , & a \leqslant a_{avg} \end{cases} \tag{5.19}$$

式中，a_{max} ——每代群体中最大亲和度值；

a_{avg} ——每代群体中的平均亲和度值；

a ——要变异的抗体的亲和度值[114]。

综上所述，动态调整 P_m 的值可以保证抗体的活性和稳定性。当抗体的亲和度趋于一致时，加大 P_m 可以增大产生不同亲和度抗体的概率；当抗体亲和度分散分布时，可以通过减小 P_m 来加速收敛，从而使得抗体趋于稳定。自适应变动 P_m 的大小，一方面可以加速去掉亲和度低的抗体，另一方面可以确保亲和度高的抗体得以保留。具体操作为：对平均亲和度低的抗体给予较大的 P_m，使其在下一代中以较大的概率被淘汰；而对亲和度高的抗体给予较小的 P_m，让其尽量保存下来[115]。

(5)抗体选择

对克隆变异后得到的临时群体中的抗体计算其亲和度。设 $A_i' = \{a_{i1}, a_{i2}, \cdots, a_{im}\}$ 中亲和度最大的抗体为 $a_{ij}(i = 1, 2, \cdots, u)$，若 $\mathrm{aff}(a_{ij}) > \mathrm{aff}(a_i)$，则用克隆变异后亲和度更大的抗体 a_{ij} 去替代初始抗体群 A 中它的父抗体 a_i，从而达到更新初始抗体群的目的[116]。

(6)判断停机条件是否满足

停机条件可以选为具体的迭代次数，也可以选为想要达到的精度。若满足停机条件，则迭代终止，通过迭代得到的最优抗体就是需要的最优参数；否则，保留当前代的最优抗体，然后转到第(3)步[117]。

该算法的流程图如图 5.10 所示。

语音信号处理的一个十分重要的问题是非线性、非平稳及非高斯信号处理。而优化后的 BP 神经网络模型拥有的潜在优点，如自适应学习能力、可识别有噪声或变形的输入模式等，使其特别适合于语音信号处理[118]。

基于自适应免疫克隆神经网络算法的语音识别系统的大体流程图如图 5.11 所示。

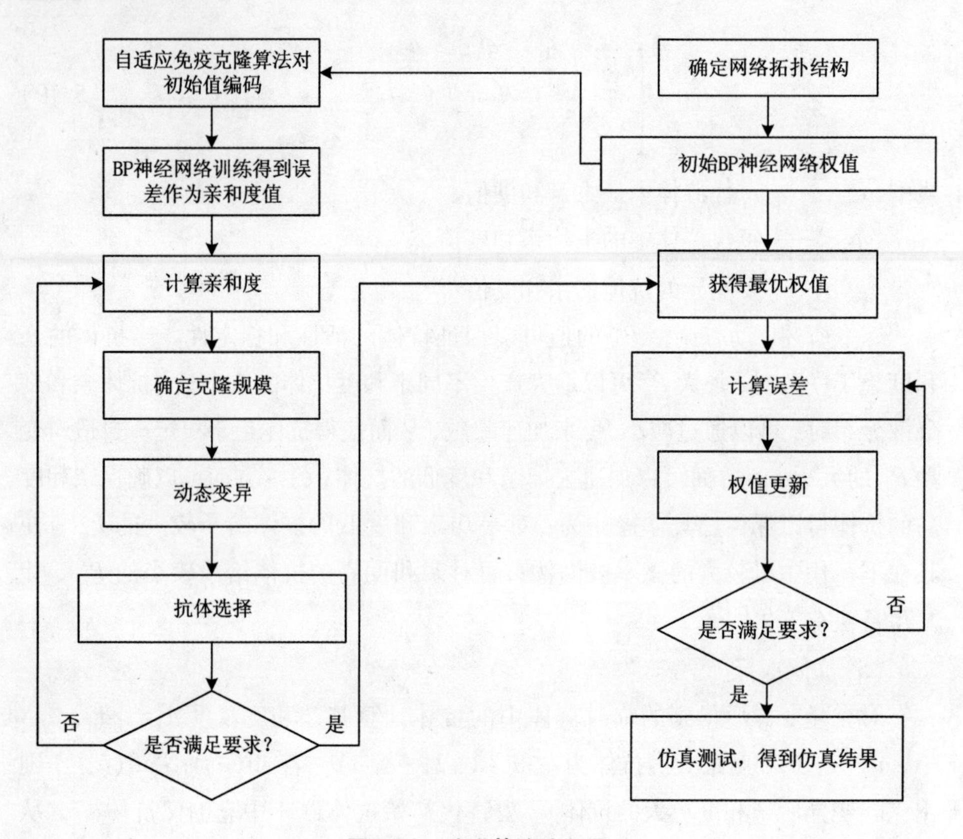

图 5.10　改进算法流程图

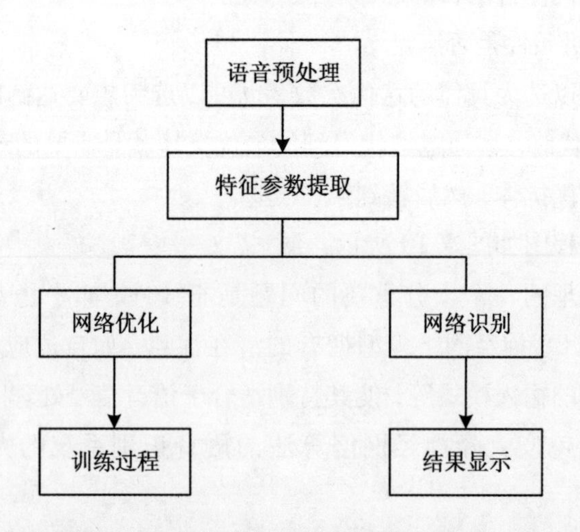

图 5.11　基于自适应免疫克隆神经网络算法的语音识别系统的流程图

5.3　实验验证

实验过程如图 5.12 所示，其中主要有原始语音信号获取、训练过程、识别过程及识别结果输出四个部分。

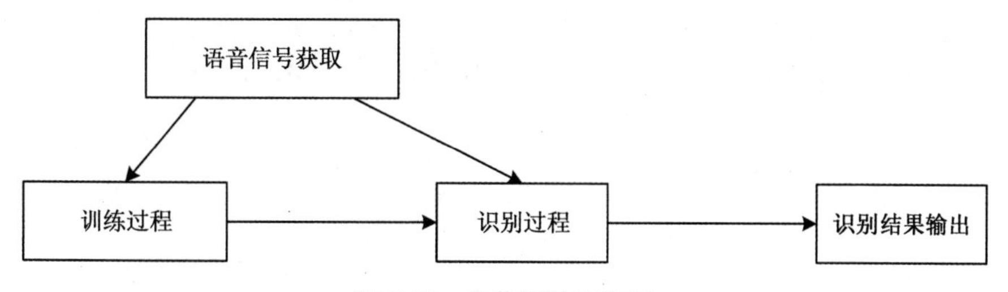

图 5.12　仿真实验流程图

训练过程如图 5.13 所示，获得 n 个原始训练语音信号样本后，对这些语音

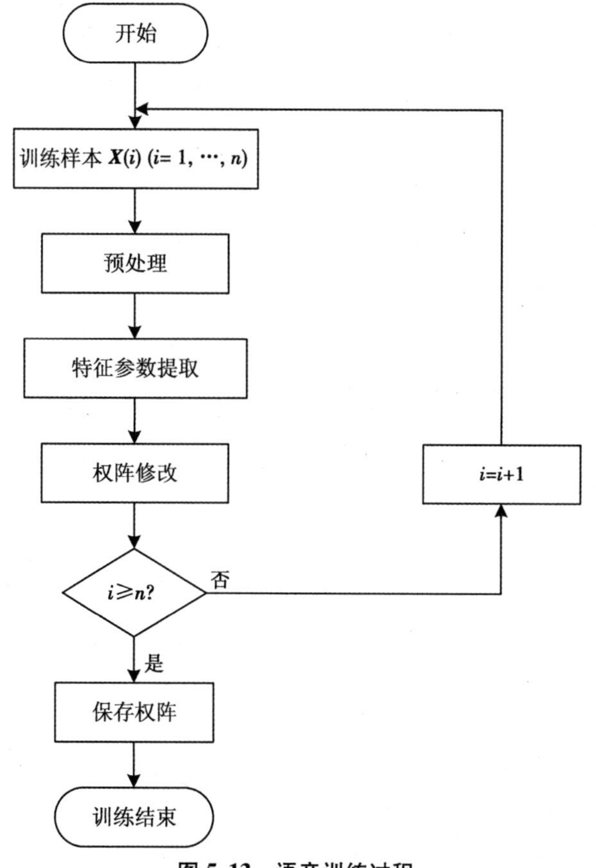

图 5.13　语音训练过程

样本分布进行训练操作。具体过程为：先进行端点检测等预处理，然后进行语音分帧；随后采用 Mel 倒谱计算方法对语音片段进行特征提取，接着对初始或前次码本进行迭代，直至全部语音样本训练完成，形成可供语音识别使用的模板库[86]。

语音识别过程如图 5.14 所示。在获得待测语音后，分别进行预处理、特征提取等操作，得到一个待测语音的模板。通过与语音训练过程形成的模板库进行匹配操作，对当前语音信号进行识别，最终得到识别结果，识别过程结束[119]。

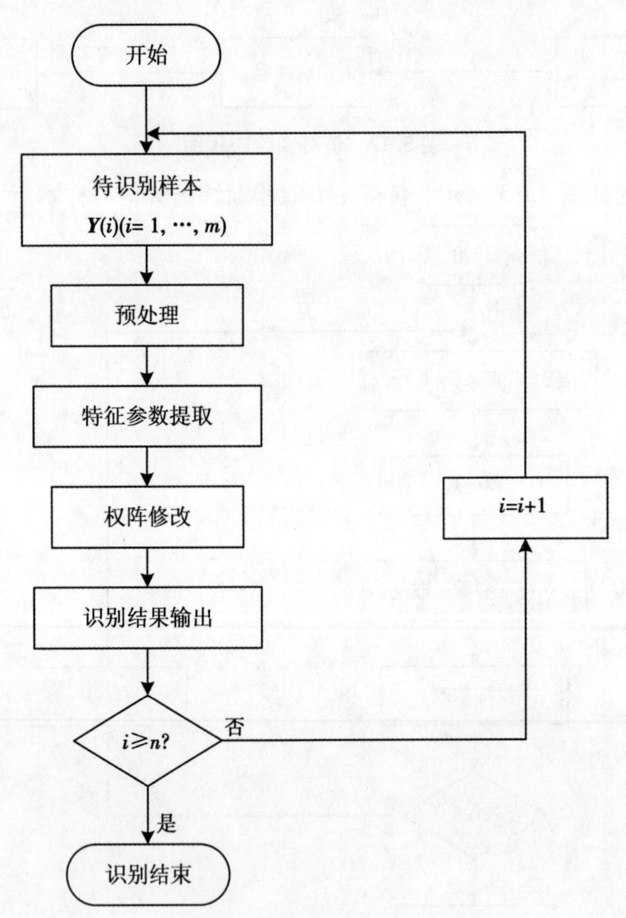

图 5.14　语音识别过程

实验在计算机上进行，操作系统为 Windows 7，仿真平台的软件采用 MATLAB 2017a。

语音信号获取是语音识别的第一步。说话人必须保证清晰准确的发音，从

而可以获得准确的语音样本。语音样本的采集可以通过微软 Windows 7 系统自带的附件录音机来完成。在语音信号的采集过程中，可以直接去除明显由偶然因素或因说话人自己造成的不合格样本[120]。

以“one，two，three，four，five，six，seven，eight，nine，ten，yes，no，hello，open，close，start，stop，dial，on，off”20 个英语语音作为实验对象，声音取自 5 个人。文件格式采用标准 Windows 的 wav 音频格式，采样频率为 8kHz，采用 16 位编码，单声道。要求每个说话人将这些语音各说一遍作为训练样本，后实时检测到的语音信号为测试语音。可以看出，实验语音库中共有 100 个训练样本。语音模块是否标准对于语音识别系统起着至关重要的作用。若训练样本中的语音发音不够标准或者不够清晰，则无法形成一个通用的模板库，将大大降低非特征人的语音识别效果。所以，语音库中的训练样本必须保证标准且清晰。

在英语中，语音最基本的功能单元称为音素，并且代表着语音最小的部分。英语和汉语是两种类型的语种，汉语的基本功能单元为音节，所以大部分针对汉语的语音识别系统的基本单元都是音节[121]。英语作为一种字母语言，其基本单元为音素，所以针对英语的语音识别系统大部分都会将基本功能单元设为音素。英语语音中有 46 个音素，这些音素分为以下几大类：元音、辅音、擦音、爆破音和鼻音等，每一个音素代表着不同的意思。

表 5.1 为英语的元音、擦音和爆破音音素表。元音又分为单元音、双元音和半元音。在元音中，长短不同是英语语音特有的。面向英语语音的语音识别系统往往会面临一个问题，即英语语音中存在混淆不清以及语音模糊等类似的难题，并给语音识别系统的识别精度带来了很大的困难，这些问题归根到底其实就是关于音素的问题，例如音素中的/ʌ/与/ɑː/发音时开口度相似，所以带有这两个音素的单词“one”以及单词“on”在一定程度上会得到混淆的识别结果。

表 5.1　　单元音、双元音、半元音、擦音和爆破音音素表

音素	单词举例	音素	单词举例
/ɑː/	arm	/f/	free
/ɔː/	yaw	/tʃ/	cheap
/əː/	sir	/s/	see
/iː/	lease	/tr/	tree
/uː/	ooze	/θ/	think

续表5.1

音素	单词举例	音素	单词举例
/ʌ/	nut	/ts/	parents
/ɔ/	odd	/ʃ/	sure
/ə/	hear	/dʒ/	joke
/i/	sit	/h/	he
/u/	mode	/dr/	dream
/æ/	gas	/v/	vote
/e/	egg	/z/	prize
/ei/	aid	/ð/	this
/ai/	bike	/ʒ/	pleasure
/ɔi/	noise	/r/	right
/ɛə/	swear	/dz/	needs
/uə/	poor	/p/	pie
/əu/	host	/t/	ten
/au/	house	/k/	key
/iə/	beer	/b/	be
/w/	we	/d/	den
/j/	you	/g/	go

由于这些音素之间的易混淆性给语音识别系统的识别精度带来了一定程度的影响，所以为了避免这种易混淆性带来的不足，整理好英语中的音素，对于提高面向英语的语音识别系统的识别精度有着非常重要的作用[122]。

表5.2为英语的边辅音以及鼻音音素表。

表5.2 边辅音和鼻音音素表

音素	举例单词
/m/	mother
/n/	gun
/ŋ/	king
/l/	live

预加重对于提升语音高频分量是非常有用的一种方式，它可以有效地处理口唇辐射带来的影响，从而使语音的高频分辨率得到有效的提高。这里以单词“one”为例，图5.15显示了其经过预加重处理后的效果图。

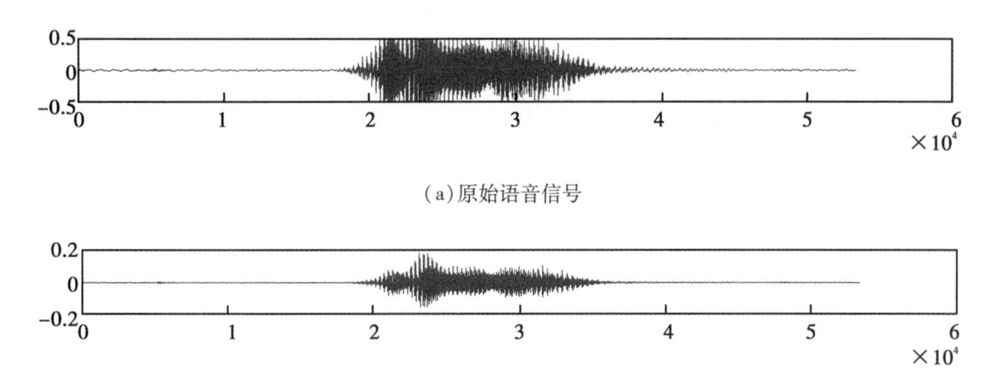

(a)原始语音信号

(b)预加重语音信号

图 5.15　“one”预加重前后对比

由于单词“one”的采集是在实验低噪声的情景下进行的，所以采集到的语音中带有微弱的噪声信号，也可以看出，对原始语音信号预处理是非常有必要的。从图 5.15 中可以看出，语音没有经过预加重前，语音信号的幅值偏大，而且整个过程可以看出有明显的噪声影响，导致其波形有较大的波动。静音段部分的波形图并非停留在零幅值的位置，而是一直在零幅值振荡，并且在语音段，语音信号的波形幅值过于偏大，这对随后的计算和处理等都是不利的。经过预加重后，可以很明显地看到，静音段语音波形的幅值很好地停留在了零值，同时，语音段的幅值得到了有效的抑制，并且高频端的幅值得到了提升，缩小了频谱的动态范围。

随后，要对语音信号进行加窗、分帧的操作。这是因为语音信号为时变信号，但是其在短时间内可以认为是平稳的，所以需要对其进行加窗、分帧的操作，以满足之前提到过的短时分析的要求。

这里仍然以单词“one”为例，图 5.16 显示了该词经过加窗、分帧后的效果图。

分帧、加窗操作中，窗函数的选择是关键，这里选择的是汉明窗，只分了一帧，给一帧加窗。

接着，就需要对语音信号进行端点检测。短时能量和短时平均过零率是检测语音端点的常用手段，图 5.17 显示了语音“one”的短时能量。通过短时能量的波形图可以看出，语音“one”是从 0.4s 左右开始的，而且在 0.8s 左右结束，这与原始语音波形的起止点很好地吻合，说明通过短时能量，原始语音的静音段以及语音段可以很好地被区分出来，表现出良好的检测性能。

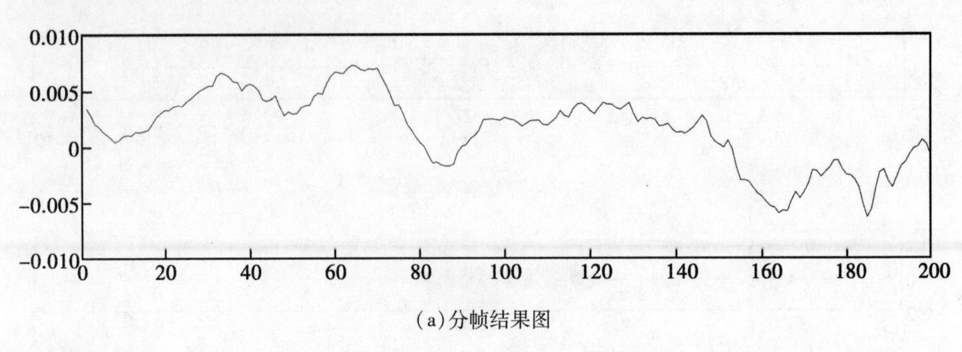

(a)分帧结果图

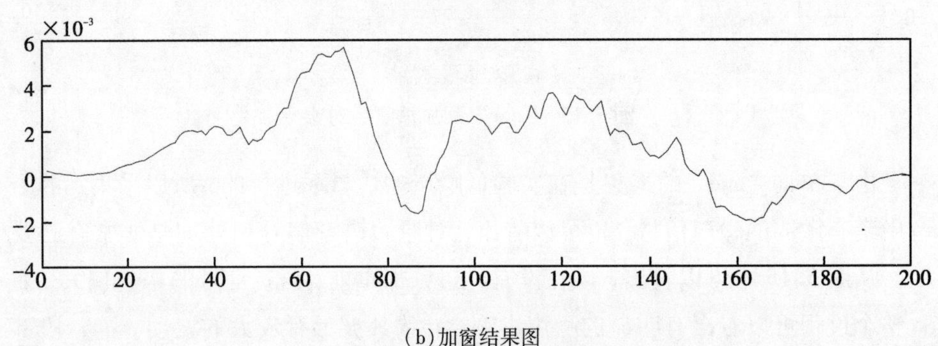

(b)加窗结果图

图 5.16 "one"的加窗、分帧

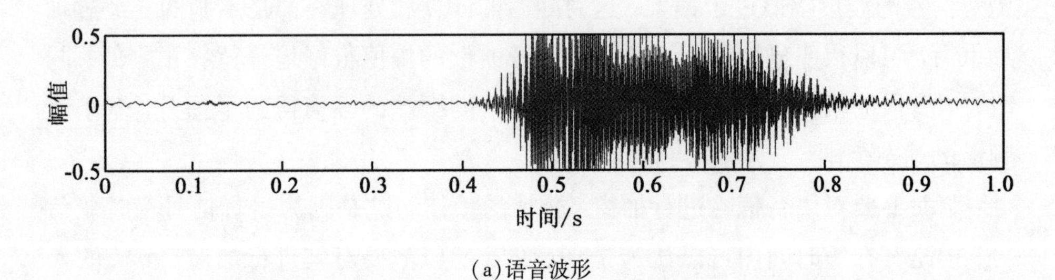

(a)语音波形

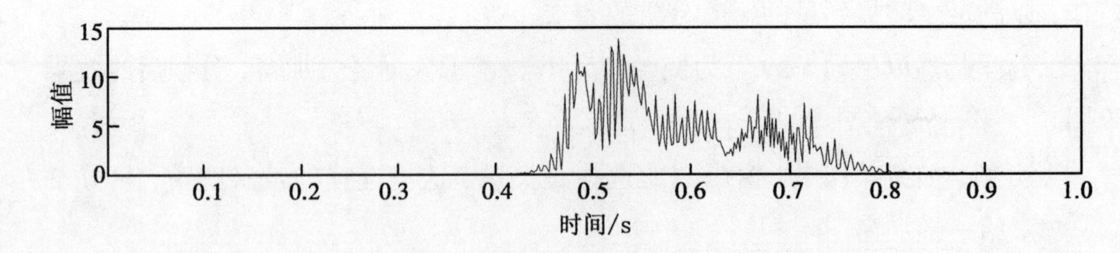

(b)短时能量

图 5.17 "one"的语音波形图和短时能量图

短时过零率与短时能量的处理类似，图 5.18 为该语音的短时平均过零率。从短时平均过零率的波形图中可以看出，语音波形在 0.4s 左右为一个明显的

分界：0.4s 之前，语音波形为不规则的杂波，并通过这段波形的幅值变换可以推测该段为噪声段；0.4s 后的语音波形幅值变换较小，并且呈现出一定的规律，可以推测该段为语音段。语音波形在 0.8s 左右恢复成幅值变化较大的杂波，说明语音在 0.8s 左右结束，从而也很好检测出了语音信号的端点。

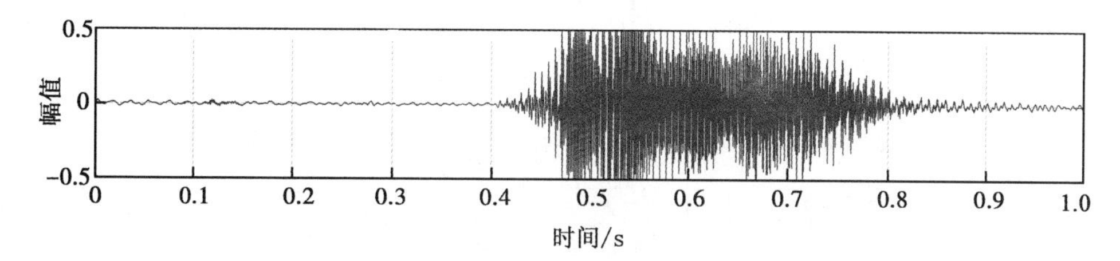

(a)语音波形

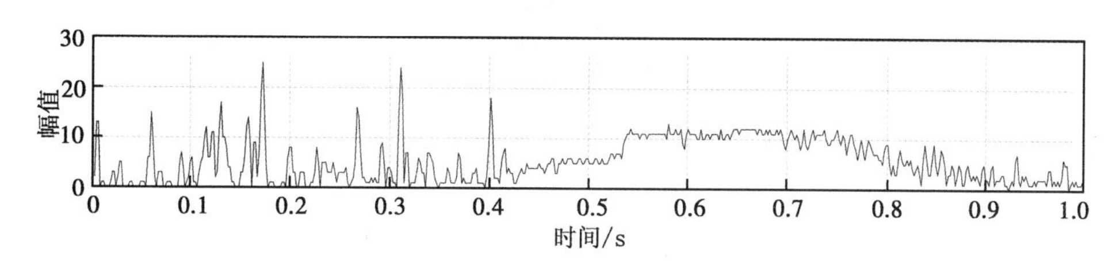

(b)短时平均过零率

图 5.18 “one”的语音波形图和短时平均过零率图

为了提高语音端点检测的鲁棒性，保证其在一定的低噪声环境下也能达到比较好的检测效果，常常将短时能量和短时过零率结合起来一起使用。图 5.19 显示了两者结合后的语音端点检测结果。

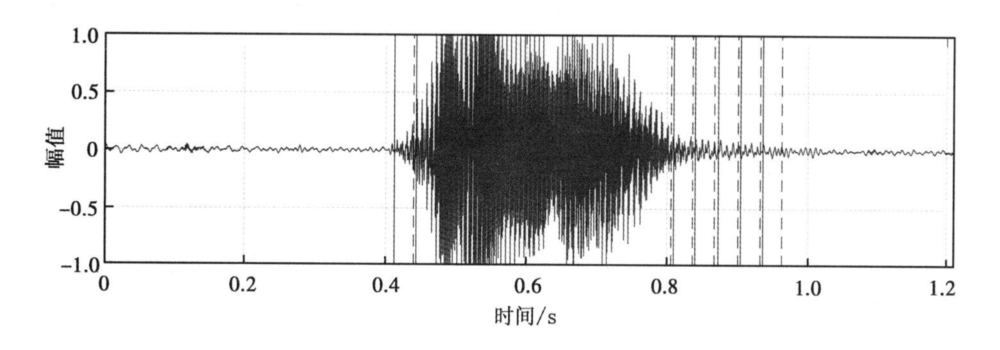

图 5.19 基于双门限的“one”端点检测

从图 5. 19 中可以看出，基于短时能量和短时过零率的语音端点检测效果图中，语音是从 0. 42s 左右开始的，并在 0. 81s 左右结束，这与语音起止点相吻合，说明在低噪声环境下，该算法可以保证较好的语音端点检测效果。但如果语音识别系统所在的背景较为复杂，不能够保证比较高的信噪比，可以采用第 3 章所提出的基于小波包和高阶累积量的语音端点检测算法进行处理，以获得较为理想的语音端点检测结果。对语音“one”的端点检测结果如图 5. 20 所示。

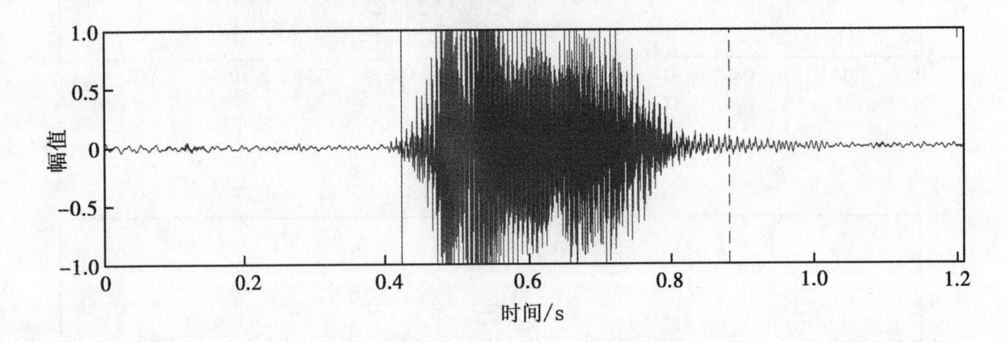

图 5. 20　基于改进算法的“one”端点检测

可以看出，环境背景噪声不大的情况下，两种算法均可以较准确地判断出语音的起止点。由于该语音为日常生活背景下采集到的语音信号，带有一定的噪声，所以双门限语音端点检测算法检测起来较为困难，而第 3 章提出的基于小波包和高阶累积量的语音端点检测算法很容易并且准确地检测出了语音的起止点，再次证明了其在复杂环境背景下进行端点检测的优越性。但其计算也相对更复杂，在高信噪比环境下可能会耗费更多的时间，而准确度可能与传统的双门限语音端点检测区别不大。表 5. 3 为高信噪比环境下不同端点检测算法对传统语音识别系统性能的影响。

表 5. 3　高信噪比环境下两种语音端点检测算法的识别准确率

语音信号	双门限端点检测下的识别率/%	改进算法下的识别率/%
one	85	80
two	80	80
three	80	85
four	80	80
five	75	80
six	80	80
seven	75	75

续表5.3

语音信号	双门限端点检测下的识别率/%	改进算法下的识别率/%
eight	80	80
nine	85	85
ten	85	75
yes	85	80
no	85	80
hello	80	80
open	70	75
close	65	75
start	80	75
stop	70	80
dial	70	65
on	85	80
off	70	75

从表 5.3 中可以看出，两种端点检测算法在信噪比高的环境下对语音识别系统的影响程度差不多，考虑到所在的环境为实验室，噪声较弱，信噪比较高，所以将选取双门限语音端点检测算法。

接着，需要对语音信号进行特征提取。特征提取将在很大程度上决定后续语音识别的效果，考虑到人体的听觉系统，采用 MFCC 参数，仍然以单词“one”为例，图 5.21 为其 MFCC 特征提取得到的图形。

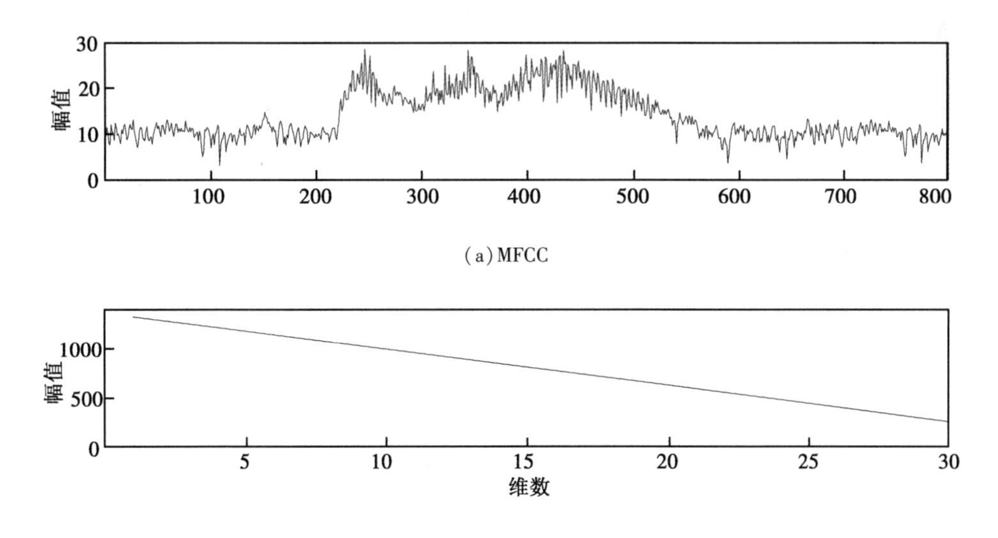

图 5.21　“one”的 MFCC 特征提取图形

语音识别中通常只取前 12 维左右的 MFCC，这是因为求 MFCC 倒谱的时候涉及 FFT 计算，若其点数过大，则计算复杂度大，实时性无法保证；若其点数过小，则参数不能保证很好地代表语音信号的特征信息。所以一般取 12 维左右。这里，取 13 维的 MFCC，即输入神经网络的特征矢量 $\boldsymbol{Y}_m$ 的维数为 13，输入层神经元个数设为 13 个。在输出层单元设置上，由于待识别语音共 20 个，将输出层神经元个数设为 22，分别对应每个语音、无语音输入以及语音识别失败。

神经网络的分类能力并不会由于增加网络层数而明显提高，但是却会因此增加处理时间，所以该实验采用了单隐层的结构。对于隐层所含的神经元个数，这里将其设置为 40 个。

最后，进行非特征人实时语音识别。首先需要建立模型库，对实验语音库中的 100 个训练样本进行预处理、特征提取等操作，形成实验所需的语音模板库。然后进行实时输入语音，同样进行预处理、特征提取等操作，得到一个测试语音的识别目标，然后与语音模板库建立判别决策，得出识别结果。

如果语音识别系统没有检测到语音信号的输入，结果如图 5.22 所示。

```
>> main
Press any key to start 2 seconds of speech recording...
Recording speech...
Finished recording.
System is trying to recognize what you have spoken...
No microphone connected or you have not said anything.
```

图 5.22　无语音信号图

图 5.22 中，如果没有语音信号输入，实验建立的语音识别系统达到了 100%的检测成功，并不会将实验室的噪声纳入考虑范围而得出识别的结果，说明实验选择基于双门限的语音端点检测算法在这个场合下已经足够，并很好地完成了检测任务。

然后对该语音识别系统开始输入语音。实验进行的是非特征人实时语音识别，所以需要使用麦克风。麦克风性能的好坏以及说话人发音的清晰程度均可以对识别结果造成很大的影响。图 5.23、图 5.24 分别为语音“no”“one”测试样本进行识别后得到的识别结果。

若说话人所说词不在模板中或者背景噪声太大，则识别结果如图 5.25 所示。

```
>> main
Press any key to start 2 seconds of speech recording...
Recording speech...
Finished recording.
System is trying to recognize what you have spoken...
You have just said No    .
```

图 5.23　"no"语音识别图

```
>> main
Press any key to start 2 seconds of speech recording...
Recording speech...
Finished recording.
System is trying to recognize what you have spoken...
You have just said One   .
```

图 5.24　"one"语音识别图

```
>> main
Press any key to start 2 seconds of speech recording...
Recording speech...
Finished recording.
System is trying to recognize what you have spoken...
You have just said One   .
```

图 5.25　语音识别失败图

本次试验对 20 个英语单词各分别进行了 20 次的识别，为实验室低噪声环境，表 5.4 为传统免疫神经网络与自适应免疫克隆神经网络对这 20 个单词的识别率。

表 5.4　语音信号识别结果表

语音信号	传统免疫神经网络的识别率/%	自适应免疫克隆神经网络的识别率/%
one	90	95
two	85	90
three	80	85
four	80	90
five	80	90
six	80	85
seven	85	95

续表5.4

语音信号	传统免疫神经网络的识别率/%	自适应免疫克隆神经网络的识别率/%
eight	80	90
nine	90	90
ten	85	90
yes	85	90
no	95	95
hello	85	85
open	80	90
close	90	90
start	80	85
stop	80	85
dial	80	85
on	90	90
off	80	90

影响识别精度的因素有很多，比如实验室的噪声无法保证时时都处于同一个状态，说话人的语速和声调等也无法保证一致，以及说话人是否发音够清晰、标准等都会影响到实验的效果，从而使实验的识别结果大打折扣。但是仍然可以从表5.4中看出，大体上，基于自适应免疫克隆神经网络的语音识别系统在识别精度方面相比于基于免疫神经网络的语音识别系统来说仍然有提升。在噪声环境下，基于自适应免疫克隆神经网络的语音识别系统有更好的识别性能，实验结果仍然是可信的。并且可以算出，基于自适应免疫克隆神经网络的语音识别系统的平均识别率为89.25%，而基于免疫神经网络的语音识别系统的平均识别率为84%，由此可以看出，基于自适应免疫克隆神经网络的语音识别系统在识别性能上要优于基于免疫神经网络的语音识别系统。实验为面向非特定人实时的语音识别实验，更加贴近人们日常生活中的场景。通过上述实验，可以得到如下结论：

① 基于自适应免疫克隆神经网络的语音识别系统的识别率达到89.25%，而基于免疫神经网络的语音识别系统的识别率为84%，表明通过自适应免疫克隆算法优化神经网络参数并应用到语音识别系统中可以达到优势互补的效果；

② 基于自适应免疫克隆神经网络的语音识别系统的鲁棒性更好。

5.4　本章小结

本章研究了基于自适应免疫克隆神经网络的语音识别系统。经典的基于免疫神经网络的语音识别系统存在着由于系统易陷入局部极点而导致识别准确率不够理想的缺点。针对该算法的缺陷，提出了一种基于自适应免疫克隆神经网络算法，将基于自适应变异概率的免疫克隆算法对神经网络的权值进行了优化，从而得到了更好的网络参数，并将该算法应用到语音识别中，设计了基于自适应免疫克隆神经网络算法的语音识别系统。

通过面向非特定人的实时实验可以看出，与经典的基于免疫神经网络的语音识别系统相比较，设计的语音识别系统有着更高的识别准确率以及抗噪声能力，并用数据表格说明了基于自适应免疫克隆神经的语音识别系统具有更好的识别性能和鲁棒性。

第6章 伪装语音识别

随着信息技术的不断发展，人类社会进入信息时代，信息时代的一大特点是身份的数字化，因此需要解决的一个关键问题是如何准确识别一个人的身份，而其中一种解决方案就是生物特征识别技术。

近年来，以指纹、人脸、虹膜等生理特征作为识别对象的生物识别技术在众多领域快速发展，获得了广泛的应用[123]。主要是因为这些生理特征对于同一个人有相对稳定性、对于不同人有相对独特性的特点，因此识别效果较好。相比其他生物特征识别技术，声纹识别以独特的优势被逐渐应用到许多领域[124]。声纹技术从原始的语音中提取出个人的特征，只需要收集语音而不需要与人直接接触，使用者更易于接受；对设备的要求较低，只需要一个带有录音功能的设备即可。而人脸、指纹等识别技术要使用专业的扫描设备，一般价格比较昂贵，用户要进行认证还需要到指定的地点。

从以上分析可见，声纹识别较其他生物识别技术具有明显的优势，它可以应用在公安和司法部门等领域。例如，警察在案发现场中获得了一段嫌疑人的录音，可以将这段录音的声纹信息与训练好的数据库里的声纹信息进行比较，以找到嫌疑人的身份信息。通过采用声纹识别方法，执法机构可以快速、高效地抓捕到嫌疑人。

声纹识别技术还可以应用于金融、养老、教育等多个领域[125]。“远程识别”是声纹识别技术的一个重要部分，它是指无论我们走到哪里，都可以通过比对声纹信息，实现方便、快速的身份认证。随着移动通信技术的快速发展，电话等移动通信设备可以使“远程识别”实现，这就为金融、社保等需要大规模身份识别的领域创造了条件。这些大范围的身份认证存在许多问题，包括流动性大、审核困难、被别人代领或冒认等。而声纹识别技术的出现有效地解决了这些问题，用户可以在异地通过声纹识别系统完成这些工作，实现远程身份识别。

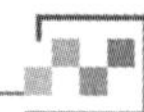

6.1　基础知识

声纹识别技术方便了人们的日常生活，但是语音与指纹、虹膜和 DNA 等生物识别技术有所不同，它不是“一成不变”的。背景噪声干扰、信道变换、伪装、兴奋和压力等内外因素的影响，可能导致声音变异。声音发生变异给采用语音进行身份认证带来了一定的难度，当被不法分子利用时，会给人们的生活带来困扰和危机。

在涉及语音识别的案件中，越来越多的犯罪分子为了掩盖自己的身份，逃避追捕，采用各种手段对自己的声音进行伪装，如采用耳语、假声、模仿他人讲话、捏鼻子讲话以及用手绢或口罩等物品捂嘴讲话等都是他们常用的伎俩。正常状态的语音，由于受到非人为因素的影响，声音常常发生畸变，这给语音鉴定带来了一定的困难，伪装语音的出现使身份认证工作更加困难。因此，提高声纹识别系统在伪装语音条件下的性能，对于身份识别和法庭证据具有重要意义。

6.1.1　伪装语音声纹识别概述

(1)伪装语音

伪装语音是变异语音的一种，属于严重的语音变异。所谓伪装语音，就是对正常语音的一种变形，有广义和狭义之分。广义的伪装语音是指“不管原因如何，对于正常语音的任何改变、扭曲或者偏离都可以称作语音的伪装”；狭义的伪装语音，即“以掩盖真实身份为目的，有意识地改变声音，使其模糊、畸变、扭曲的发音方式”。

伪装语音从类型上可分为故意伪装和非故意伪装，从方式上可分为电声伪装和非电声伪装[126]。伪装语音的分类如表 6.1 所示。

表 6.1　伪装语音的分类

伪装	电声伪装	非电声伪装
故意伪装	如电子设备干扰、变音器	如假声、模仿
非故意伪装	如信道扭曲	如醉酒、疾病

① 电声伪装中依靠电子设备来改变声音的属故意电声伪装，这种方法常用

在节目中为了掩盖被采访人的身份时使用，少数人也利用该类设备进行骚扰和敲诈勒索等犯罪行为。非故意电声伪装则是由频道特性而导致的声音的改变，如通话设备带宽的限制。

② 非电声伪装中采用假声、捏鼻子、改变说话速度等方式伪装的属故意伪装，而个人非刻意改变声音属于非故意伪装，如变声、酗酒等。

虽然电声伪装使语音发生了畸变，但有的学者利用声学特征的变化规律进行线性回归模型，通过逆变换可以得到与原声声学参数相近的语音[127]，因此重点研究的是故意非电声伪装。

伪装语音鉴别技术可以看作一种特殊的声纹识别技术，可以认为是生物识别技术的一个分支，对于伪装语音的声纹识别依托于声纹识别技术。因此，需要了解声纹识别技术。

(2)声纹识别

声纹识别(speaker recognition，SR)技术又称说话人识别技术，是探索人类身份的一种生物特征识别技术。该技术通过提取语音信号中说话人的独特信息，利用信息识别技术，自动识别与待测语音对应的说话者身份。

广义上讲，声纹识别属于语音识别，但声纹识别与语音识别的不同点在于，声纹识别是希望从语音信号中提取出人的个性特征，寻找个性因素；而语音识别是从语音信号中提取语义内容，寻找共性因素。

声纹识别技术包括说话人辨认和说话人确认两种类型。本质上都是去掉说话人的原始语音中的冗余信息，提取具有表征说话人特征的信息，与训练好的模型进行匹配。说话人确认是给出一个待测语音与一个已经训练好的说话人模型，判断待测的语音是否由这个人产生，是一个“是与否”的问题，如图6.1(a)所示。说话人辨认是给多个训练好的模型和一个待测语音，判断待测语音属于哪个说话人，是“多对一”的问题，如图6.1(b)所示。

(3)伪装语音声纹识别面临的问题

尽管声纹识别技术已经得到了广泛的研究，侧重点也从理想的实验环境到复杂的实际环境，但信道不匹配、背景噪声干扰及伪装等问题仍会影响声纹识别系统的性能。提高伪装语音下的声纹识别的性能是将声纹识别系统应用于实际环境的关键技术之一。通过分析可以看出，伪装语音对声纹识别系统的影响主要体现在以下两方面。

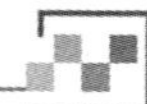

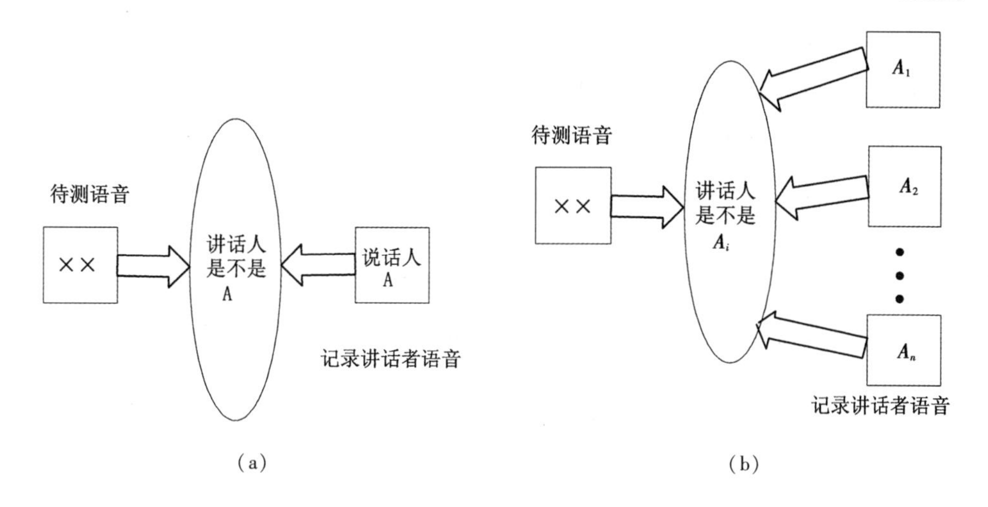

图 6.1　说话人识别

① 当语音被伪装时，可以使语音的某些特征参数发生很大的变化，影响对说话者的鉴定。因此，研究如何在伪装语音的条件下，挖掘出说话人不变或者变化较小的信息，从而获得更具区分性的特征去解决伪装语音声纹识别系统准确率低的问题，是本章研究的一个重点。

② 在现有的声纹识别系统中，对说话人建立声学模型通常采用基于统计学的方法，模型结构相对较浅，不能充分表现特征的空间分布，而且模型的区分性不足，当有伪装语音出现时，很容易发生误判。因此，如何建立更好的声学模型是提高系统识别性能的关键，也是本章研究的另一个重点。

(4)伪装语音的发展现状

20 世纪 60 年代，贝尔实验室首次提出“声纹”这一术语，根据对语音波形的分析，得到相应的时间、频率和强度的三维语图来表示说话人的特征。20 世纪 70 年代动态时间规整(dynamic time warping，DTW)技术的发展，有效地解决了模板匹配中发音时长不同的问题。而到了 20 世纪 80 年代，隐马尔科夫模型(hidden Markov model，HMM)成为统计方法中的佼佼者，在文本相关的说话人识别领域取得了较好的成就[128]。后来在 HMM 的基础上又提出了高斯混合模型(Gaussian mixture model，GMM)，相比于 HMM，GMM 在文本无关的声纹识别领域取得了显著成就[129]。之后，许多的研究都是在以 GMM 为基础的框架上，努力地提高说话人识别系统的性能。

随着“声纹技术”的开展与应用，与之相关的伪装语音技术也逐渐发展起来。专门关于伪装语音声纹识别的研究开始于 20 世纪 70 年代，研究大体分为两个方向：一种是不使用电子设备，用人耳对伪装的语音进行说话者识别[70]；另一种是使用电子设备，通常利用语音声谱进行分析。

2002 年，美国佛罗里达大学的 Hollien 研究团队得出了在不同发音条件下各个单一矢量对说话人辨认所贡献的百分比[130]。此外，美国的 Rodman 也对伪装语音的声纹识别进行了研究[131]。他主要采用传统的声纹识别系统测试伪装语音，从而研究哪种声学模型对伪装语音的识别最有效。在此基础上使用一定的算法对伪装语音进行补偿运算来进行自动检测，通过比较伪装语音和正常语音，实现说话人的认证。

Matveev 等人根据 2006—2010 年收集的语音数据库调查了与年龄相关的语音变化对声纹识别性能的影响，并发现了在长达 4 年的时间间隔内，自动声纹识别系统性能有下降的趋势[132]。文献[133]提出了一种基于平均值和相关系数的 MFCC 统计矩的特征和支持向量机分类器的算法，将伪装的声音与原始声音分离。2015 年，武执正等人举办了第一届伪装语音测试大赛，并发布了首个专为伪装语音识别研究而设计的 SAS 数据库[134]。文献[135]提出了使用基频估计比例因子以及改进的 MFCC 提取算法来消除伪装效应，并通过转换伪装的声音来验证说话者的身份。文献[136]分析了人耳对伪装语音的识别结果及不同伪装语音的伪装效果。利用正常语音及 10 种伪装语音，进行熟悉和不熟悉说话人的伪装语音的人耳听觉实验，得出耳语的识别难度最大，伪装效果最好。文献[137]提出了一种识别电子伪装语音的方法，通过建立 GMM 模型，将均值矢量构成组合特征，然后基于 SVM 分类器进行训练和识别。

6.1.2 深度学习概述

深度学习，起源于人工神经网络，是一个多学科交叉的研究热点，涉及诸如信号处理、模式识别、统计学乃至物理学等相关领域。2006 年，Hinton 等人提出了深度学习的概念，其主要思想是通过对底层的特征进行组合，得到比较抽象的高层，用高层的信息来表示目标的属性或者特征，它可以通过对大规模的数据进行并行运算，模拟人类大脑的认知系统，从而使得计算机拥有类似于人类的认知能力。近年来，许多公司都相继在深度学习研究领域投入了大量的人力和物力，通过引入深度学习使图像处理、语音识别、自然语言处理等许多领域获得了显著进步，在实际应用方向，深度学习可以称为机器学习中最为成功的方向之一。

(1)深度学习的基本概念

传统的机器学习方法常采用浅层的模型。确实这些浅层的网络结构在某些方面取得了较大的成功。然而，与深度学习相比，浅层的学习在样本集数量有限的条件下，容易出现学习不够充分、层次不够深等问题。这些限制促使人们使用深层的网络模型对复杂函数建模。

深度学习起源于传统人工神经网络模型，与传统神经网络的浅层结构不同的是，深度学习更为突出多层架构，特征由可视层输入后，基于有监督或者无监督的训练方法，在每一层网络中进行变换和抽象，上一层神经元的输出作为下一层神经元的输入，后者对输入再次进行变换抽象，直到输出层，最后会通过一个映射模型(比如 Sigmoid 函数或者 Softmax 函数)得到预测标签，再根据预测标签与实际标签通过 BP 算法更新参数，直到得到误差在规定范围内的模型。

深度学习的本质是采用深层次的模型架构，在某个目标函数或训练标准的约束下，选择某种算法来学习模型的参数，从而得到最佳的拟合函数，以实现最优的回归或分类效果。深度学习中模型的层数和每层神经单元的个数都比浅层学习模型的多，很好地模拟了人脑的复杂神经元分布，通过深层模型可以得到更具区分能力的特征。

如图 6.2 所示，深度学习可以分为三个步骤。

图 6.2　深度学习的三个步骤

① 模型结构：采用多层的网络架构，对每一层的信息进行非线性的处理。

② 学习目标：定义了模型的目标函数，为深层模型参数的训练提供了优化标准来指导深层模型的参数学习(训练)。

③ 学习：采用特定的参数学习算法和训练数据，完成深层模型的参数学习。

(2)基于能量的模型

基于能量的模型(energy based models，EBM)是一种学习数据生成的模型，与传统的分类模型(神经网络、SVM)有所不同，基于能量的模型不是学习标签而是尝试去学习数据的分布。数据标签不再是模型训练的重要依据，而是可以通过梯度下降算法来简单有效地调整参数，使最终得到的模型生成的训练数据的概率最大。因此特别适合有大量的无标签数据的情况，这在识别任务中是常常遇到的。

基于能量的模型是一个模型框架，有两个主要任务：一个是推断(inference)，主要是找到隐藏变量的配置，这些隐藏变量在给定输入的情况下使得能量值最低；另一个是学习(learning)，主要寻找合适的能量函数，使样本中输入、输出的正确能量比错误能量低。

基于能量的概率模型通过能量函数来定义概率分布，表达式为

$$p(x)=\frac{\mathrm{e}^{-E(x)}}{Z} \tag{6.1}$$

式中，Z——规整因子，$Z=\sum_{x}\mathrm{e}^{-E(x)}$。

EBM 可以采用梯度下降算法来进行学习，具体来说，就是把训练集的负对数作为模型的损失函数：

$$l(\theta,D)=-L(\theta,D)=-\frac{1}{N}\sum_{x^{(i)}\in D}\lg p(x^{(i)}) \tag{6.2}$$

式中，θ——模型的参数。

对损失函数求偏导：

$$\Delta=\frac{\partial l(\theta,D)}{\partial\theta}=-\frac{1}{N}\frac{\partial\sum\lg p(x^{(i)})}{\partial\theta} \tag{6.3}$$

即得到损失函数下降最快的方向。

在许多环境下，没有办法获得样本的全部属性，由此需要引入一些未被观察到的变量，来增强模型的表达能力，得到含有隐变量的 EBM：

$$P(x)=\sum_{h}P(x,h)=\sum_{h}\frac{\mathrm{e}^{-E(x,h)}}{Z} \tag{6.4}$$

式中，h——隐含变量。

引入隐变量的原因在于，假如能够从数据中反推这些不能够直接观察到的变量的关系和性质，则更加有利于对观察到的数据分布得到更准确的描述。为了与常规的 EBM 模型进行统一，引入以下自由能量函数：

$$F(x)=-\lg\sum_{h}\mathrm{e}^{-E(x,h)} \tag{6.5}$$

这样 $P(x)$ 就可以写成

$$P(x)=\frac{\mathrm{e}^{-F(x)}}{Z} \tag{6.6}$$

式中，$Z=\sum_{x}\mathrm{e}^{-F(x)}$。

此时，损失函数的偏导数则变为

$$\begin{aligned}\Delta&=-\frac{\partial\lg p(x)}{\partial\theta}=-\frac{\partial(-F(x)-\lg Z)}{\partial\theta}\\&=\frac{\partial F(x)}{\partial\theta}+\frac{\partial\lg(Z)}{\partial\theta}\\&=\frac{\partial F(x)}{\partial\theta}-\frac{1}{Z}\left(\sum_{x}\mathrm{e}^{-F(x)}\frac{\partial F(x)}{\partial\theta}\right)\\&=\frac{\partial F(x)}{\partial\theta}-\left(\sum_{x}P(x)\frac{\partial F(x)}{\partial\theta}\right)\end{aligned}\tag{6.7}$$

一般来说，想要准确地计算这个偏导数不容易，因为式(6.7)中的第一项是有关可见单元与隐含单元的联合分布，由于归一化因子的存在，该分布很难获取。可以采用一些采样方法(如Gibbs采样)来得到近似值，采样的方法将在后文中讲述。

(3)受限玻尔兹曼机

受限玻尔兹曼机(restricted Boltzmann machine, RBM)是可以用随机神经网络来解释的概率图模型，由统计力学启发得到，表征了整个系统状态的测度，系统越有序或者概率分布越集中，系统能量越小，能量函数越小，相应的系统状态越稳定。

RBM是一个二分图，其中表示观测值的可见单位连接到隐藏单位，这些隐藏单位使用无向加权连接来表示特征。层间单元全连接，层内单元无连接。RBM结构如图6.3所示。

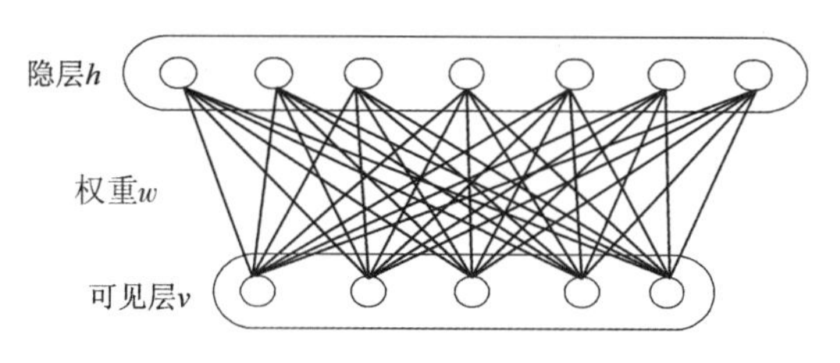

图6.3 RBM结构

在受限玻尔兹曼机中，不同层的神经单元之间会有一个连接权重w，每一个显层神经单元和隐层神经单元的偏置分别为a和b。权重和偏置通过能量函数定义了不同层单元的联合状态上的概率分布。对于二值RBM，给定一组状态(v, h)，它的能量函数如下式所示：

$$E_\theta(v,\ h) = -\sum_{i=1}^{n_v} a_i v_i - \sum_{j=1}^{n_h} b_j h_j - \sum_{i=1}^{n_v}\sum_{j=1}^{n_h} h_j w_{ji} v_i \tag{6.8}$$

式中，θ——模型的参数，$\theta = (w,\ a,\ b)$；

w_{ji}——可视单元 i 与隐藏单元 j 对称交互项；

a_i，b_j——可视单元与隐藏单元的偏置；

n_v，n_h——可视单元与隐藏单元的个数。

根据式(6.8)可求出状态$(v,\ h)$的联合概率密度分布，如下式所示：

$$P_\theta(v,\ h) = \frac{1}{Z_\theta}\mathrm{e}^{-E_\theta(v,\ h)} \tag{6.9}$$

式中，Z——归一化因子，也称为配分函数，$Z_\theta = \sum_{v,\ h}\mathrm{e}^{-E_\theta(v,\ h)}$。

在实际应用方面，最想得到的是显层数据 v 的概率分布 $P(v)$，它对应的边缘分布(也称似然函数)为

$$P_\theta(v) = \sum_h P_\theta(v,\ h) = \frac{1}{Z_\theta}\sum_h \mathrm{e}^{-E_\theta(v,\ h)} \tag{6.10}$$

同理：

$$P_\theta(h) = \sum_v P_\theta(v,\ h) = \frac{1}{Z_\theta}\sum_v \mathrm{e}^{-E_\theta(v,\ h)} \tag{6.11}$$

因为 RBM 模型为二分图，所以在可视层输入 v 已知的条件下，隐层的所有神经单元之间是条件独立的，即 $P(h|v) = P(h_1|v)\cdots P(h_n|v)$。这样可以通过对式(6.11)进行因子分解获得在可视层 v 已知的条件下，隐藏层的第 j 个神经元为 1 的概率。

首先令

$$E(v,\ h) = -\beta(v,\ h_{-k}) - h_k\alpha_k(v) \tag{6.12}$$

其中

$$\left.\begin{aligned}
\beta(v,\ h_{-k}) &= \sum_{i=1}^{n_v} a_i v_i + \sum_{j=1,\ j\neq k}^{n_k} b_j h_j + \sum_{i=1}^{n_v}\sum_{j=1,\ j\neq k}^{n_h} h_j w_{ji} v_i \\
\alpha_k(v) &= b_k + \sum_{i=1}^{n_v} w_{ki} v_i
\end{aligned}\right\} \tag{6.13}$$

则

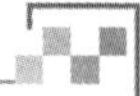

$$
\begin{aligned}
P(h_k = 1 \mid v) &= P(h_k = 1 \mid h_{-k}, v) \\
&= \frac{P(h_k = 1, h_{-k}, v)}{P(h_{-k}, v)} \\
&= \frac{P(h_k = 1, h_{-k}, v)}{P(h_k = 1, h_{-k}, v) + P(h_k = 0, h_{-k}, v)} \\
&= \frac{1}{1 + \mathrm{e}^{-\alpha_k(v)}}
\end{aligned} \tag{6.14}
$$

由此可得

$$
P(h_j = 1 \mid v) = \delta\left(\sum_{i=1}^{n_v} w_{ji} v_i + b_j\right) \tag{6.15}
$$

其中

$$
\delta(x) = \frac{1}{1 + \mathrm{e}^{-x}} \tag{6.16}
$$

相对应地，在隐藏层 h 已知的情况下，显层第 i 个神经元为 1 或者为 0 的概率也可容易获得：

$$
P(v_i = 1 \mid h) = \delta\left(\sum_{j=1}^{n_h} w_{ji} h_j + a_i\right) \tag{6.17}
$$

由于可视层 v 和隐藏层 h 都满足 Boltzmann 分布，所以，当给定输入 v 时，通过 $P(h|v)$ 可以求得 h，而得到隐藏层 h 之后，通过 $P(v|h)$ 又能得到可视层，调整层间的参数以使从隐层反推得到的可视层 v_1 与输入的可视层 v 有一样的分布，那么生成的隐层相当于显层的另外一种表达，因此隐藏层可以作为输入数据的一种特征变换。由于在训练的过程中并不需要任何标签信息，因此得到的特征也被视为无监督特征。

受限玻尔兹曼机是深度学习中广泛采用的一种神经网络，已成功应用于降维、分类、特征提取等模型中。当将其用于降维时，可以在标准的深层网络模型内获得与高维数据相映射的低维数据，通过非线性变换可得到更可靠的原始数据的低维特征。利用受限玻尔兹曼机的非线性变换能力，可以学习和发现数据的复杂规则和分布。

（4）基于深度学习的声纹识别

声学模型作为语音识别的基础模型，通过对声学特征进行训练，为每个被识别对象建立相应的模型。随着语音内容结构日益复杂、语音数据日益增加，传统方法中的浅层模型结构对数据建模能力不足，而且大部分研究都是在特征处理上做工作，声学模型对语音的泛化能力不够强，以往能自如应对纯净或低噪的声纹识别的模型逐渐显得力不从心。

深度学习的提出目的是模拟人脑神经元的机制对数据进行非线性学习，实现对复杂函数的逼近。就如同人脑能够控制人的运动、人的感知、人的思想意识以及人的言语等功能，深度学习能够自己通过学习、训练来识别语音、文字、图像等其他事物，进而通过电脑去完成一些人们通过感觉就能直接解决的事情，例如如何辨别人脸、理解文字、识别声音等。

随着研究的深入和并行计算能力的提升，人们发现使用更多层的神经网络相比于单层网络有更好的表示效果。相比高斯混合模型，深度网络的大量参数能对数据进行有效建模，模拟人类认知的逐层抽象化过程，逐层提取更高层的特征，并且降低特征的维度，加快运算速度，实现更强的噪声鲁棒性。目前，做语音和图像的公司基本都在做深度学习，而且微软、百度等公司的基于深度学习的语音识别系统的效果也很理想。

6.2 基于 GFCC 与共振峰的伪装语音声纹特征提取

正如之前所介绍的，对于伪装语音的声纹识别的难点在于当语音被伪装时，可以使语音的某些特征参数产生巨大的变化。通过提取更具区分能力的特征参数来降低伪装语音的影响，是提高说话人识别系统的性能的一种方法。

本节专注于从特征提取的角度解决伪装语音声纹识别系统性能低的问题。采用基于共振峰和 GFCC+ΔGFCC+ΔΔGFCC 特征参数相结合的方法，从有限的语音数据中提取出一种鲁棒性强、更具区分性的语音特征，改善传统伪装语音声纹识别系统性能不佳的情况。

6.2.1 倒谱法提取共振峰系数

(1)共振峰

用来表示语音信号的离散模型在声纹识别中是很重要的。建立模型的目的就是要寻找一种能够体现一定物理状态下的数学关系，并使这种关系不仅要有准确度，还要最简单。模型既是线性的，又是时不变的，才是最理想的。但声音信号有一个时变的过程，它并不能满足这两种性质。然而，当把语音变为一段段短时语音时，可以看作是相对稳定的，便可使用线性时不变模型。图 6.4

为经典的语音信号数字模型。

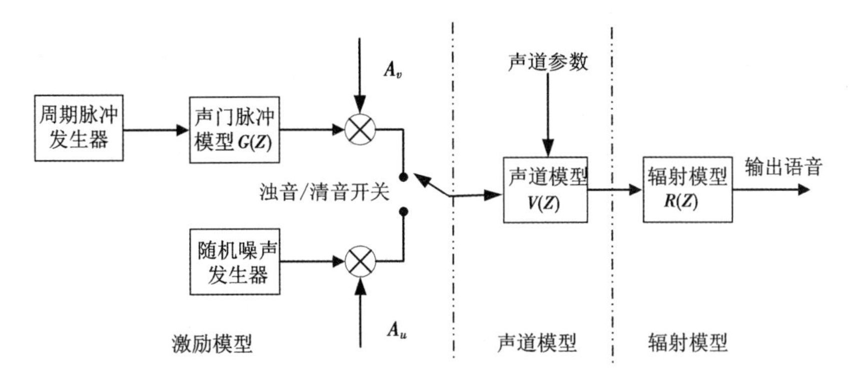

图 6.4　语音信号产生的模型

对于产生语音信号的声道模型，目前有两种观点：一种是将声道视为由多个不同截面积的管子串联而成的系统，由此推导出“声管模型”；另一种是将声道视为一个谐振腔，由此推导出“共振峰模型”。共振峰就是这个腔体的谐振频率。

当声门处准周期脉冲激励进入声道时，谐振腔体可以重新分配频域中不同频率的能量，其中一部分由于腔体的共振作用而强化了能量，另一部分被衰减。由于能量分布不平均，强的部分就像山峰一样，因此命名为共振峰。它出现在声音的频谱中能量相对集中的一些区域。

共振峰是声纹信息的特征参数之一。它既决定了音质的效果，还体现了声道的物理特性。共振峰的参数包括共振峰频率和带宽，声道信息的频谱包络与语音信息的频谱包络大致相同，因此提取共振峰就能得到语音的频谱包络，并将谱包络中的极大值作为共振峰参数。

常用的共振峰的估算方法有谱包络法、倒谱法和 LPC 法。本节使用倒谱法求取语音的共振峰。倒谱法首先采用同态分析方法消除激励的影响，得到声道部分的信息，然后求取语音的共振峰。

(2)基于倒谱法的共振峰检测

当信号序列为 $x(n)$ 时，它的傅里叶变换为

$$X(w) = \mathrm{FT}[x(n)] \tag{6.18}$$

则序列

$$\hat{x}(n) = \mathrm{FT}^{-1}[\ln|X(w)|] \tag{6.19}$$

称 $\hat{x}(n)$ 为倒频谱，简称倒谱，即 $x(n)$ 的倒谱序列。$\hat{x}(n)$ 是 $x(n)$ 的傅里叶逆

变换。其中，FT和FT^{-1}分别表示傅里叶变换和傅里叶逆变换。倒谱具体计算过程如图6.5所示。

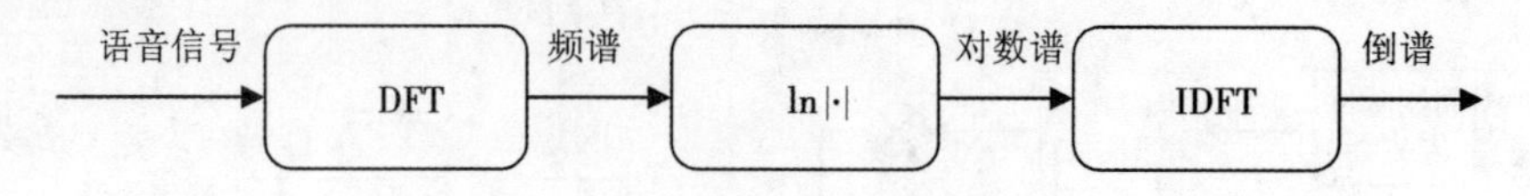

图6.5　语音倒谱计算图

虽然可以对声音信号直接进行离散傅里叶变换(DFT)，然后获得声音信号的共振峰及带宽，但是直接DFT的谱会受到基频谐波的影响，因而共振峰测定误差较大。所以使用同态解卷技术，将倒谱域中的基音信息与声道信息分离，根据声道信息来提取语音的共振峰，这种方法会更为有效和准确。

语音$x(n)$是由声门脉冲$e(n)$经过声道响应$h(n)$滤波而得到的，如下式所示：

$$x(n)=e(n)\times h(n) \tag{6.20}$$

对语音信号求倒谱，得到

$$\hat{x}(n)=\hat{e}(n)+\hat{h}(n) \tag{6.21}$$

因此可得出，倒谱域中的基音信息$\hat{e}(n)$与声道信息$\hat{h}(n)$可认为是相对独立的。用倒谱法就可以分离$e(n)$和$h(n)$，然后根据激励$h(n)$及倒谱的特征可以得到共振峰。具体步骤如下。

① 对声音信号$x(n)$进行预加重，再经过加窗、分帧(帧长为N)，得到$x_i(n)$，其中，i表示声音信号的第i帧。

② 对$x_i(n)$进行离散傅里叶变换，得

$$X_i(k)=\sum_{n=0}^{N-1}x_i(n)\mathrm{e}^{-\mathrm{j}2\pi kn/N} \tag{6.22}$$

③ 对$X_i(k)$取幅值后再取对数，得

$$\hat{X}_i(k)=\lg(|X_i(k)|) \tag{6.23}$$

④ 对$\hat{X}_i(k)$进行傅里叶逆变换，由此获得倒谱序列：

$$\hat{x}_i(n)=\frac{1}{N}\sum_{k=0}^{N-1}\hat{X}_i(k)\mathrm{e}^{\mathrm{j}2\pi kn/N} \tag{6.24}$$

⑤ 在倒频域轴上设置一个低通窗函数window(n)，一般可以设为矩形窗：

$$\mathrm{window}(n)=\begin{cases}1,\ n\leqslant n_0-1,\ n\geqslant N-n_0+1\\0,\ n_0-1<n<N-n_0+1\end{cases} \tag{6.25}$$

式中，n_0——窗函数的宽度。

然后把窗函数与倒谱序列 $\hat{x}(n)$ 相乘，得

$$h_i(n)=\hat{x}_i(n)\times \mathrm{window}(n) \tag{6.26}$$

⑥ 把 $h_i(n)$ 经傅里叶变换，就得到了 $X_i(k)$ 的包络线：

$$H_i(k)=\sum_{n=0}^{N-1}h_i(n)\mathrm{e}^{-\mathrm{j}2\pi kn/N} \tag{6.27}$$

⑦ 查找包络线上的极大值，即可得到共振峰参数。

用倒谱法获取共振峰的框图如图 6.6 所示。

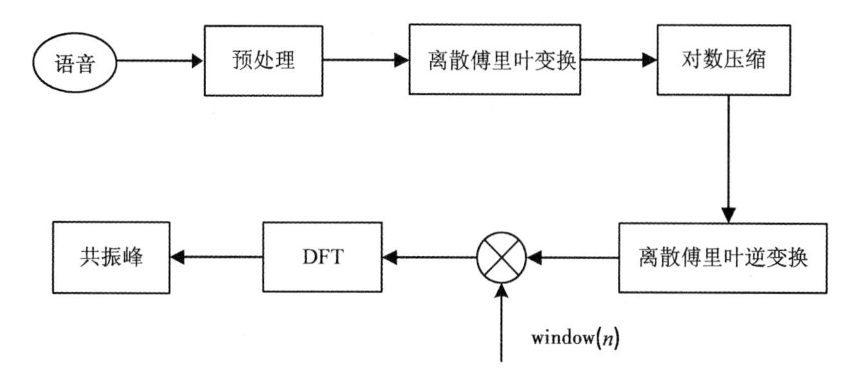

图 6.6　共振峰提取框图

本节在 MATLAB 平台上对语音用倒谱法提取共振峰。语音内容为“妈妈，好吗，上马，骂人”。

运行程序后，得到一段语音的共振峰图，如图 6.7 所示。图 6.7 中给出了一帧语音信号的频谱曲线（黑实线），以及通过倒谱计算出来的包络线（黑粗线），并用黑色圆点表示出共振峰峰值的位置，用点画线标出了共振峰对应的频率。计算出来的四个共振峰频率为 1593.75，3062.50，4312.50，7187.50Hz。

6.2.2　GFCC 参数的提取

（1）Gammatone 滤波器

人们主要通过耳蜗感知声音，耳蜗中接受语音信号最重要的部分是基底膜。基底膜具有频率选择特性和频谱分析特性，能够对不同的频率成分对应基底膜不同的位置，并且可根据频率的强度来转化为基底膜振幅幅度。

Gammatone 滤波器是一种模拟人耳耳蜗的听觉模型，可以很好地表现出基底膜的分频特性，有效地抑制背景噪声的干扰。Gammatone 滤波器一开始用来

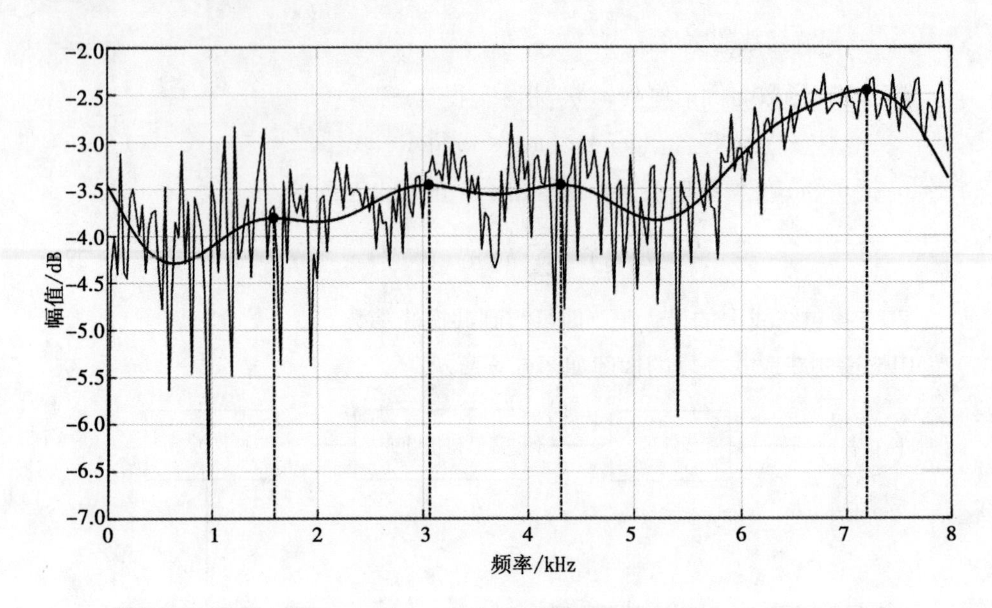

图 6.7　语音的共振峰频率

描述听觉系统脉冲响应函数的形状，后来才用于模拟人耳耳蜗的听觉模型，它的时域表达式如下：

$$h(t)=kt^{n-1}\mathrm{e}^{-2\pi bt}\cos(2\pi f_c t+\phi)\quad (t\geqslant 0) \tag{6.28}$$

式中，ϕ——相位；

f_c——中心频率；

n——滤波器的阶数，当 $n=3$，4，5 时，Gammatone 滤波器能够较好地模拟人耳基底膜的听觉特性；

k——对应滤波器的增益；

b——衰减因子，它控制了脉冲响应的衰减速度，与滤波器带宽有关，它与中心频率 f 的关系为

$$b=1.019\times 24.7\times(4.37\times f_c/1000+1) \tag{6.29}$$

式(6.28)由两部分组成：滤波器包络 $kt^{n-1}\mathrm{e}^{-2\pi bt}$ 和频率 f_c 的调幅 $\cos(2\pi f_c+\phi)$，就是一个 Gamma 分布乘上一个余弦信号，也可以理解成一个余弦信号把这个 Gamma 分布调制到 f_c 这个频率上。图 6.8 为一个 Gammatone 滤波器的频率响应。

通过傅里叶变换，$h(t)$ 的频域表达式如下：

$$H(f)=\frac{k(n-1)!}{2(2\pi b)^n}\left\{\left[\frac{\mathrm{j}(f-f_c)}{b}+1\right]^{-n}+\left[\frac{\mathrm{j}(f+f_c)}{b}+1\right]^{-n}\right\} \tag{6.30}$$

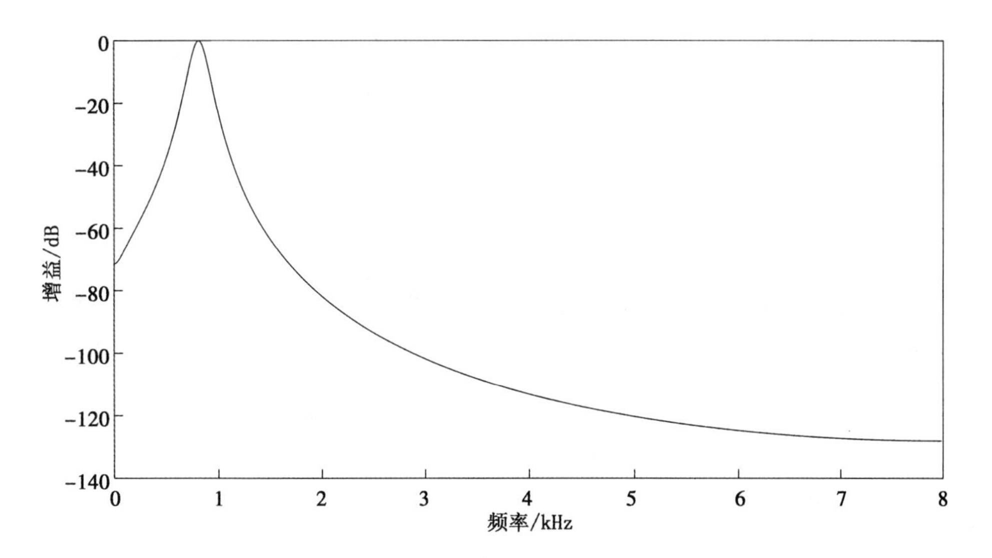

图 6.8　Gammatone 滤波器的频率响应

当f_c/b足够大时，$[\mathrm{j}(f+f_c)/b+1]^{-n}$可以被忽略。令$s=\mathrm{j}2\pi f$，则它的拉普拉斯变换表示为

$$H(s)=\frac{k(n-1)!}{2}[s-(\mathrm{j}2\pi f_c-2\pi b)]^{-n} \tag{6.31}$$

对其进行z变换为

$$H(z)=\frac{k(n-1)!}{2}(1-\mathrm{e}^{\mathrm{j}2\pi f_c-2\pi b}z^{-1})^{-n} \tag{6.32}$$

令$A(z)$为

$$A(z)=\frac{1}{1-\mathrm{e}^{\mathrm{j}2\pi f_c/f_s-2\pi b/f_s}z^{-1}} \tag{6.33}$$

$H(z)$可以被认为是$A(z)$的递归应用的级联。它可以通过一系列滤波器级联应用来简化，这些滤波器首先去除f_c分量，然后通过独立于f_c的基础滤波器$\hat{H}(z)$，并最终补偿f_c。该过程如图 6.9 所示，其中，$x(t)$是输入信号，$y(t;f_c)$是取决于f_c的滤波信号。

考虑$n=4$，则基本变换变为以下形式：

$$\hat{H}(z)=\frac{3k}{1-4mz^{-1}+6m^2z^{-2}-4m^3z^{-3}+m^4z^{-4}} \tag{6.34}$$

式中，$m=\mathrm{e}^{-2\pi b/f_s}$。

注意，式(6.34)表示图 6.9 中的滤波器信道$y(t;f_c)$可以通过一系列滤波

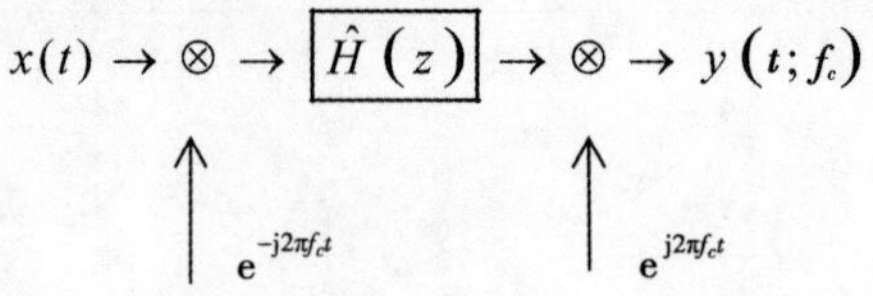

$$x(t) \rightarrow \otimes \rightarrow \boxed{\hat{H}(z)} \rightarrow \otimes \rightarrow y(t;f_c)$$

$$\uparrow e^{-j2\pi f_c t} \qquad \uparrow e^{j2\pi f_c t}$$

图 6.9　时域 Gammatone 滤波

器获得，每个滤波器仅涉及时域中的简单乘法和求和。这与通常采用在频域中实现滤波器的方式基本不同，因此涉及基于快速傅里叶变换(fast Fourier transform，FFT)的复杂频谱分析。

将多个不同中心频率的 Gammatone 滤波器组合在一起形成一个 Gammatone 滤波器组，通过 Gammatone 滤波器组的信号表示了原始语音信号在不同频率分量上的响应特征。图 6.10 表示的是由 24 个 Gammatone 滤波器叠加成滤波器组来模拟耳蜗模型。

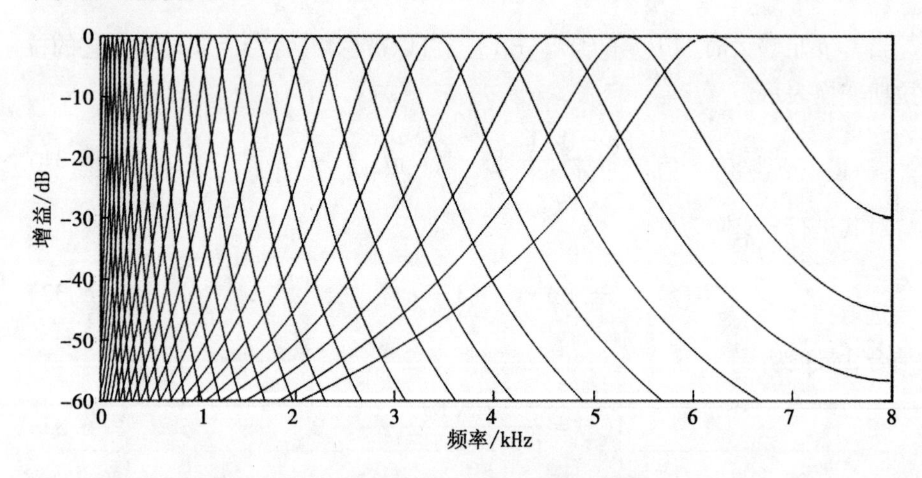

图 6.10　Gammatone 滤波器组

(2)GFCC 特征提取

语音信号经过预处理后，通过基于人耳耳蜗听觉特性的 Gammatone 滤波器组，便可得到一组倒谱特征参数，该参数被记作 Gammatone 频率倒谱系数，进而用于说话人识别系统中。在有噪声的情况下，该特征参数的识别率及鲁棒性优于传统的特征参数 MFCC，它能在低信噪比的情况下体现出更大优势。

GFCC 特征提取方法如图 6.11 所示。

特征提取的具体步骤如下。

① 预处理：为了得到更好的实验结果，首先对语音信号进行预处理。

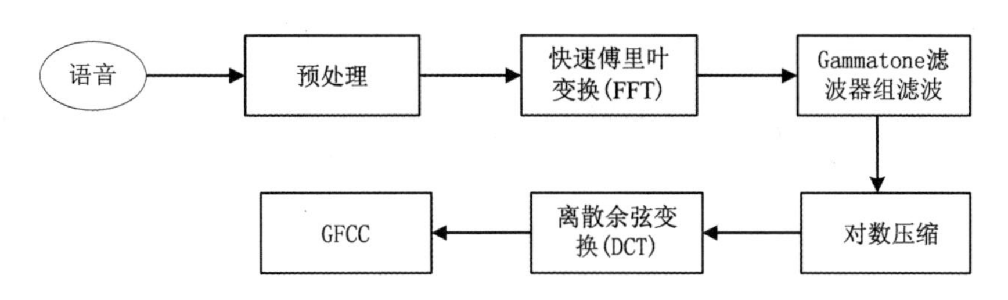

图 6.11　GFCC 特征参数提取框图

② 快速傅里叶变换：把预处理后的语音进行快速傅里叶变换，将语音信号由时域信号变成频域信号，得到功率谱。

③ Gammatone 滤波器组滤波：将功率谱进行平方后得到的能量谱通过 Gammatone 滤波器组滤波处理。

④ 对数压缩：对每个滤波器的输出都采用对数压缩，来模拟人类对声音感知的非线性特性。

⑤ 离散余弦变换(discrete cosine transform，DCT)：由于滤波器组中相邻的滤波器之间有交叠的部分，导致特征参数之间具有相关性，因此，对经过对数压缩的能量谱进行离散余弦变化，以解除其相关性，得到更好的能量压缩。

GFCC 反映了声音信号的静态特征，但人耳对声音的动态特性更为敏感，在特征参数中加入表征语音动态特性的差分参数，将静态特征与动态特征相结合，可以获得更高的系统识别率。

选取一阶差分和二阶差分作为动态特征，将 GFCC 与一阶差分、二阶差分相结合，最终得到关于 GFCC 的特征向量。图 6.12 显示了一段语音的 GFCC、一阶差分和二阶差分的特征参数。

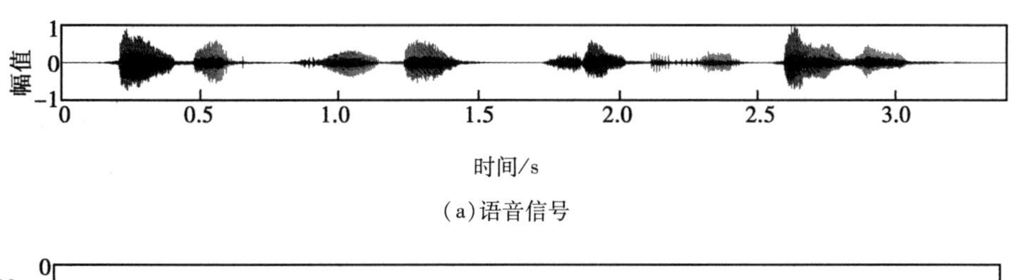

(a)语音信号

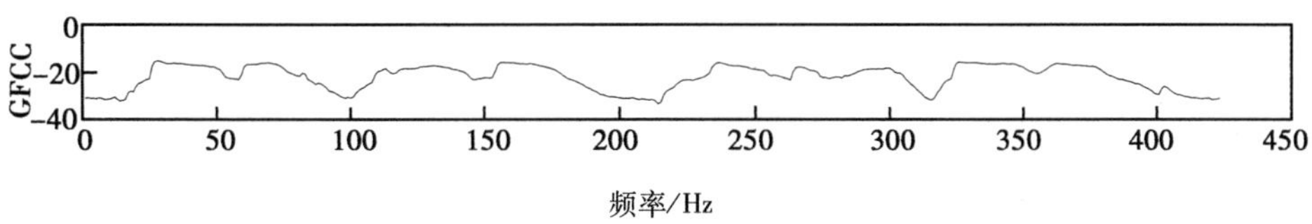

(b)第一维的 GFCC 特征参数

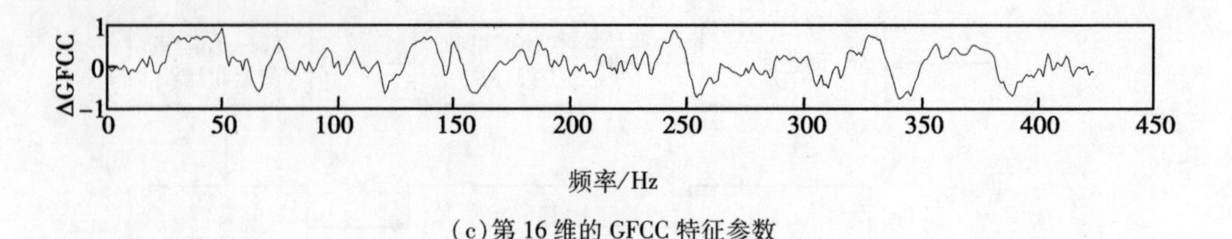

(c)第 16 维的 GFCC 特征参数

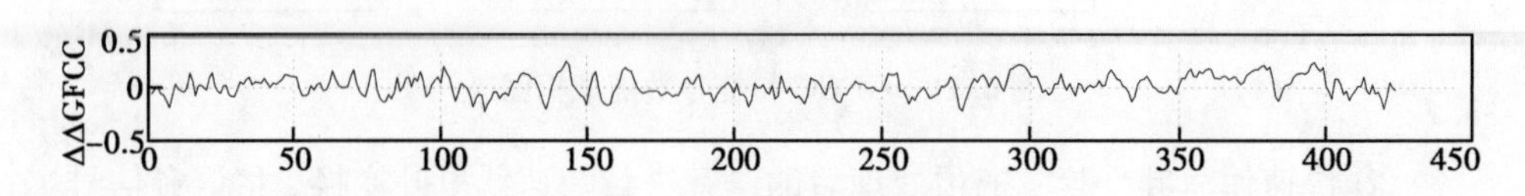

频率/Hz

(d)第 30 维的 GFCC 特征参数

图 6.12　不同维度的 GFCC 特征参数

6.2.3　高斯混合模型

高斯混合模型用多个高斯分布的线性组合来近似模拟说话人特征分布，训练的目的是估计高斯混合模型里的各个参数值。在训练阶段，为不同说话者建立相应的 GMM 模型；在测试阶段，将待识别语音对应的最大相似性比分的 GMM 模型作为最终的匹配结果。

高斯混合模型由多个高斯概率密度函数线性加权组合形成，如下式所示：

$$p(x_i) = \sum_{j=1}^{M} \phi_j N_j(x_i; \mu_j, \sum_j) \tag{6.35}$$

式中，M——模型的混合度，即高斯分量的个数；

ϕ_j——第 j 个高斯分量所对应的权重，并且满足 $\sum_{j=1}^{M} \phi_j = 1$；

N_j——第 j 个单个高斯概率密度函数，如下式所示：

$$N_j(x_i; \mu_j, \sum_j) = \frac{1}{\sqrt{(2\pi)^n |\sum_j|}} \exp\left(-\frac{1}{2}(x-\mu_j)^{\mathrm{T}} \sum_j^{-1} (x-\mu_j)\right) \tag{6.36}$$

但对于语音来说，由于仅能观测到被测量的特征参数，而属于哪一类的概率为隐含参数，因此可以认为声音分类是“被隐藏”的，对于含有隐变量的概率模型求参数，可以采用 EM 算法。EM 算法是一种在不完全数据和有损失数据的情况下求解模型参数的迭代方法。

假设需要训练的样本为 $\{x^{(1)}, x^{(2)}, \cdots, x^{(m)}\}$，样本之间相互独立，要找到每个样本隐含的类别 z，可以使 $p(x, z)$ 最大，则 $p(x, z)$ 的最大似然估计如下式所示：

$$L(\theta) = \sum_{i=1}^{m} \lg p(x; \theta) = \sum_{i=1}^{m} \lg \sum p(x, z; \theta) \tag{6.37}$$

对于训练样本中的每一个样本 i，用 Q_i 表示该样本隐含类别 z 的某种分布，其中，$\sum_z Q_i(z) = 1(Q_i(z) \geqslant 0)$，则式(6.37)可变为下式：

$$\begin{aligned} L(\theta) &= \sum_{i}^{m} \lg p(x^{(i)}, z^{(i)}; \theta) \\ &= \sum_{i}^{m} \lg \sum_{z^{(i)}} Q_i(z^{(i)}) \frac{p(x^{(i)}, z^{(i)}; \theta)}{Q_i(z^{(i)})} \\ &\geqslant \sum_{i} \sum_{z^{(i)}} Q_i(z^{(i)}) \lg \frac{p(x^{(i)}, z^{(i)}; \theta)}{Q_i(z^{(i)})} \end{aligned} \tag{6.38}$$

E-Step：假设给定模型参数 θ，求 Q_i，即求后验概率的值：

$$Q_i(z^{(i)}) = p(z^{(i)} \mid x^{(i)}; \theta) \tag{6.39}$$

M-Step：用最大似然的方法求出模型参数：

$$\theta = \arg\max_{\theta} \sum_{i} \sum_{z^{(i)}} Q_i(z^{(i)}) \lg \frac{p(x^{(i)}, z^{(i)}; \theta)}{Q_i(z^{(i)})} \tag{6.40}$$

同理，在高斯混合模型中，由于隐变量 $z^{(i)}$ 的存在，无法直接求解参数，因此，将 EM 算法应用于高斯混合模型的参数估计，得到式(6.41)和式(6.42)。

E-Step：

$$\left.\begin{aligned} w_j^{(i)} = Q_i(z^{(i)} = j) = P(z^{(i)} = j \mid x^{(i)}; \phi, \mu, \Sigma) \\ \phi_j = \frac{1}{m} \sum_{i=1}^{m} w_j^{(i)} \end{aligned}\right\} \tag{6.41}$$

M-Step：

$$\left.\begin{aligned} \mu_j = \frac{\sum_{i=1}^{m} w_j^{(i)} x^{(i)}}{\sum_{i=1}^{m} w_j^{(i)}} \\ \Sigma_j = \frac{\sum_{i=1}^{m} w_j^{(i)} (x^{(i)} - \mu_j)(x^{(i)} - \mu_j)^{\mathrm{T}}}{\sum_{i=1}^{m} w_j^{(i)}} \end{aligned}\right\} \tag{6.42}$$

在 E 步中，将 ϕ, μ, Σ 看作常量，计算 $z^{(i)}$ 的概率，即样本 i 属于类别 j 的概率；在 M 步中，ϕ_j 是样本类别中 $z^{(i)}=j$ 的比率，即高斯分量的权重，μ_j 是类别为 j 的样本特征均值，$\sum_j$ 是类别为 j 的样例的协方差矩阵。

6.2.4 基于混合参数的改进特征提取算法

伪装语音声纹识别系统的特征参数应满足三条准则：

① 对外部条件具有鲁棒性（如说话者的年龄变化、情绪和模仿等）；

② 能够长期地保持稳定；

③ 易于从语音信号中进行提取。

目前大多数声纹识别特征提取采用 MFCC 和 GFCC。MFCC 考虑了人耳对频率的非线性感知特性，但它的滤波器形状为三角形，会严重泄漏相邻频带之间的频谱能量，并且频带的划分是按照 Mel 刻度均匀分布的，也不完全符合人耳听觉特性中临界带的概念。而提取 GFCC 特征的 Gammatone 滤波器组是基于人耳耳蜗听觉模型建立的，每个滤波器中心频率的两侧有比较陡的边缘，可以更好地模拟基底膜的频率选择特性和频谱分析特性，抑制背景噪声的干扰，因此本节采用 GFCC 作为特征参数。

每个人的语音各具特色，任何人的发音都具有只属于其自身的独特特征。从声学层面来说，语音的特异性表现在两个方面：与说话人的生理结构相关的生理机制的特异性和反映声道运动的调音机制的特异性。

第一类特异性是指每个人的声带、口腔和鼻腔等言语器官的生理解剖结构不尽相同，从而形成了独具特色的个人音质，这类特征的典型参数有基音和共振峰，它们很难被模仿，但易受健康状况的影响。

第二类特异性是指人们在后天成长的过程中，受到学习和周围环境影响而习得的发音方式和发音习惯等，这类特征比较稳定，但却容易被模仿，典型的特征参数就是倒谱系数。

共振峰作为语音信号处理中描述声道的重要参数之一，与发声系统相关，属于第一类；而 GFCC 作为一种模拟人耳的听觉特性，属于第二类。将两类语音特征参数用不同的权重系数加权组合，既能体现人的发声机理，又能反映人耳的感知特性，将人的发声和听觉结合，作为声学模型的建模依据，可以更好地体现说话者的个性特征，结合框图如图 6.13 所示。

首先将语音进行预处理，分别提取语音中的声道冲激信息 $\hat{h}(n)$ 和通过

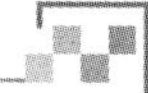

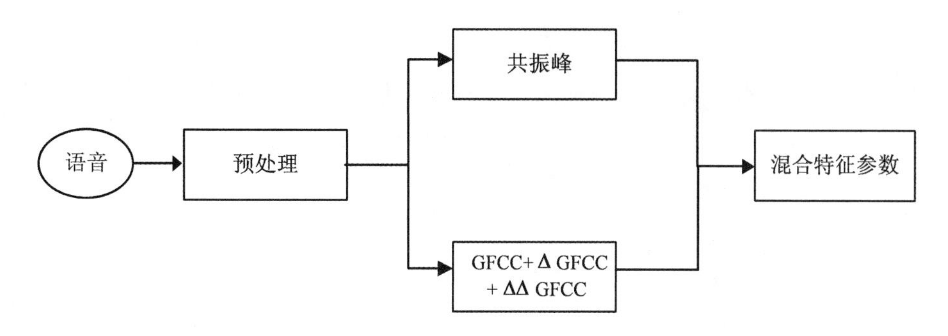

图 6.13　特征参数结合框图

Gammatone 滤波器得到的 G_m（GFCC 以及 GFCC 的一阶差分和二阶差分），之后将这两种特征参数组合成混合特征，作为声学模型的输入。之后，要对 $\hat{h}(n)$ 和 G_m 进行归一化，如式(6.43)和式(6.44)所示：

$$\hat{h}'(n)=\frac{\hat{h}(n)}{\hat{h}(n)_{\max}} \tag{6.43}$$

$$G'_m=\frac{G_m}{G_{m-\max}} \tag{6.44}$$

其中，$\hat{h}(n)_{\max}$ ——测试得到共振峰特征参数的最大值；

$G_{m-\max}$ ——测试得到 GFCC 及其差分特征参数的最大值。

这样处理后，$\hat{h}'(n)$ 和 G'_m 都为 0~1 的数据，然后令：

$$d_1=\hat{h}'(n) \tag{6.45}$$

$$d_2=G'_m \tag{6.46}$$

利用测试集的平均值来表示两种方法的影响因子(即权重系数)，如式(6.47)和式(6.48)所示：

$$C_1=\frac{\mathrm{ave}(d_1)}{\mathrm{ave}(d_1)+\mathrm{ave}(d_2)} \tag{6.47}$$

$$C_2=\frac{\mathrm{ave}(d_2)}{\mathrm{ave}(d_1)+\mathrm{ave}(d_2)} \tag{6.48}$$

式中，C_1——共振峰的系数因子；

C_2——GFCC 及其差分特征的系数因子。

C_1 和 C_2 分别代表了两种特征参数对识别结果的影响力。最终得到的混合特征参数为两种特征参数的加权组合，如下式所示：

$$S = C_1\hat{h}'(n) + C_2G'_m \tag{6.49}$$

伪装语音的研究依托于说话人识别技术，为了充分利用混合特征参数的特性来对伪装语音进行识别，并且由于 GMM 模型可以有效地表征不同语音的发声差异，运用 GMM 模型对得到的混合特征参数建模。

6.2.5 实验及结果分析

(1)伪装语音库的构建

① 发音人。

自建的伪装语音的库共由 49 人组成，有男有女，均为东北大学的硕士研究生，年龄为 24~26 岁不等，分别来自我国几个不同的地区，普通话都比较好，但有些同学还是有明显的方言特性。

② 发音文本。

语音内容为“我是东北大学信息科学与工程学院的一名硕士研究生，专业是××，学号是××，希望东北大学越来越好，我爱东大!”。

③ 采集方法。

为了得到干净的语音数据，在安静的宿舍或者实验室进行录音，用 Newsmy 录音笔录制。采集语音时，先让说话者熟悉需要录制的内容，之后用正常和 7 种伪装的说话形式进行录制。伪装形式为非电子故意伪装，分别为快速、慢速、高音、低音、耳语、捏鼻子和咬铅笔。通过此种采集方法，得到了 49 名说话人的 49 个正常语音文本和 343 个不同伪装标签的语音样本。

(2)实验设计

本节主要研究的是特征参数对伪装语音声纹识别系统的影响，为了显示混合特征参数能有效提高系统的性能，将混合特征参数与 GFCC 进行比较。实验中用到的训练语音是正常的语音，测试语音是伪装语音。基于特征提取的改进图如图 6.14 所示。

在本节的实验中，首先对训练语音和测试语音进行预处理操作，分帧帧长为 256 个点，帧移为 80 个点。分帧后为了减少语音帧的边缘效应，采用汉明窗进行加窗处理，随后采用端点检测方法。

在训练中，对训练的声音信号进行预处理后，再提取训练语音的特征参数。提取语音的共振峰系数以及 GFCC+ΔGFCC+ΔΔGFCC 系数，将两者用不同的权重系数进行线性组合，组合后的每一帧的特征参数一共有 39 维(3 维的共振峰、

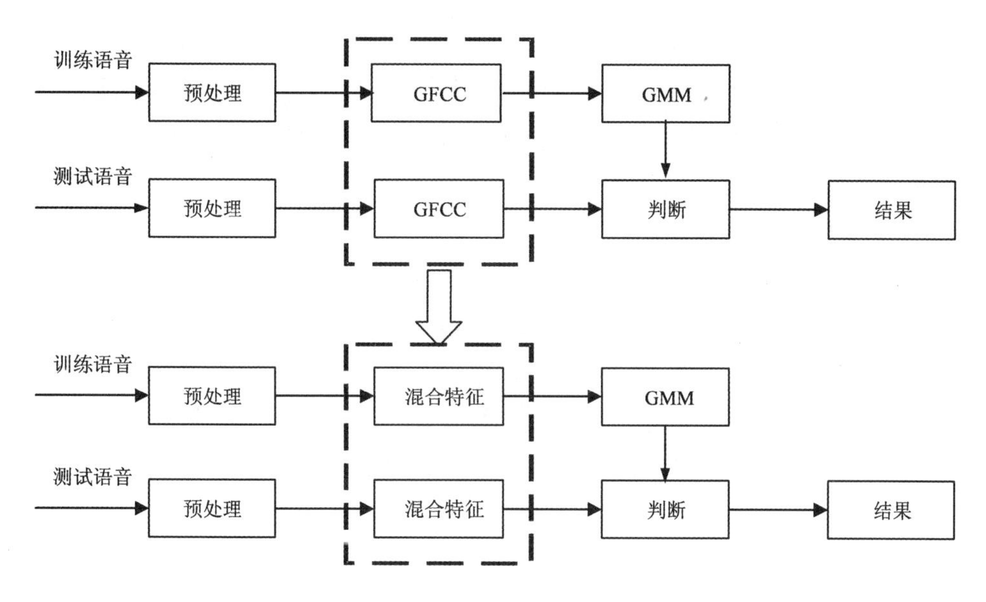

图 6.14　特征提取改进图

12 维的 Gammatone 滤波器组输出值以及 12 维的一阶差分系数和 12 维的二阶差分系数)，这样，就可以得到 49 名说话人的特征向量。然后把提取到的特征参数作为高斯混合模型的输入(本实验高斯混合模型由 32 个高斯模型组合而成)，可得到每个人 GMM 的参数，直至训练过程结束。

在测试环节，采用和训练环节一样的预处理和特征提取方法，把得到的混合特征参数分别与每个 GMM 模型作匹配，计算与每个 GMM 的相似性得分，得分较高的即为待识别语音的标签。然后，将待识别语音的正确标签与测试阶段得到的识别标签进行对比，如果两个标签是相同的，就表明测试阶段得到的结果是正确的；相反，得到的结果就是错误的。根据正确识别结果的次数与总识别的次数进行计算来得到声纹识别系统的准确率。

在声纹识别系统中，准确率是最直接并且最重要的性能评价指标。对于说话人辨认系统，准确率通常代表系统识别正确样本的概率，它的数学计算公式如下式所示：

$$C_{\mathrm{ID}} = \frac{n_{\mathrm{correct}}}{n_{\mathrm{total}}} \times 100\% \tag{6.50}$$

式中，C_{ID} ——准确率；

n_{correct} ——正确识别样本个数；

n_{total} ——待识别样本总数。

(3)实验结果及分析

本节是在 MATLAB 上做的实验。分别采用 GFCC 以及混合特征的参数，在模型都是 GMM 的情况下，用正常的语音作训练，不同的伪装语音作测试，进行实验，说话人识别系统的性能好坏采用准确率来判断。系统的准确率按照式(6.50)的方法来计算。由此，可得到对于不同的伪装语音采用不同的特征提取方法的准确率，如表 6.2 所示。

表 6.2　基于不同特征参数的不同伪装语音的系统识别率

伪装语音	特征参数 GFCC/%	混合特征参数/%
快速	89.80	95.92
慢速	81.63	93.88
高音	59.18	67.35
低音	75.51	89.80
耳语	38.78	40.82
捏鼻子	44.90	55.10
咬铅笔	65.31	65.31

使用不同特征提取算法的系统在不同伪装语音标签下的准确率如图 6.15 所示。

从表 6.2 及图 6.15 可以看出不同特征参数对声纹识别系统的影响，在模型都是 GMM 的情况下，除了咬铅笔，基于混合特征参数系统的识别率均高于只使用 GFCC 特征参数的系统。与只使用 GFCC 特征的声学系统相比，基于混合特征参数的声学系统将发声特性与听觉特性结合，可以更好地体现说话者的信息，对伪装语音有更好的分类效果。

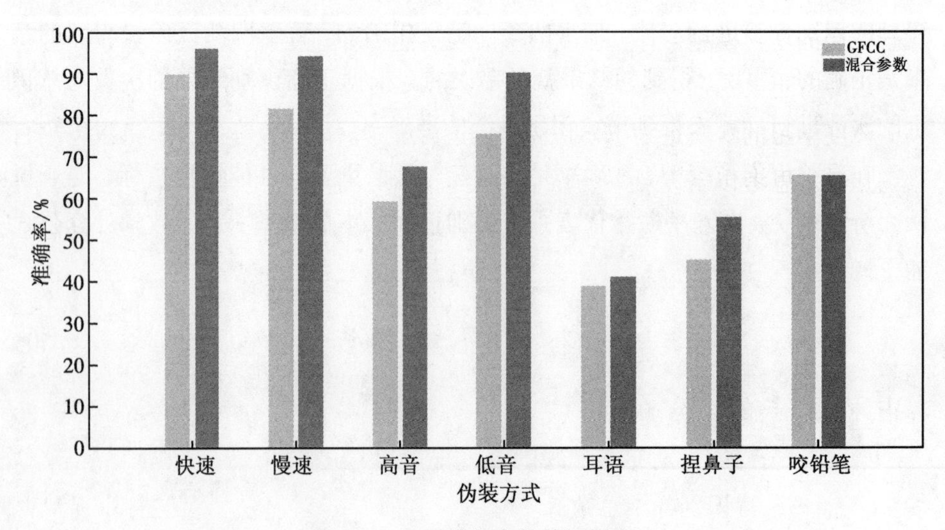

图 6.15　不同特征参数的识别率

在咬铅笔发音时，由于牙齿和一侧的嘴角不能完全闭合，发音时听起来有点“漏音”，使发音人的积极和消极发音器官如舌、唇、齿等受到了抑制，不能正常发音，对共振峰频率有一定的影响。因此在咬铅笔的伪装标签下，基于混合特征的声学系统相比于基于 GFCC 的系统识别率并没有提高。

从中也可以看出，在7种伪装方式中，快速和慢速对于说话者识别的影响较小，而耳语和捏鼻子对于说话者识别的影响最大。虽然基于混合特征参数的识别系统在耳语和捏鼻子的伪装标签下识别率有所提高，但是识别率也只有40.82%和55.10%，这与人的听觉感知特性相似。耳语主要是由气流与发音器官摩擦引起的，发音时声带不振动，而捏鼻子导致鼻腔阻塞，在很大程度上改变了声腔的共鸣特性，并且这两种伪装方式对于发音者来说比较容易，不需要改变发音的习惯，所以伪装效果较好，系统识别率相对较低。

6.3　基于 DBN 模型的伪装语音声纹识别系统

提高伪装语音的声纹识别系统准确度的关键在于，在语音数据中挖掘出隐含的说话人信息。6.2 节从特征提取层面研究了提高声纹识别性能的方法，声纹识别模型研究是说话人识别系统的另一个主要组成部分，声学模型的好坏对系统识别性能有重要影响。本节从系统的声学模型着手，解决伪装语音识别性能不佳的问题。

深度学习模型通常指层数更多的网络模型，拥有更多层的非线性变换，相比于浅层的学习模型，有更强大的特征表达能力和建模能力，在对复杂信号进行处理时有更大的优势。

深度学习的本质是为了模仿人脑的运转方式，正如人类的大脑可以控制自己的运动、思考以及说话等方面，深度学习可以通过训练来识别语音、文本、图像等内容，然后自主去实现例如识别人脸、判别声音、理解图片表达的意思、自动翻译等。

在处理声纹识别的问题时，可以构造一种具有强大功能的深层模型。为了模拟人脑的思维方式，本节使用深度学习中的深度置信网络作为识别系统的声学模型，实现对伪装语音说话人的识别。

6.3.1 深度置信网络

2006 年是深度学习的元年，而开启深度学习研究热潮的就是 Hinton 提出的深度置信网络(deep belief network，DBN)，它是首批成功应用深层网络模型训练的非卷积模型之一。

DBN 是由一组受限玻尔兹曼机(RBM)堆叠而成的深度生成式网络，是具有多个隐变量层的生成模型。隐藏层神经元一般是二值(0 或 1)的，而显层神经元可以采用二值或者实数。虽然可以构造具有相对稀疏连接的 DBN，但在大多数情况下，不同层的神经元之间全连接，层内的神经元之间没有连接。DBN 结构如图 6.16 所示。

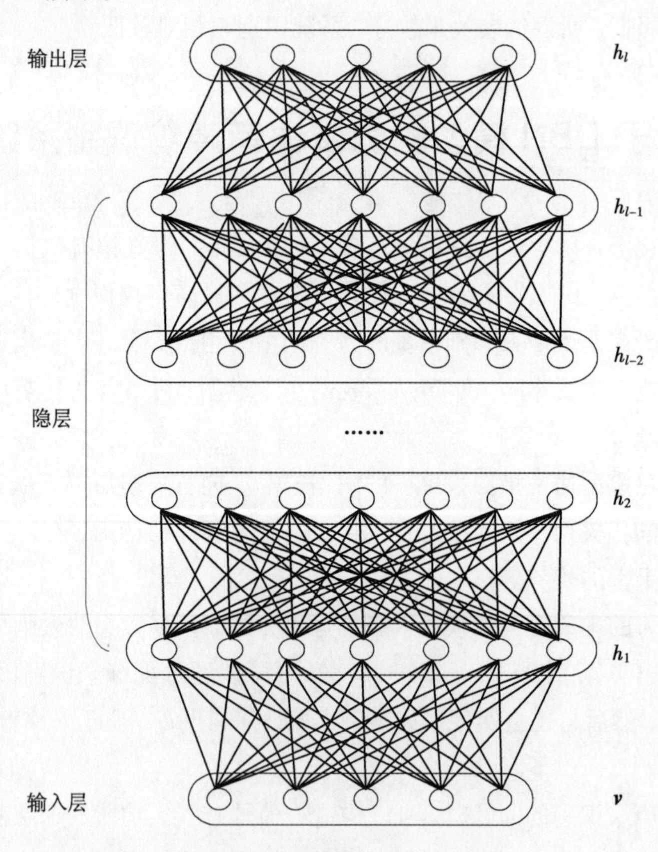

图 6.16　深度置信网络结构示意图

由于具有许多隐藏层和神经元，网络中的大量层导致训练耗时并且陷入局部最优。而且，标签中非常有限的信息仅用于稍微调整预先存在的特征以提供

更好的区分，而不是发现特征。为了在不使用标签的情况下发现多层非线性特征，考虑用无监督的预训练步骤来初始化参数。在该步骤中，RBM 用于训练每对网络层。

DBN 的核心部分是贪婪的、逐层学习的算法，以无监督方式预训练得到的参数可以提供良好的初始点，获得的结果通常比随机初始化的方法更好。然后通过有监督的反向传播算法微调参数，从而有效解决深度网络的局部最优情况和欠拟合问题。

无监督学习的目的是在降低特征维度的同时尽量不损坏原始的特征，而监督学习的目的则是尽量提高分类的准确率。一个 DBN 由许多个 RBM“串联”形成，其中，前一个 RBM 的隐藏层作为后一个 RBM 的可视层，前一个 RBM 的输出即为后一个 RBM 的输入。在对模型进行训练时，充分训练前一层的 RBM 后，保持前一个 RBM 的各个参数不变，训练后一层的 RBM，直到所有的 RBM 训练结束。

6.3.1.1　RBM 的训练

DBN 的连接是通过自顶向下的生成权值来指导确定的，使用无监督逐层贪婪方法进行预训练，以获得生成模型的参数。RBM 可以堆叠起来（一个在另一个的顶部）形成更深的模型，可更容易连接参数的学习。

在训练阶段，可视层作为输入层得到一个向量 $\boldsymbol{v}$，通过权重连接将值传递到隐藏层。反过来，为了重构原始的输入信号，随机选择可视层的输入。之后，将得到的新的可视单元再次重构隐层激活单元，获得 h。这些后退和前进的步骤就是人们熟悉的吉布斯（Gibbs）采样，权值更新的主要依据则是隐层单元和可视层之间的相关性差别。

对单个 RBM 进行训练的主要目的是调整参数 $\theta(W, a, b)$，使其尽可能拟合输入数据，也就是极大化似然函数：

$$\theta^* = \arg\max L(\theta) = \arg\max \sum_{i=1}^{n} \ln P(v_i \mid \theta) \tag{6.51}$$

为求解模型中的参数，采用梯度上升算法优化最大似然函数，梯度记为：

$$\frac{\partial \ln P(v)}{\partial w_{ji}} = P(h_j = 1 \mid v) v_i - \sum_v P(v) P(h_j = 1 \mid v) v_i \tag{6.52}$$

$$\frac{\partial \ln P(v)}{\partial a_i} = v_i - \sum_v P(v) v_i \tag{6.53}$$

$$\frac{\partial \ln P(v)}{\partial b_j} = P(h_j = 1 \mid v) - \sum_v P(v) P(h_j = 1 \mid v) \tag{6.54}$$

在求解梯度时，如果维度过高，直接计算式(6.52)~式(6.54)中的第二项就会比较困难，因此使用采样的方法来对梯度近似求解。

① 为求近似式(6.52)~式(6.54)中的第二项，可以采用吉布斯采样的方法，当样本迭代次数足够多时，样本的分布就相当于模型的分布，但是当数据样本维数较高时，对其进行多次迭代所需要的时间较长，吉布斯采样求解 RBM 参数效率并不高。

② 由于吉布斯采样所需的时间较长，故采用对比散度(contrastive divergence, CD)算法，其本质就是使用 k 步(一般为 1)的吉布斯采样，来估算式(6.52)~式(6.54)中的第二项，可以有比较好的效果。

吉布斯采样是一种基于马尔科夫链蒙特卡洛(Markov chain Monte Carlo, MCMC)策略的采样方法。吉布斯采样的原理是：假设有一个 M 维样本 $X=\{X_1, X_2, \cdots, X_M\}$，$Y$ 是总体样本中一部分维度的组合，Z 是剩余维度的组合。并且知道条件分布概率 $P(Z|Y)$ 和 $P(Y|Z)$，但是不知道总体的概率分布 $P(Y, Z)$。可以从 X 的任意状态开始，使用条件分布 $P(Z|Y)$ 和 $P(Y|Z)$，迭代进行采样，随着采样次数的增加，最终采样结果会收敛于 $P(Y, Z)$。

由于 RBM 具有对称结构并且神经单元之间条件独立，因此可使用吉布斯采样获得服从 RBM 定义的随机样本。在 RBM 中进行吉布斯采样的具体算法为：将训练样本作为显层的输入，按以下方式交替采样：

$$h_0 \sim P(h \mid v_0),\ v_1 \sim P(v \mid h_0)$$

$$h_1 \sim P(h \mid v_1),\ v_2 \sim P(v \mid h_1)$$

$$\cdots$$

$$\cdots,\ v_{k+1} \sim P(v \mid h_k)$$

当交替采样的次数足够多时，就能够获得分布的样本。图 6.17 也说明了这个迭代采样的过程。

通过常规的吉布斯采样来估计式(6.52)~式(6.54)中 $\sum_v$ 对应的项之所以十分缓慢，主要原因是它要通过很多步的状态转移才可确保得到的样本与输入的分布相对应。如果让 RBM 尽可能拟合输入样本的分布，那么是否可以让吉布斯采样的状态以输入样本作为起点呢？采用此种设计，也许这些状态只通过几次状态转移即可达到 RBM 的分布。

基于这种想法，Hinton 提出了 RBM 的一个快速学习算法，即对比散度(CD)算法，并证明了吉布斯采样只需 k 次吉布斯采样过程就可得到很好的近

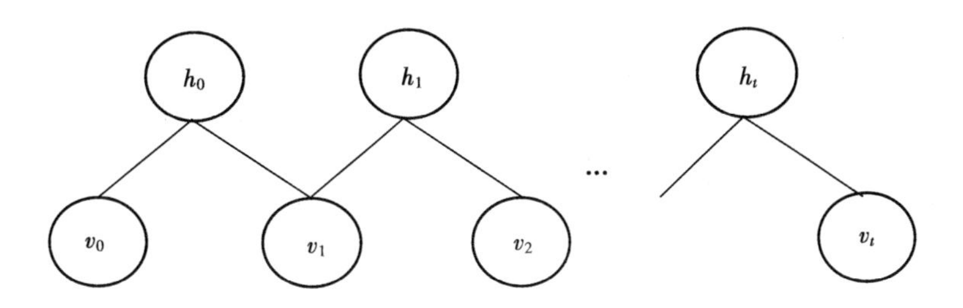

图 6.17　吉布斯采样

似，故算法简称为 CD-k。它是一种成功地用于求解对数似然函数关于未知参数梯度的近似的方法。CD-k 的参数更新伪代码如图 6.18 所示。

Input: RBM $(V_1,\cdots,V_m,H_1,\cdots,H_n)$, training batch S
Output: gradient approximation Δw_{ij}, Δb_j and Δc_i for $i=1,\cdots,n$; $j=1,\cdots,m$

1 init $\Delta w_{ij}=\Delta b_j=\Delta c_i=0$ for $i=1,\cdots,n$; $j=1,\cdots,m$
2 **forall the** $\boldsymbol{v}\in S$ **do**
3 　$\boldsymbol{v}^{(0)}\leftarrow\boldsymbol{v}$
4 　**for** $t=0,\cdots,k-1$ **do**
5 　　**for** $i=1,\cdots,n$ **do** sample $h_i^{(t)}\sim P(h_i\,|\,\boldsymbol{v}^{(t)})$
6 　　**for** $j=1,\cdots,m$ **do** sample $v_j^{(t+1)}\sim P(v_j\,|\,\boldsymbol{h}^{(t)})$
7 　**for** $i=1,\cdots,n$, $j=1,\cdots,m$ **do**
8 　　$\Delta w_{ij}\leftarrow\Delta w_{ij}+P(H_i=1\,|\,\boldsymbol{v}^{(0)})\cdot v_j^{(0)}-P(H_i=1\,|\,\boldsymbol{v}^{(k)})\cdot v_j^{(k)}$
9 　　$\Delta b_j\leftarrow\Delta b_j+v_j^{(0)}-v_j^{(k)}$
10 　　$\Delta c_i\leftarrow\Delta c_i+P(H_i=1\,|\,\boldsymbol{v}^{(0)})-P(H_i=1\,|\,\boldsymbol{v}^{(k)})$

图 6.18　k 步对比散度算法

对伪代码里的 $h_i^{(t)}\sim P(h_i\mid v^{(t)})$ 的计算可采用以下方式。首先，产生[0, 1]上的随机数 r_j，记

$$p_j^v=P(h_j=1\mid v) \tag{6.55}$$

则

$$h_j=\begin{cases}1, & r_j<p_j^v\\0, & 其他\end{cases} \tag{6.56}$$

通常情况下，当 $k=1$ 时，RBM 即可很好地拟合输入样本的分布。这里以 CD-1 进行介绍。采用吉布斯采样和对比散度算法，来近似估计式(6.52)~式(6.54)中的 $\sum\limits_v$ 对应的期望项(或均值项)，具体为：

$$\frac{\partial \ln P(v)}{\partial w_{ji}} = P(h_j^{(0)} = 1 \mid v^{(0)}) v_i^{(0)} - P(h_j^{(1)} = 1 \mid v^{(1)}) v_i^{(1)} \tag{6.57}$$

$$\frac{\partial \ln P(v)}{\partial a_i} = v_i^{(0)} - v_i^{(1)} \tag{6.58}$$

$$\frac{\partial \ln P(v)}{\partial b_j} = P(h_j^{(0)} = 1 \mid v^{(0)}) - P(h_j^{(1)} = 1 \mid v^{(1)}) \tag{6.59}$$

式中，$v^{(0)}$ ——初始值 v；

$v^{(1)}$ ——CD-k 中 k 为 1 时 v 的重构值。

了解吉布斯采样和对比散度后，就可以用此方法来训练一个 RBM，训练流程图如图 6.19 所示。

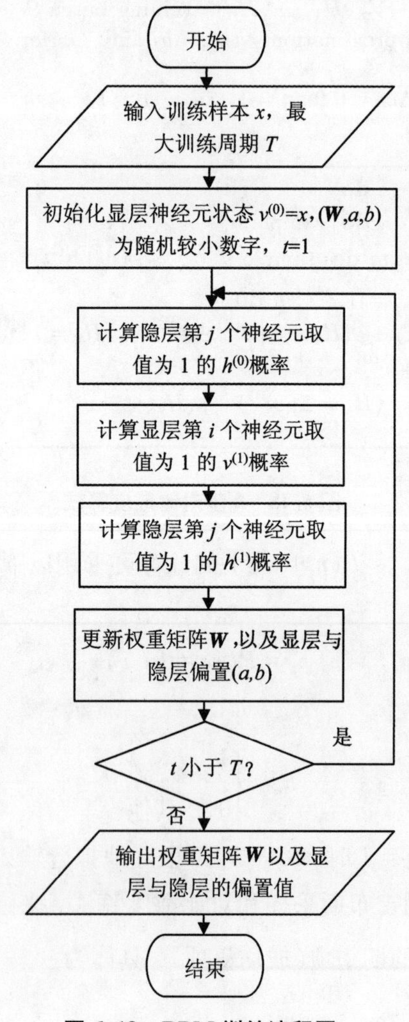

图 6.19　RBM 训练流程图

6.3.1.2　DBN 的训练

一旦学习了 RBM 的权重，隐藏层的特征激活向量可以用来训练另一个学习更高层特征的 RBM 的数据。一次一层地构建深层生成模型比尝试一次学习所有层要高效得多。在训练了一叠 RBM 之后，它们可以被组合以形成深度的生成模型，在其顶部两层之间具有无向连接，并且在相邻的下层之间具有自顶向下的定向连接。

对于每个新的隐藏层，都需要迭代对其参数进行调整，直到输出层可以最大化地近似输入层，这是贪婪的、逐层的、无监督的预训练。所谓无监督，即可以不使用标签来调整网络的参数，这就表示能够训练没有标签的样本集。之后，采用 BP 神经网络进行反向微调。

深度置信网络的参数都直接采用 RBM 无监督训练后得到的参数。DBN 的一个重要特性是它们的隐藏状态可以通过单个自下而上的传递非常有效和相当正确地推断，其中，自上而下地生成权重被反向使用。另一个重要特性是每次 DBN 增加一个额外的特征学习层，新的 DBN 在训练数据的对数概率上具有变化的下界，该变化下限优于前一个 DBN 的变量界限。

（1）高斯-伯努利受限玻尔兹曼机

在最简单的 RBM 类型中，显层单元和隐层单元都是二元和随机的，取值只有 0 和 1。而对于语音信号来说，需要表示实值上概率分布的能力。为了处理实值输入数据，采用高斯-伯努利分布的受限玻尔兹曼机（Gaussian-Bernoulli RBM，GBRBM），可见单元使用高斯分布，隐藏单元使用伯努利分布。它的能量函数定义为

$$E_\theta(v, h) = \sum_{i=1}^{n_v} \frac{(v_i - a_i)^2}{2{\sigma_i}^2} - \sum_{j=1}^{n_h} b_j h_j - \sum_{i=1}^{n_v} \sum_{j=1}^{n_h} h_j w_{ji} \frac{v_i}{\sigma_i} \tag{6.60}$$

式中，w_{ji} ——可视层第 i 个神经元和隐层第 j 个神经元的权重；

a_i ——可视层神经元的偏置值；

b_j ——对应隐层神经元的偏置值；

σ_i ——可视层神经元的方差；

n_v，n_h ——可视层神经元的个数和隐层神经元的个数。

根据式（6.60）可得出 v 和 h 的条件概率分别为：

$$P(v_i \mid h) = N(a_i + \sigma_i \sum_j w_{ji} h_j, \sigma_i^2) \tag{6.61}$$

$$P(h_j = 1 \mid v) = \delta\left(\sum_{i=1}^{n_v} w_{ji}\frac{v_i}{\sigma_i} + b_j\right) \tag{6.62}$$

其中

$$\delta(x) = \frac{1}{1 + e^{-x}} \tag{6.63}$$

式中，$N(\mu, \sigma)$ ——服从均值为μ、方差为σ的高斯分布。

(2) Softmax 回归

Softmax 分类器经常被运用在深度学习领域，是逻辑回归分类的拓展，逻辑回归是一种二分类非线性分类器，而 Softmax 则将其推展为多分类。它取所有类别中后验概率最大者作为识别对象，因此十分适用于说话人识别这一任务。在完成无监督的受限玻尔兹曼机训练后，将 Softmax 分类器加入顶层来对样本进行分类，具体分类过程如下：

$$S_i = \mathrm{Softmax}(f) = \frac{e^{f_t}}{\sum_{i=1}^{d} e^{f_t}} \tag{6.64}$$

令 $f_\theta(\boldsymbol{X}) = \boldsymbol{WX} + \boldsymbol{b}$，$\theta = \{\boldsymbol{W}, \boldsymbol{b}\}$，$\boldsymbol{X}$ 为输入层的神经单元，$\boldsymbol{W}$ 为模型的权重系数，$\boldsymbol{b}$ 为模型的偏置。

假设用 $\boldsymbol{t} = [0, 1]^d$ 表示样本的分类，当第 i 个样本分类正确时，$t_i = 1$；否则，$t_i = 0$。采用交叉熵的形式计算损失函数，如下式所示：

$$J(\boldsymbol{t}, \boldsymbol{S}) = -\frac{1}{d}\left[\sum_{i=1}^{d}(t_i \lg S_i + (1 - t_i)\lg(1 - S_i))\right] \tag{6.65}$$

调整模型参数 θ 使式(6.65)的损失函数最小：

$$\theta^* = \arg\min_\theta J(\boldsymbol{t}, \boldsymbol{S}) \tag{6.66}$$

对模型参数 θ 求偏导可得

$$\frac{\partial J(\boldsymbol{t}, \boldsymbol{S})}{\partial \theta} = -\frac{1}{d}\sum_{i=1}^{d}(t_i - S_i)\frac{\partial f_i}{\partial \theta} \tag{6.67}$$

采用梯度下降法，迭代的更新模型参数 θ 如式(6.68)所示：

$$\left.\begin{aligned} \boldsymbol{W}' &= \boldsymbol{W} - \eta((\boldsymbol{S} - \boldsymbol{t})^{\mathrm{T}}\boldsymbol{X} + \lambda \boldsymbol{W}) \\ \boldsymbol{b}' &= \boldsymbol{b} - \boldsymbol{\eta}(\boldsymbol{S} - \boldsymbol{t} + \lambda \boldsymbol{b}) \end{aligned}\right\} \tag{6.68}$$

式中，λ——加权因子；

η——学习因子。

(3)逐层贪婪训练及微调

对深层网络进行训练通常可分为两个阶段：预训练(pre-training)和微调(fine-tuning)。预训练即使用无监督的方式训练每一层网络，当训练某一层网络时，其他所有层网络的参数维持不变，下一层网络的输入为前一层网络的输出。微调则是在所有层的参数确定之后，用有监督的 BP 算法进行训练直至收敛。深度置信网络就是基于这两个步骤完成参数训练的。

Mohanmd 提出，如果将一个训练完成的 DBN 最上层加上一个不加训练的 Softmax 层，然后将整个网络当作神经网络使用 BP 训练，可以得到很好的分类效果。整个过程如图 6. 20 所示。

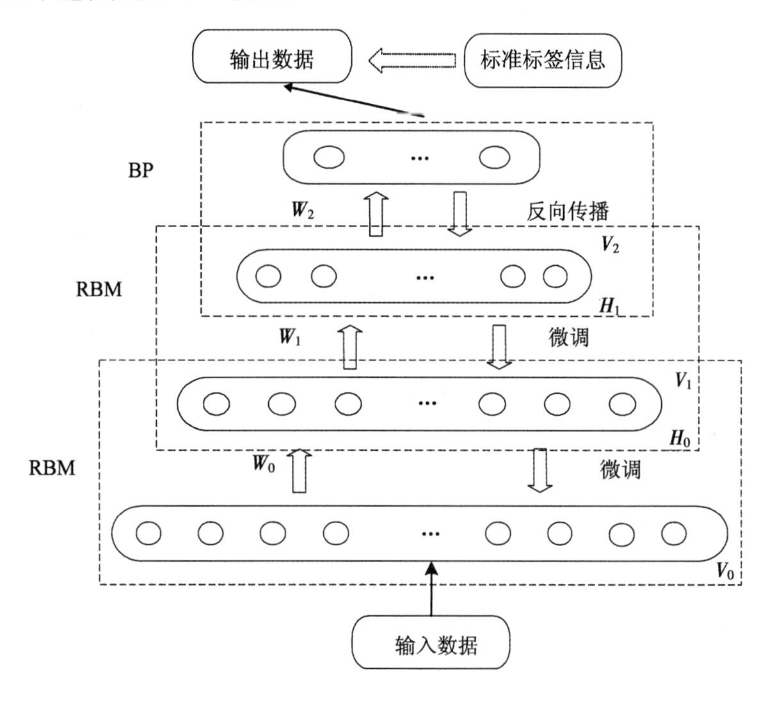

图 6. 20　DBN 的训练图

这种方法总体来说分为两步:第一步仅使用数据但是不使用标注信息(也即使用无标注数据)训练多个 RBM，这一步被称为预训练；第二步在 RBM 最后一层加上分类器作为输出层，使用 BP 算法对数据标签进一步优化，这一步被称为微调。许多实验结果证明，这两步训练既解决了模型训练时间长的问题，还可以获得较好的参数初始值，因此提高了模型的能力。

① 逐层贪婪预训练。

基于贪婪算法的 k 层 RBM 快速学习步骤如下。

第一步：以训练数据 x 作为输入，即 $v_1 = x$ 。由 6.2 节所介绍的 CD-1 方法训练得到第一个 RBM 的参数 θ_1 并计算 h_1。

第二步：对 $k = 2, 3, \cdots, K$，用上一个训练好的 RBM 的隐含层 h_{k-1} 作为输入，即 $v_k = h_{k-1}$，训练第 k 个 RBM 的参数 θ_k 。

第三步：在获得全部 K 个 RBM 的参数后，叠加 $\theta_1, \theta_2, \cdots, \theta_k$ 得到整个 K 层的网络参数，作为深度置信网络的初始值 θ。

② BP 反向微调。

BP 网络加在 DBN 网络的最后一层，最后一层 RBM 的输出作为它的输入，加入标签信息来进行有监督的训练。因为无监督的训练每一层 RBM 得到的参数只可保证在本层的特征映射是最优的，并不能使整个 DBN 的特征映射是最优的，所以采用有监督的反向传播将与正常标签得到的偏差从上至下地传递到每一层 RBM，对整个 DBN 进行微调。预训练的过程能够看成深层 BP 网络的参数初始化过程，相比于传统的 BP 网络，该方法有效解决了由于参数的随机初始化而导致网络陷入局部最优的问题。

非输出层采用 Sigmoid 函数作为激活函数，参数值更新如下式所示：

$$a_j^l = \delta\left(\sum_k w_{jk}^l a_k^{l-1} + b_j^l\right) \tag{6.69}$$

式中，k——$l-1$ 层有 k 个单元；

w_{jk}——$l-1$ 层的第 k 个单元与 l 层第 j 个单元的权重。

写成矩阵形式为

$$\boldsymbol{a}^l = \delta(\boldsymbol{w}^l \boldsymbol{a}^{l-1} + \boldsymbol{b}^l) \tag{6.70}$$

把中间量 $\boldsymbol{w}^l \boldsymbol{a}^{l-1} + \boldsymbol{b}^l$ 计算出来，单独命名为 $\boldsymbol{z}^l$，那么式(6.70)可以写为 $\boldsymbol{a}^l = \delta(\boldsymbol{z}^l)$。

为了求出反向传递的误差，假设第 l 层的第 j 个神经单元的误差为

$$\zeta_j^l = \frac{\partial J}{\partial z_j^l} \tag{6.71}$$

式中，J——交叉熵的损失函数。

用 L 表示网络最后一层（输出层），由于最后一层为 Softmax 层，根据式(6.71)得出输出层的误差为

$$\zeta_j^L = S_j - t_j \tag{6.72}$$

非输出层的误差为

$$\begin{cases} \zeta_j^l = \dfrac{\partial C}{\partial z_j^l} = \sum\limits_k \dfrac{\partial C}{\partial z_k^{l+1}} \dfrac{\partial z_k^{l+1}}{\partial z_j^l} = \sum\limits_k \zeta_k^{l+1} \dfrac{\partial z_k^{l+1}}{\partial z_j^l} \\ z_k^{l+1} = (\sum\limits_i w_{ki}^{l+1} a_i^l) + b_k^{l+1} = \sum\limits_i w_{ki}^{l+1} \delta(z_i^l) + b_k^{l+1} \end{cases}$$

$$\Rightarrow \begin{cases} \zeta_j^l = \sum\limits_k \zeta_k^{l+1} \dfrac{\partial z_k^{l+1}}{\partial z_j^l} \\ \dfrac{\partial z_k^{l+1}}{\partial z_j^l} = w_{kj}^{l+1} \delta'(z_j^l) \end{cases}$$

$$\Rightarrow \zeta_j^l = \sum_k \zeta_k^{l+1} w_{kj}^{l+1} \delta'(z_j^l) \tag{6.73}$$

损失函数关于任意权值的偏导数为

$$\begin{cases} \dfrac{\partial C}{\partial w_{jk}^l} = \sum\limits_i \dfrac{\partial C}{\partial z_i^l} \dfrac{\partial z_i^l}{\partial w_{jk}^l} = \dfrac{\partial C}{\partial z_j^l} \dfrac{\partial z_j^l}{\partial w_{jk}^l} \\ z_j^l = \sum\limits_m w_{jm}^l a_m^{l-1} + b_j^l \end{cases}$$

$$\Rightarrow \frac{\partial C}{\partial w_{jk}^l} = \frac{\partial C}{\partial z_j^l} \frac{\partial z_j^l}{\partial w_{jk}^l} = \zeta_j^l a_k^{l-1} \tag{6.74}$$

损失函数关于任意偏置的偏导数为

$$\begin{cases} \dfrac{\partial C}{\partial b_j^l} = \sum\limits_k \dfrac{\partial C}{\partial z_k^l} \dfrac{\partial z_k^l}{\partial b_j^l} = \dfrac{\partial C}{\partial z_j^l} \dfrac{\partial z_j^l}{\partial b_j^l} \\ z_j^l = \sum\limits_k w_{jk}^l a_k^{l-1} + b_j^l \end{cases}$$

$$\Rightarrow \frac{\partial C}{\partial b_j^l} = \zeta_j^l \tag{6.75}$$

从而就能够由输入正向得到输出，再反向求解参数微分进行参数优化的方式得到最终的网络参数。

通过有监督的预训练及无监督的微调即可完成 DBN 训练过程：开始根据 CD-1 算法经过多次迭代训练第一个 RBM 网络，得到第一个网络的权重及偏置；保持第一个 RBM 的权重和偏置不变，把第一个 RBM 的输出向量作为第二个 RBM 的输入向量；使用 CD-1 算法经过多次迭代训练第二个 RBM，这样就可以得到一个叠加的 RBM 结构，如图 6.21 所示；重复以上步骤，直到最后一层的 RBM 网络；将每一层 RBM 的最优权值和参数作为整个 DBN 网络的初始参数值，并加上 Softmax 分类器和标签，将最后一层 RBM 的输出向量作为 Softmax 分类器的输入向量，然后计算预测标签和真实标签的误差来进行反向 BP 微调。

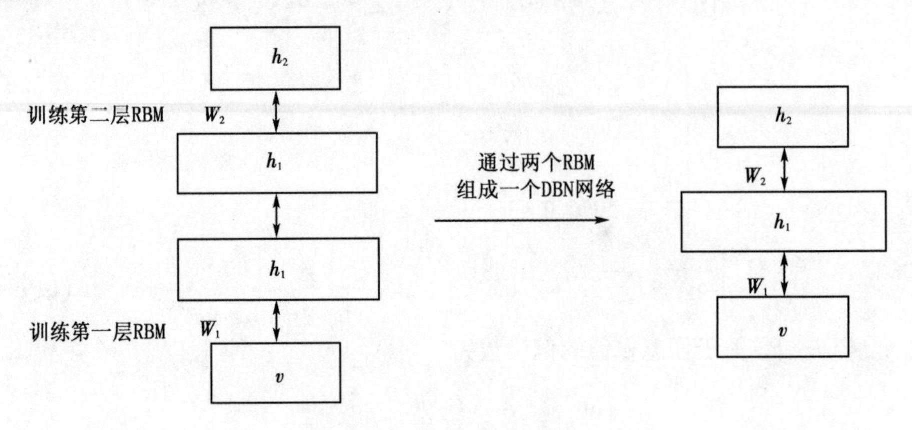

图 6.21　RBM 叠加过程图

6.3.2　基于 DBN 的改进模型算法

(1)基于 DBN 的模型结构

声音信号是非平稳的、随机的信号，复杂信号的处理过程就是声音形成和感知的过程。由于人脑是多层次的结构，因此采用分层的方式来处理声音信号。采用深度学习的模型作为识别系统的声学模型，由于可以模拟人脑的层次化结构，相比浅层的模型有一定的优势。

GMM 本质上是一种浅层的网络结构模型，在样本数量不够多的条件下，对复杂函数的表示能力是有限的，不能充分描述特征的状态空间分布。此外，通常都取几十维的特征参数作为 GMM 的输入，不能完全表示特征之间的相关性；而且，GMM 是通过似然概率来进行建模的，尽管判别训练可以模拟某些样本类之间的区分性，但能力相对有限。

DBN 作为一种深层网络模型，模拟人脑神经元的机制对数据进行非线性学习，具有很多优点。

① DBN 可以构造一种深度的非线性网络模型，实现对复杂函数的逼近，其泛化能力相对较强。

② DBN 能够通过网络的非线性变换降低隐层单元的个数，将高维特征表示降到低维，有效较少计算量，并且可以让特征更加紧凑，得到更好的特征细

节。

③ 所有特征数据共享同一个网络结构，这种方式更有利于提取深层次的特征和增强网络的记忆能力。

④ DBN 经过有监督的预训练和无监督的微调方法，不仅能构建多层的生成模型来发现特征本身，而且标签中有限的信息量可以用于调整类的边界。

随着研究的深入和并行计算能力的提升，发现使用更多层的神经网络相比于单层网络有更好的表示效果，深层网络由于包含特别多的参数，因此有强大的特征记忆能力，就像人们的大脑一样，大脑里的神经元越多，大脑的记忆分析能力就越强，通过深层网络构建的模型来进行分类，分类效果会有显著提升。

为了提升伪装语音的声纹识别性能，本节考虑用深度学习中的 DBN 模型替代传统的 GMM 模型。对声纹识别系统的模型改进如图 6.22 所示。

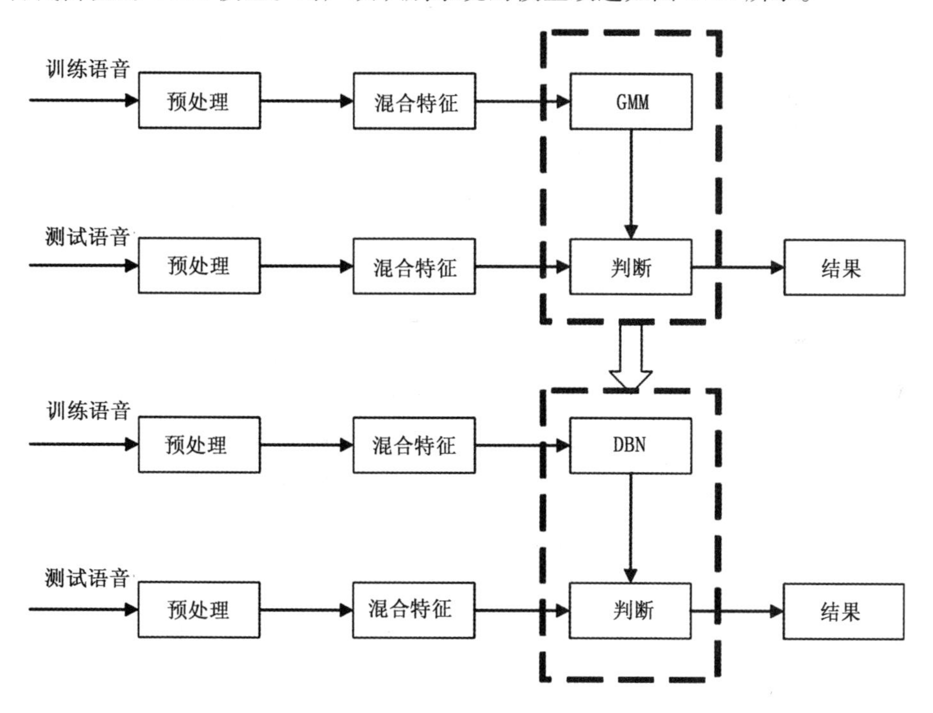

图 6.22　模型改进图

(2) Dropout 策略

因为被训练的样本数据是有限的，而深层网络模型的层数以及神经元的个数较多，所以容易发生在训练集上训练得很好但在测试集上效果不好的过拟合现象。为抑制过拟合问题，可能会想到用 L1 和 L2 正则化，或者减小网络规模。

然而，Hinton 提出在每次对样本进行训练时，可以使一部分的特征检测器停止工作，这将使网络的泛化能力更强，Hinton 称它为 Dropout。

图 6.23 所示为 Dropout 的可视化表示，(a)是应用 Dropout 之前的网络，(b)是应用了 Dropout 的同一个网络。

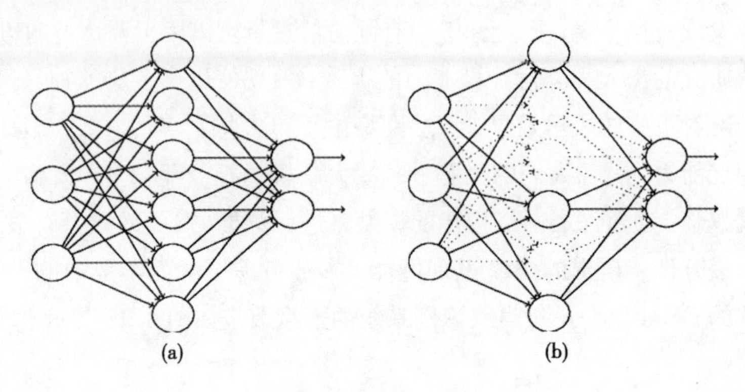

图 6.23 Dropout 的可视化表示

Dropout 虽然可以达到正则化的效果，但是技术与 L1 和 L2 正则化完全不同，L1 和 L2 正则化是调整代价函数，而 Dropout 是调整深度网络本身。Dropout 网络由各种子网络集成，这些子网络由基础网络除去非输出单元而形成，只需将一些单元输出乘以零就可以有效地删除一个单元。Dropout 达到正则化效果的原因，主要可以分为两个方面。

① 达到了一种"投票"的作用。对于全连接的神经网络，使用同一数据去训练不同的神经网络，可能会获得许多个不同的结果，采用"投票"方法使结果中票数多的一方获胜，可以提高网络的准确性和稳健性。相应地，将单个神经网络进行分批处理，然后公用同一个损失函数能够有效地阻止过拟合。

② 有效减少神经元之间的共适应性。全连接网络由于神经单元的随机删除而产生了一定的稀疏化，从而有效地降低了不同特征的协同效应。采用了 Dropout 策略的神经网络可以防止某些特征在其他特征存在时才有效的情况，有效增加了系统的稳健性。

加入 Dropout 策略的深层神经网络的训练和测试会有一些变化。

① 在训练模型阶段，将 Dropout 率定为 p，即某个单元被舍弃的概率为 p，被留下的概率为$(1-p)$。在训练的网络中，每个神经元都要加上一道概率流程，如图 6.24 所示。图 6.24 中没有考虑偏置的存在。

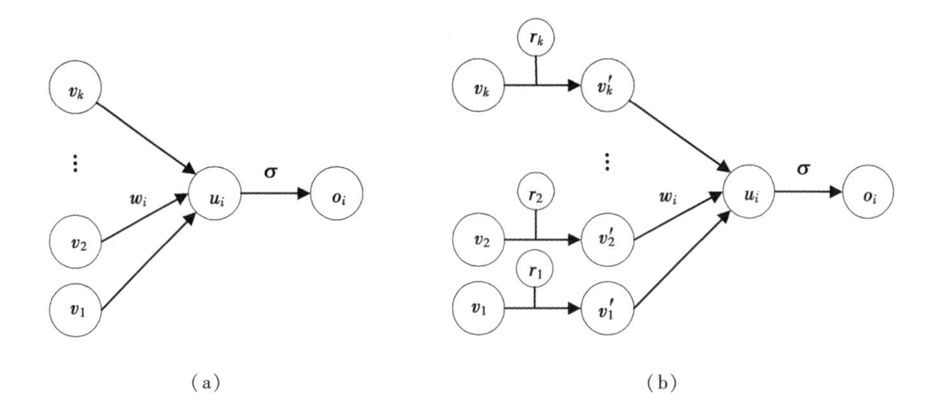

图 6.24　Dropout 网络

没有 Dropout 的网络如图 6.24(a)所示，计算公式如下：

$$u_i = \sum_i w_i v_i \tag{6.76}$$

$$O_i = \sigma(u_i) \tag{6.77}$$

式中，σ——Sigmoid 函数。

有 Dropout 的网络如图 6.24(b)所示，计算公式如下：

$$r_i \sim \text{Bernoulli}(p) \tag{6.78}$$

$$v'_i = r_i \times v_i \tag{6.79}$$

$$O_i = \sigma(\sum_i w_i v'_i) \tag{6.80}$$

式中，r_i ——Bernoulli 函数。

$P(r_i = 0) = p$ ，以概率 p 随机生成一个 0 的向量。对 r_i 进行采样，并逐个与该层的输入相乘，以创建更少的输出。然后，将这些输出用作下一层的输入。这个过程应用在每个层上，相当于从更大的网络中采样子网络。

② 在测试阶段，对训练阶段的集成网络模型进行模拟。采用集成成员的几何平均能不错地近似整个集成的预测，并且只需要一个前向传播的代价。

Dropout 的思想实际上就是把需要优化的模型当作一个集成模型来训练，之后对输出值平均，而不仅仅对单个模型进行训练。因此，隐藏层单元的输出可以表示为

$$O = \frac{1}{1 + \exp(-u)} \tag{6.81}$$

式中，u—— 所有输入单元的线性组合，$u = \sum_i w_i v_i$ 。

以概率 p 随机分配输入单元，将得到 N 种不同种类的网络结构，通过几何平均值直接定义的非标准化概率分布由下式得出：

$$G(O)=\prod_{n=1}^{N}O_n^{\frac{1}{N}} \tag{6.82}$$

式中，$G(O)$ ——输出单元 O 被激活的概率。

相应地，可以求出单元 O 未被激活的概率，如下式所示：

$$G'(O)=\prod_{n=1}^{N}(1-O_n)^{\frac{1}{N}} \tag{6.83}$$

为了得到模型，由式(6.82)和式(6.83)可以推出该单元被激活概率的归一化几何平均值(normalized geometric mean，NGM)为

$$\begin{aligned}\mathrm{NGM}(O)&=\frac{G(O)}{G(O)+G'(O)}=\frac{\prod_{n=1}^{N}\sigma(u_n)^{\frac{1}{N}}}{\prod_{n=1}^{N}\sigma(u_n)^{\frac{1}{N}}+\prod_{n=1}^{N}(1-\sigma(u_n))^{\frac{1}{N}}}\\&=\frac{1}{1+\prod_{n=1}^{N}\left(\frac{1-\sigma(u_n)}{\sigma(u_n)}\right)^{\frac{1}{N}}}=\frac{1}{1+\exp\left(-\sum_{n=1}^{N}\frac{1}{N}u_n\right)}\\&=\sigma\left(\frac{1}{N}\sum_{n=1}^{N}u_n\right)=\sigma(E(u))\end{aligned} \tag{6.84}$$

从式(6.84)可以看出，单元 O 的 NGM 值等效于输入单元线性加权后的期望的非线性变换。考虑第一隐层在 Dropout 之前的输出为 $u=\sum_i w_iv_i$ ，那么在 Dropout 之后的期望值是

$$E(u)=\sum_i(1-p)w_iv_i \tag{6.85}$$

式中，p——丢弃率。

因此式(6.84)可以写成

$$\mathrm{NGM}(O)=\frac{1}{1+\exp(-\sum_i(1-p)w_iv_i)} \tag{6.86}$$

由于在测试阶段每个神经元都是存在的，为了保持同样的输出期望值并使下一层也得到同样的结果，在测试时，需要将权重乘以(1−p)，如图 6.25 所示。图 6.25(a)表示在训练阶段一个神经元存在的概率为(1−p)，并且与下一层神经元连接的权重为 $\boldsymbol{W}$；图 6.25(b)表示在训练阶段神经元总是存在的，并且为了确保期望输出与训练阶段的输出相同，权重被乘以(1−p)。

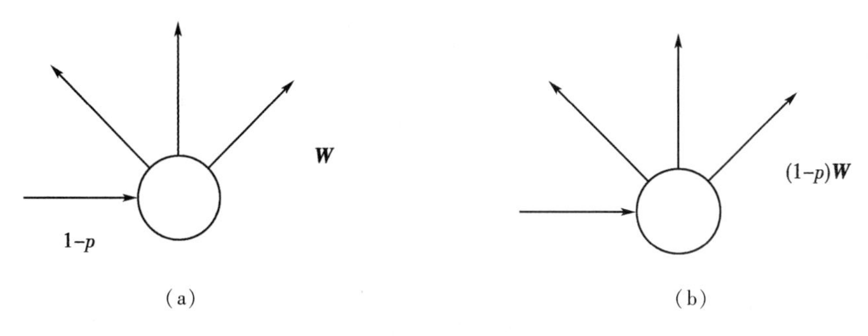

图 6.25　Dropout 网络的权重变换

Dropout 有两个优点。

① 计算方便。在训练期间，采用 Dropout 策略生成 n 个随机二进制数与输入的状态相乘，这样更新每个样本每次只需要 $o(n)$ 的计算复杂度，也可能需要 $o(n)$ 的存储空间来持续保存这些二进制数，直到反向传播阶段。

② 不怎么限制适用的模型或训练过程。它几乎适用于所有采用随机梯度下降训练的分布式表示模型。许多其他具有类似效果的正则化策略有更严格的模型结构的限制，并且在许多分类问题上有更低的泛化误差。

鉴于上述优点，本节考虑引入 Dropout 策略来提高系统识别率。采用 Dropout 策略的改进模型图如图 6.26 所示。

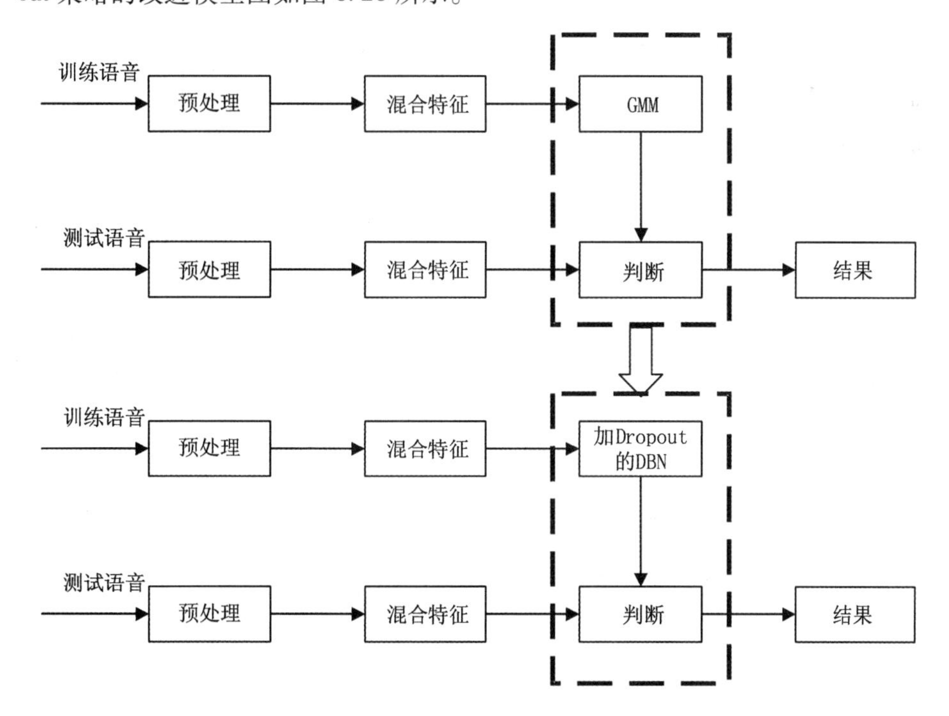

图 6.26　采用 Dropout 策略的模型改进图

6.3.3 实验及结果分析

(1)实验设计

实验所采用的数据库是自建的伪装语音库。由于样本有限，但为了体现深度置信网络的强大建模能力，将训练样本和测试样本进行有重叠的分割，以得到更多的样本。每个训练数据被分割成50份，由于快速语音时间短，所以每个测试数据被分割成15份，其他伪装标签下测试数据被分割成20份。分割后得到的样本数据量如表6.3所示。

表6.3 不同伪装标签下的样本数据量

	快速	慢速	高音	低音	耳语	捏鼻子	咬铅笔
训练数据	2450	2450	2450	2450	2450	2450	2450
测试数据	735	980	980	980	980	980	980

基于DBN模型的伪装语音声纹识别系统可以分成两个部分：一个是对建立说话人模型的训练阶段，另一个是语音的测试阶段。图6.27为基于深度置信网络的说话人识别原理图。

一般的RBM中可视层单元和隐藏层单元的状态取值为0和1，当应用在语音识别时，严重地限制了它的泛化能力，因此用高斯状态来替换第一层RBM的显层神经元的二值状态，第一层RBM则变为高斯-伯努利受限玻尔兹曼机(GBRBM)；其他RBM层则使用伯努利-伯努利受限玻尔兹曼机(BBRBM)。

在声纹识别过程中的训练阶段，如图6.27(a)所示，对采集的语音样本先进行预处理操作，再提取混合特征参数，之后把混合参数作为DBN声学模型的输入；接下来，采用吉布斯采样和CD算法对单个RBM层进行训练，逐层训练直到得到每一层的最优参数，然后将这些参数作为DBN声学模型的初始参数。当无监督训练完成后，Softmax分类器添加到DBN模型的最后一层，来进行有监督的微调。

在声纹识别过程中的识别阶段，如图6.27(b)所示，也需要采用同样的方式对测试集的语音预处理并提取混合特征参数，将混合特征参数作为已经训练好的DBN声学模型的输入向量，由此能够获得待识别语音的标签。将识别阶段得到的标签与已知对应的正确标签进行对比，如果标签是一样的，就代表识别的结果是正确的；否则结果错误，然后计算准确率。

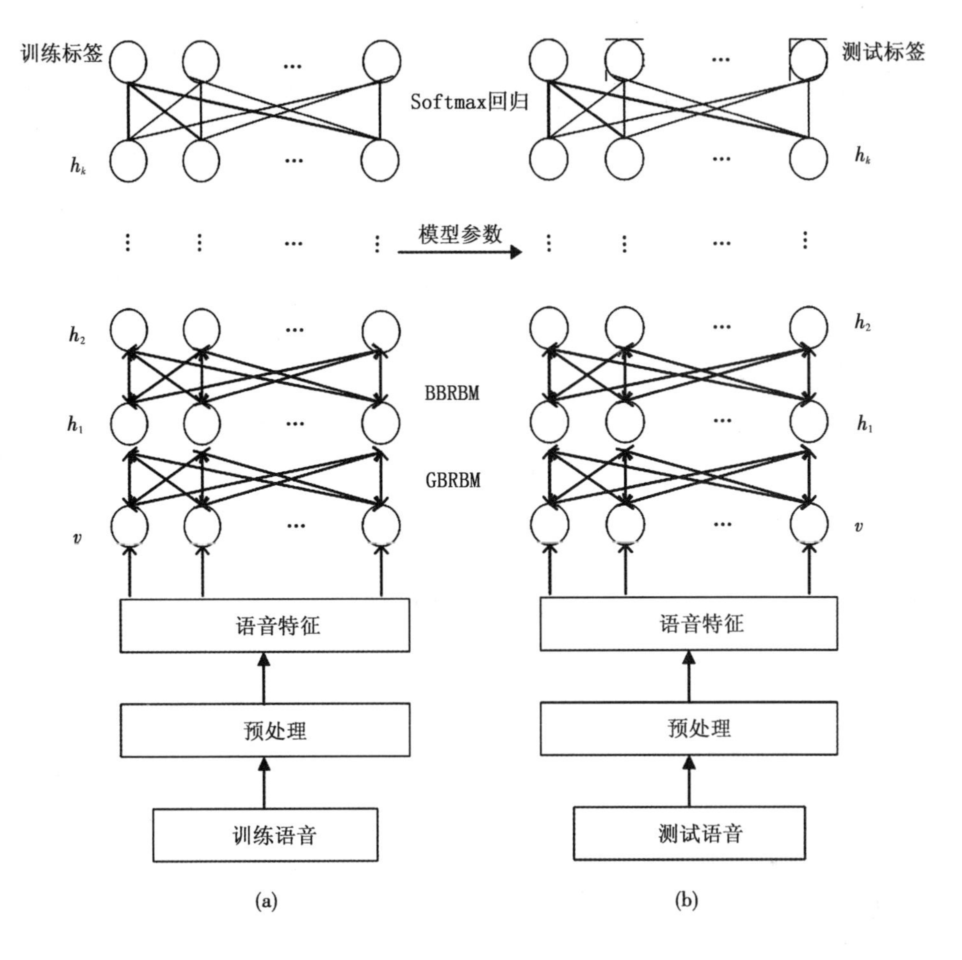

图 6.27　说话人识别原理图

(2)实验结果及分析

① 网络参数设定。

DBN 输入层的信息和输入向量的维数有关；输出层的信息由待识别说话者的人数来确定；隐藏层的确定相对比较复杂，一般根据实践经验确定或者不断地更换隐藏层的个数，直到识别效果达到要求为止。本节的隐藏层层数以及隐藏层单元的个数采用经验值来确定。为了将具有固定输入和输出维度的 DBN 应用于伪装语音的识别，设置 DBN 的最底层的可见单元的状态由以当前帧为中心前后再包含几帧组成。

DBN 网络输入层单元数为 780(每帧对应 39 维混合特征，取 20 帧，共 780 维)，有 3 层隐含层，隐层的单元数分别为 400-200-100，隐藏层使用 Sigmoid

激活函数，输出层用 Softmax 函数作分类，并采用交叉熵损失函数。

② 网络训练。

采用预训练方法来初始化网络的参数，第一个 RBM 用的是高斯-伯努利单元，后几层的 RBM 为伯努利-伯努利单元，CD-k 为 1，RBM 迭代次数为 16 次，DBN 模型迭代 30 次，训练过程中学习速率为 0.005。

对于采用 Dropout 策略的 DBN 模型，方法和上面的相同，只是在模型参数微调时加上 Dropout 策略，丢弃率为 0.2。

③ 平台搭建。

在 pycharm 上基于 tensorflow 框架来搭建声纹识别系统。在此基础上建立 DBN 的模型并加入 Dropout 策略。

图 6.28 为 DBN 及各层 RBM 的损失函数值。图 6.28(a)为 DBN 的损失函数值，图 6.28(b)(c)(d)分别为对应于第一层、第二层和第三层 RBM 的损失函数值。图 6.28 中的细实线为损失函数的值，粗实线为平滑后的损失函数值。从图 6.28 中可以看出，随着迭代次数的增加，损失函数值的整体趋势逐渐减小。

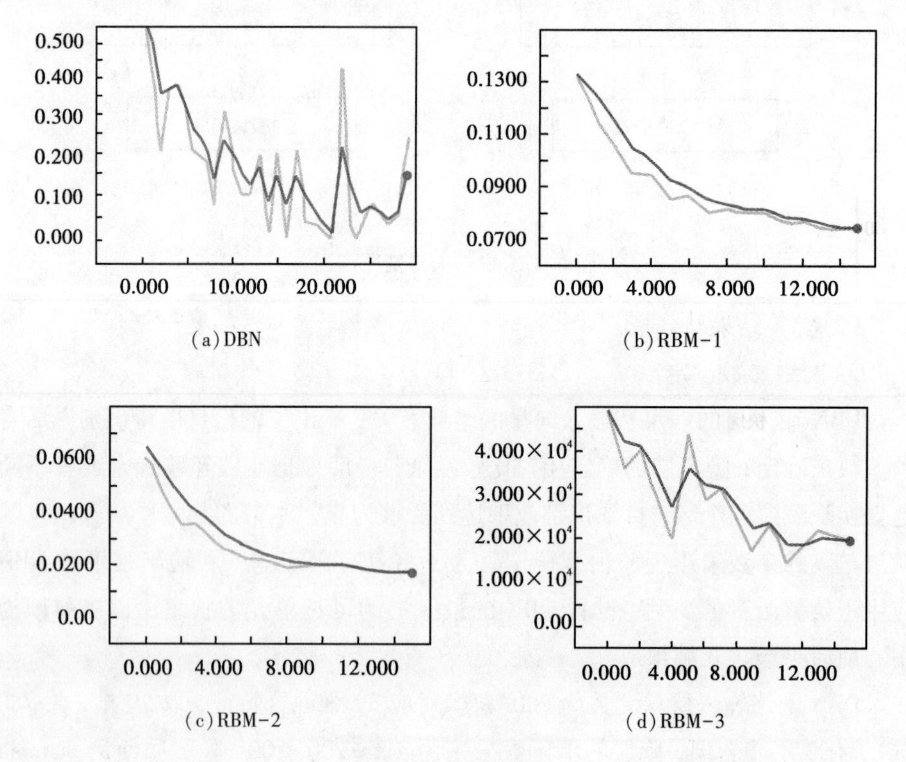

图 6.28 损失函数值

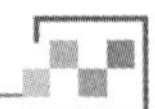

基于 DBN 模型的伪装语音说话人识别系统对于不同伪装语音标签下的识别率如表 6.4 所示。

表 6.4　　基于 DBN 的不同伪装语音的系统识别率　　%

伪装语音	GMM	DBN	加 Dropout 的 DBN
快速	95.92	96.87	97.01
慢速	93.88	95.82	95.92
高音	67.35	76.02	76.84
低音	89.80	90.71	91.22
耳语	40.82	52.85	53.67
捏鼻子	55.10	61.33	61.84
咬铅笔	65.31	70.61	70.92

为了能清楚看到不同声学模型对不同伪装语音标签的识别率，采用柱状图的形式，如图 6.29 所示。

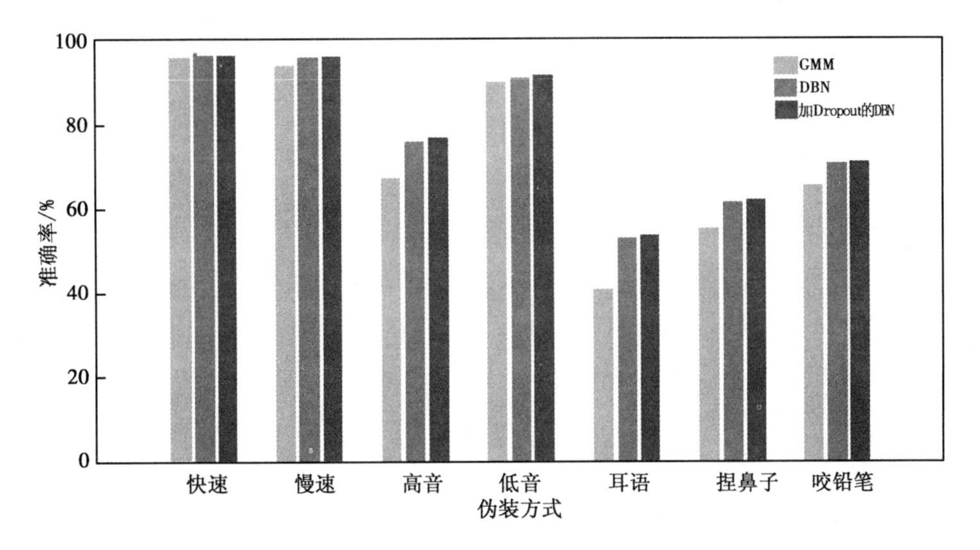

图 6.29　不同声学模型的识别率

从表 6.4 和图 6.29 的实验数据可以了解到，DBN 算法模型在伪装语音数据库上对快速、低音、慢速这三个伪装语音标签的分类效果比较好，识别率都达到了 90%以上，而在捏鼻子和耳语的伪装语音标签上效果相对较低，但是相比于传统的 GMM 模型识别率有所提高。

通过用 GMM 建立声学模型的方法、DBN 建立声学模型的方法和引入 Dropout 策略的 DBN 建立声学模型方法的声纹识别系统的结果比较可以看出，引入 Dropout 策略的 DBN 建立声学模型方法的系统识别率最高，DBN 建立声学模型方法的效果次之，GMM 建立声学模型方法的效果最差。

分析原因，与 GMM 这种浅层网络相比，DBN 这种深层网络所含有的巨型参数能非常详细地描述特征数据，能对有用信息进行挖掘，并且其非线性建模能力能对原始语音信号进行更好的特征表达。DBN 网络特有的结构更让其建模能力异常突出，通过 RBM 以无监督方式预训练得到的参数可以为模型提供良好的初始点，然后通过有监督的反向传播算法微调网络的参数，从而有效解决了深度网络的局部最优情况。

加入 Dropout 策略的 DBN 有更好的识别率，因为其相当于正则化作用，可以防止过拟合，并且有效地增加了神经网络的鲁棒性。

加入 Dropout 策略的 DBN 的声学模型系统的识别率比传统模型有提高，但不是很明显，主要在于模型依旧不够好，使用的参数都是根据经验然后试探性选择的，没有明确的收敛准则，并且输入的样本数量不多，不能更好地体现在大样本情况下深度学习的优势。

6.4 本章小结

本章主要分析了基于 GFCC 与共振峰的伪装语言如何提取特征、基于 RBM 的无监督预训练和基于 BP 算法的有监督参数调优的 DBN 训练过程。采用 GBRBM 和 BBRBM 构造深度置信网络，在训练过程中，模型的参数由吉布斯采样以及对比散度方法进行更新，在深度置信网络的顶层引入 Softmax 回归，并采用 BP 算法对模型的参数进行精细调整，得到的模型便可作为伪装语音的声纹识别模型。最后结合 Dropout 策略来提高伪装语音的声纹识别系统的性能。结果表明，基于 GFCC 和基于 DBN 模型的声纹识别系统，对伪装语音有更高的识别率，加 Dropout 策略后，由于引入了正则化，可以进一步提高系统的识别性能。

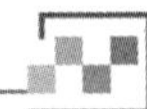

第 7 章　基于语音信号的心理压力分级与识别

7.1　基于语音和生理信号的心理压力分级

目前心理压力情感识别分析在图像理解、司法、安全领域的智能监控、机器人技术和虚拟现实技术等领域都有着重要的应用价值。利用数据挖掘和融合技术进行智能分析，针对具有高危高压工作性质的人群，进行多模态无创信息采集和监测，可根据反馈信息进行及时的危机干预和救治。同时在刑事侦查审讯中，根据所识别出的压力情感状态，判断被测者的心理状态，可提高测谎结果的准确性[138-142]。

对心理压力进行准确评估，需要对心理压力进行精确分级。传统的心理压力评估主要通过晤谈、调查问卷等方式进行，需要被试主动配合，具有受主观影响较大的局限性[4]。而语音和生理信号的产生受自主神经系统的支配，不被个体意识控制[5-6]。基于语音和生理信号对心理压力进行研究，在人体意识未察觉的情况下评估心理压力，相较于传统方式更能准确反映人体真实压力状态，为后续的心理压力评估提供数据支撑。

目前，仅从生理信号进行心理压力评估研究的学者较多，M. Huiku 在 1997 年提出了手术压力指数(surgical stress index, SSI)，他认为心跳间隔(heartbeat interval, HBI)和体积描记脉搏波幅度(plethysmographic amplitude, PPGA)是手术过程中病人心理压力的直接反映[138-139]。陈义峰在此基础上提出了心理压力指数(psychological stress index, PSI)的计算，计算方法与 SSI 一致[143]。文献[144]表明，压力程度与 R-R 间期具有极大相关性，且压力程度越高，R-R 间期复杂度越高。从语音信号出发，也有许多学者研究其与心理压力的直接关系，文献[145-149]均基于机器学习的方法，基于语音信号对心理压力的反馈进行了不同研究。结合语音和生理信号对心理压力进行的研究目前仅停留在识别压力群体与健康群体的状态，文献[150]结合脑电和语音信号，基于机器学习对心理压力进行了探索，实验结果表明，脑电和语音信号能较好区分压力人群和健康人群。

为对压力程度进行精确分级，本章基于语音和生理信号提出多模态的心理压力等级识别方法，实时采集并获取被试者的语音信号和包括心跳间隔、脉搏（pulse rate，PR）、血氧浓度（oxyhemoglobin，SpO_2）与血流灌注指数（perfusion index，PI）在内的生理信号进行心理压力识别分析，避免了单通道心理压力评估误差大的局限性。为克服 PSI 计算过程中获取 PPGA 的困难，提出了一种改进的 PSI 计算模型，同时基于深层语音情感压力分析软件对所提出的识别模型进行验证。该方法的建立填补了压力程度等级识别的空白，为高危高压工作人群心理压力的准确识别奠定了理论基础。

7.1.1 心理压力多模态参数影响分析

随着情感传感技术的发展，多种方法被用于心理压力评估，包括物理评估方法和生理评估方法。物理性的评估主要包括视觉语音、语音和肢体动作等，生理性评估借助监测设备来探测生理信号波动情况。语音作为人类交流的重要载体之一，不仅承载着语义内容，还包含丰富的情感信息。语音信号中用于情感识别的特征大致分为三类：韵律特征、音质特征和谱特征，包括能量、音高、过零率、共振峰、梅尔倒谱系数等[151]。不同程度的心理压力对这些情感特征将起到不同的影响。目前基于机器学习对语音情感特征进行提取，并进行心理压力识别的算法已获得较好的识别率。

由于自主神经系统的活动，当人体处于某种压力状态时，身体内部会发生一系列生理变化，任何一种压力状态都可能伴随几种生理特征的变化，而生理特征的变化由自主神经系统和内分泌系统支配，很少受人类主观控制，因此采用生理信号进行压力评估具有客观性。由于这一特性，通过生理指标，如通过 HBI、PR、SpO_2和 PI 等生理信号的变化，可获取人体特定压力唤醒水平信息，进而识别人体内在压力状态。

自主神经系统包括交感神经系统和迷走神经系统。在个人面对压力源时，交感神经系统通过促使心肌与周边血管收缩等方式调整心血管系统，以适应压力的刺激。急性压力使心脏的搏动更加快速有力。HBI 又称 R-R 间期，指的是

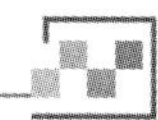

心脏连续跳动之间的时间间隔，是可以用来衡量人体心脏活动的一种指标，评估房室传导阻滞，可以用于心理压力的检测识别，通常范围是0.6～1s，如图7.1所示。

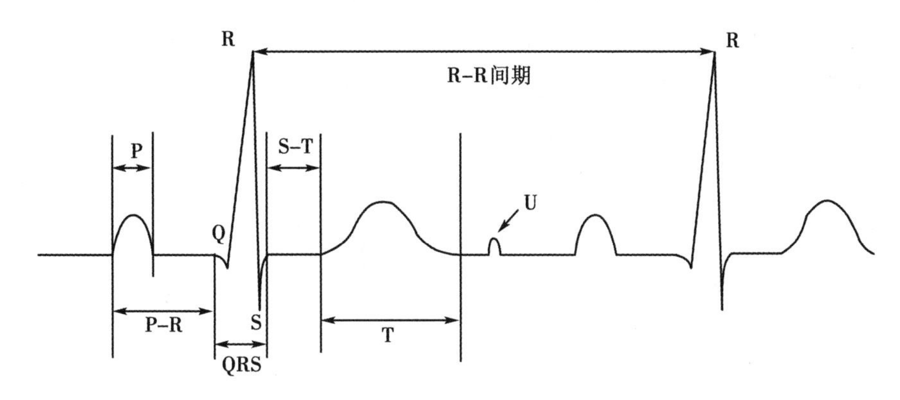

图7.1　标准心电信号波形图

人体循环系统由心脏、血管和血液组成，血液经心脏的左心室收缩而挤压进入主动脉，当大量血液进入动脉时，会使动脉压力增大而使管径扩张，在体表较浅处即可感受到此扩张，即所谓PR，正常范围为60～100次/分钟，PR信号可通过PR传感器获取。当人处在压力大的负面情感状态下时，人类PR信号能量和频率都会产生变化，对身体健康有着极大危害。

人体的新陈代谢过程是生物氧化过程，氧通过呼吸系统进入人体血液，与血液红细胞中的血红蛋白(Hb)结合成氧合血红蛋白(HbO_2)。SpO_2是指血液中被氧结合的HbO_2的容量占全部可结合的Hb容量的百分比，即血液中血氧的浓度，是心理压力指数计算的重要生理参数。目前采集SpO_2信号主要使用指套式光电传感器，正常范围是98～100。

PI是指血流灌注指数，反映脉动血流情况，即反映血流灌注能力。脉动的血流越大，导致脉动分量越多、PI值越大。测量部位和病人本身的血流灌注情况都将影响PI值。由于交感神经会影响心率和动脉血压，人体的神经调节系统或精神状态也会间接影响PI值。即不同压力状态下，被试PI值也不同。PI还能表明被试本身肢体状况问题，当出现低灌注时，表明被试有本身原因造成的如心脏问题、休克等情况，同时也反映由外部因素造成的末梢循环较差等情况。

7.1.2 心理压力等级识别分析

心理压力等级识别分析主要包括压力诱发、数据采集、数据预处理、PSI 的计算和心理压力等级识别五个方面。其中，压力诱发程度和各信号参数在同个时段内呈现同步性的变化，即调节压力的诱发程度，能够引起被试者压力程度的变化，同时对应语音信号及生理信号的同步变化。通过生理信号监测设备获得 HBI、PR、SpO_2和 PI 数据，计算出人体的 PSI，分析量化出心理压力水平，建立特定的心理压力等级识别模式，最终通过深层语音压力分析软件进行检验验证。心理压力等级识别分析具体流程图见图 7.2。

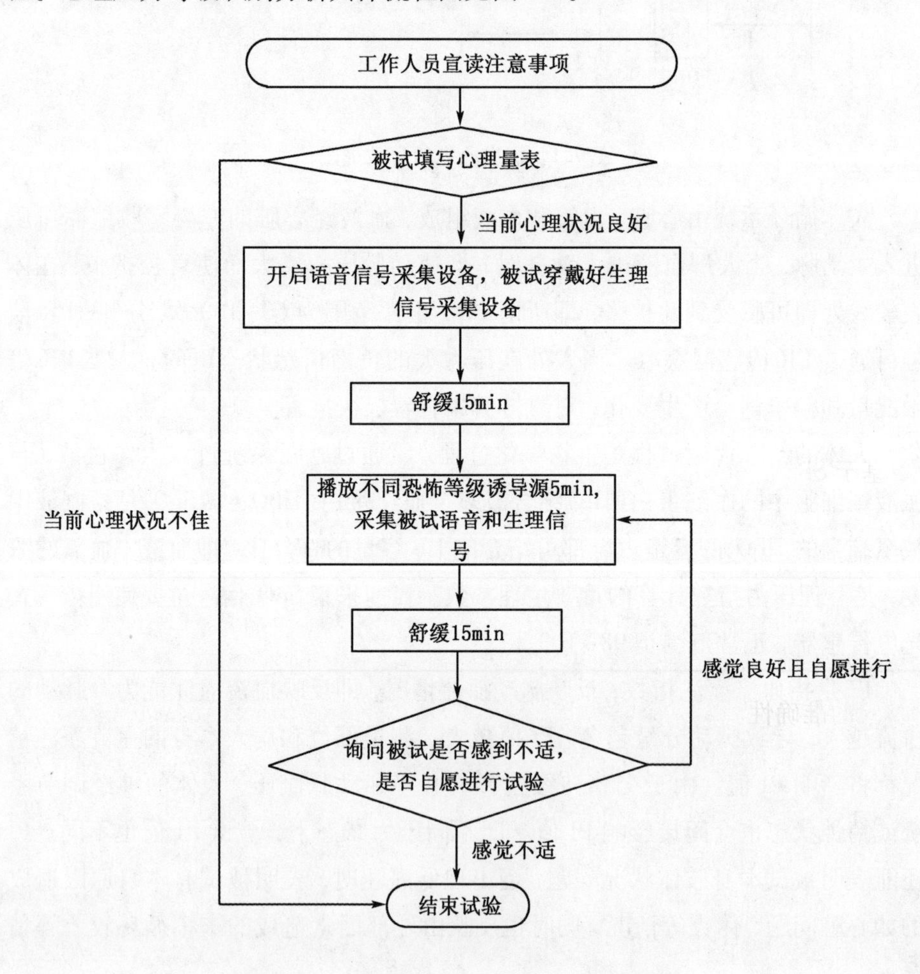

图 7.2 心理压力等级识别分析具体流程图

(1)压力诱发

招募被试者共 14 人，年龄为 22—40 周岁，身心健康，视觉、听觉正常，过往无精神及神经性疾病史，且自愿参与试验。被试者采集数据前 4h 内均未参与剧烈运动，试验前一周内均未服用任何药品。基于已有的心理压力诱导源库对被试者的心理压力进行唤起。心理压力诱导源库包括：① 人群聚集、大量人员持有器械；② 抢砸物品、打架冲突；③ 流血、有人倒地不起；④ 有肢体掉落(如手臂被砍掉)。四种诱导级别由低到高的视频 68 段，舒缓压力的轻音乐 70 首。

压力诱发素材的呈现，采用高性能计算机系统，视频呈现屏幕与被试距离约 50cm，素材播放时要求被试佩戴奥地利爱科技公司的 K701 高保真头戴式耳机，确保压力充分唤起。诱发被试者不同程度的心理压力时，持续播放诱导源压力素材 5min，以唤起被试不同程度的心理压力。

(2)数据采集

生理信号的监测与记录基于武汉中旗生物医疗电子有限公司的 PM-7000D 多参数监护仪，该设备主要由心电监护模块、呼吸监护模块、血氧饱和度监护模块、体温监护模块、血压监护模块和记录仪构成，可采集心电、心率、呼吸率、体温、血氧饱和度、脉率、血压和血流灌注指数等多种生理信号参数。工作人员实时记录被试生理信号参数，每隔 2s 计数一次，将所有数据整合并制表后，基于 SPSS 软件进行统计分析，计算变化率和 PSI，对心理压力等级进行识别。

数据采集时，实验室保持安静、通风，室内除被试 1 名与工作人员 1 名无闲杂人员，同时确保被试座椅舒适以及设备穿戴舒适。工作人员首先向被试者宣读注意事项，要求被试及时报告不适并用完整语句回答问题，以确保语音压力检验的准确性。然后是被试填写心理应激自测量表(psychological stress self-measurement),即 PSTR 环节，工作人员根据量表确定被试当前心理状况良好后，为被试穿戴好生理信号监测设备，包括心电导连电极片和指戴式血氧浓度监测设备。为被试播放 15min 的舒缓轻音乐，记录被试无压力状态下的生理信号参数，同时询问被试当前压力状况。确保被试做好心理准备后，为被试顺次播放诱导源诱发压力，从最低级诱导程度的视频开始播放，每次播放一种程度的视频，每个视频播放持续时间为 5min，并对该视频诱发压力情况下的生理参数进行测量和记录。每次视频播放结束后对被试进行 15min 的情绪平复，播放轻松舒缓的轻音乐，并询问被试当前压力状况。观看完四级的诱导源并舒缓压力后数据采集结束，工作人员整理好数据并妥善保存。

(3)数据预处理

对心理压力等级进行识别需要有不同压力状态下准确的 PSI 值域。将生理信号原始值直接代入 PSI 模型无法得到正确结果，由于 PSI 受性别、年龄和工作经历等的影响，不同人群无压力状态的生理信号本身差异较大，压力唤起后生理信号的波动也不同，对 PSI 的计算应采用基于无压力状态初始值的变异率，以准确反映被试者生理信号的波动情况。基于不同生理信号波动范围差异较大，为统一量纲，对生理信号变异率还应进行标准化。

将数据分别按时序排列，取舒缓压力环节稳定时间较长的值作为初始数据，分别记为HBI_0、PR_0、SpO_{20}和PI_0。基于 SPSS 软件，根据式(7.1)~式(7.4)计算各生理参数相对于初始值的变异率，并分别记为 ΔHBI、ΔPR、ΔSpO_2和 ΔPI。

$$\Delta HBI=\frac{HBI_i-HBI_0}{HBI_0} \tag{7.1}$$

$$\Delta PR=\frac{PR_i-PR_0}{PR_0} \tag{7.2}$$

$$\Delta SpO_2=-\left(\frac{SpO_{2i}-SpO_{20}}{SpO_{20}}\right) \tag{7.3}$$

$$\Delta PI=-\left(\frac{PI_i-PI_0}{PI_0}\right) \tag{7.4}$$

根据式(7.5)~式(7.8)对各生理信号参数的变异率进行归一化，分别记为ΔHBI_{norm}、ΔPR_{norm}、$\Delta SpO_{2\,norm}$和ΔPI_{norm}。标准化后的各参数量纲统一，可直接代入模型计算 PSI 值。

$$\Delta HBI_{norm}=\frac{\Delta HBI_i-\Delta HBI_{min}}{\Delta HBI_{max}-\Delta HBI_{min}} \tag{7.5}$$

$$\Delta PR_{norm}=\frac{\Delta PR_i-\Delta PR_{min}}{\Delta PR_{max}-\Delta PR_{min}} \tag{7.6}$$

$$\Delta SpO_{2\,norm}=\frac{\Delta SpO_{2i}-\Delta SpO_{2\,min}}{\Delta SpO_{2\,max}-\Delta SpO_{2\,min}} \tag{7.7}$$

$$\Delta PI_{norm}=\frac{\Delta PI_i-\Delta PI_{min}}{\Delta PI_{max}-\Delta PI_{min}} \tag{7.8}$$

(4)PSI 的计算

① PSI 模型的改进。

文献[138]中基于HBI_{norm}和$PPGA_{norm}$进行了最小二乘估计，拟合出如下 PSI 计算模型：

$$SSI=100-(0.7\times PPGA_{norm}+0.3\times HBI_{norm}) \tag{7.9}$$

该模型至今仍被广泛应用于临床医学科研领域。

陈义峰基于 SSI 提出了 PSI 的概念[143]，计算模型与 SSI 相同：

$$PSI=100-100\times(0.7\times PPGA_{norm}+0.3\times HBI_{norm}) \tag{7.10}$$

由于 PPGA 的数据采集要求较高，需要高精度医学仪器，较难获取，因此，基于四种在常见生理信号监测仪上均能采集到的 HBI、PR、SpO_2和 PI 参数，提出一种新的 PSI 计算模型，改进后的模型如下：

$$PSI=100\times(0.7\times\Delta HBI_{norm}+0.1\times\Delta PR_{norm}+0.1\times\Delta SpO_{2\,norm}+0.1\times\Delta PI_{norm}) \tag{7.11}$$

② PSI 的计算。

基于式(7.11)对 PSI 进行计算，将经预处理的生理参数 ΔHBI_{norm}、ΔPR_{norm}、$\Delta SpO_{2\,norm}$和 ΔPI_{norm}代入模型，计算过程见图 7.3。对 PSI 的计算结果进行基于均值和极差的分析，可对心理压力进行精确等级识别。

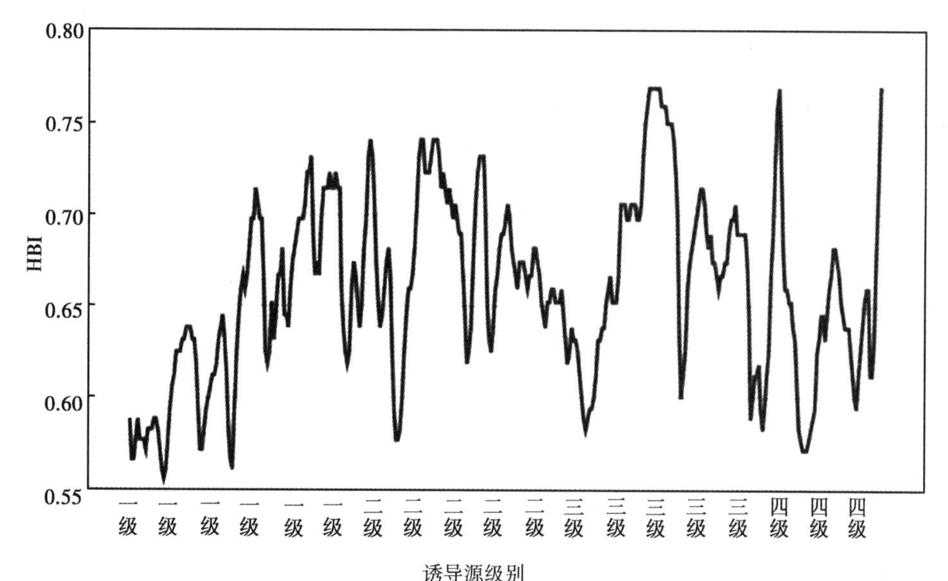

(a)HBI 随诱导源级别变化曲线

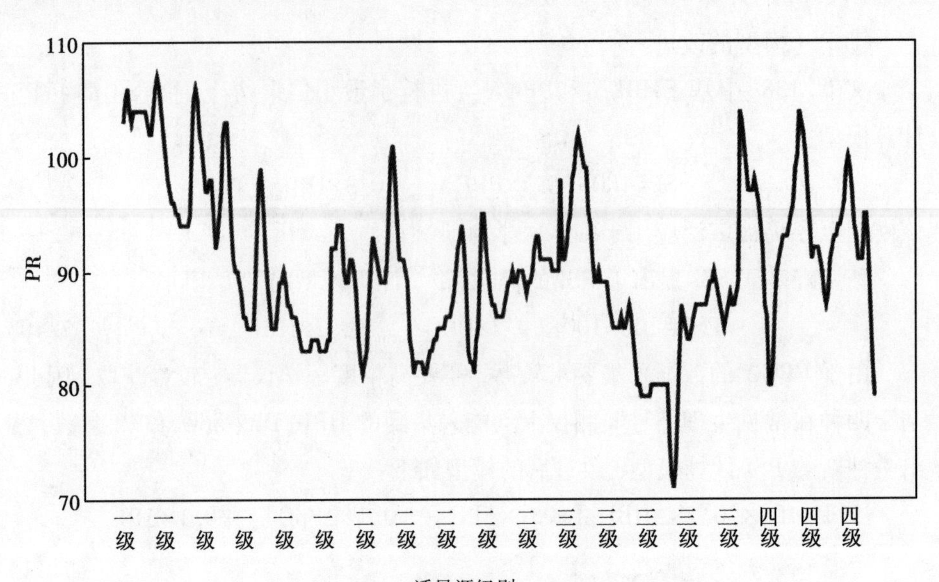

(b)PR 随诱导源级别变化曲线

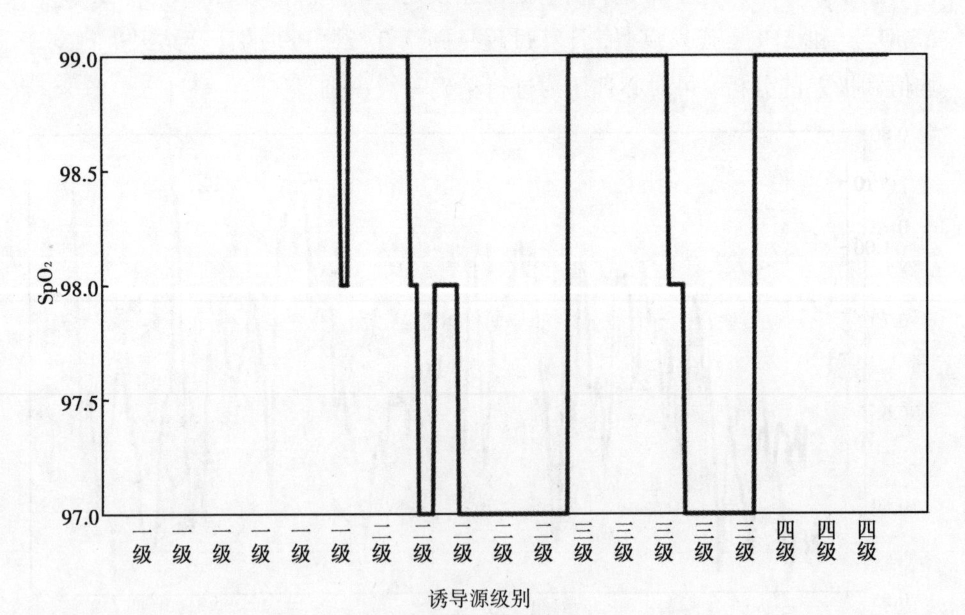

(c)SpO_2随诱导源级别变化曲线

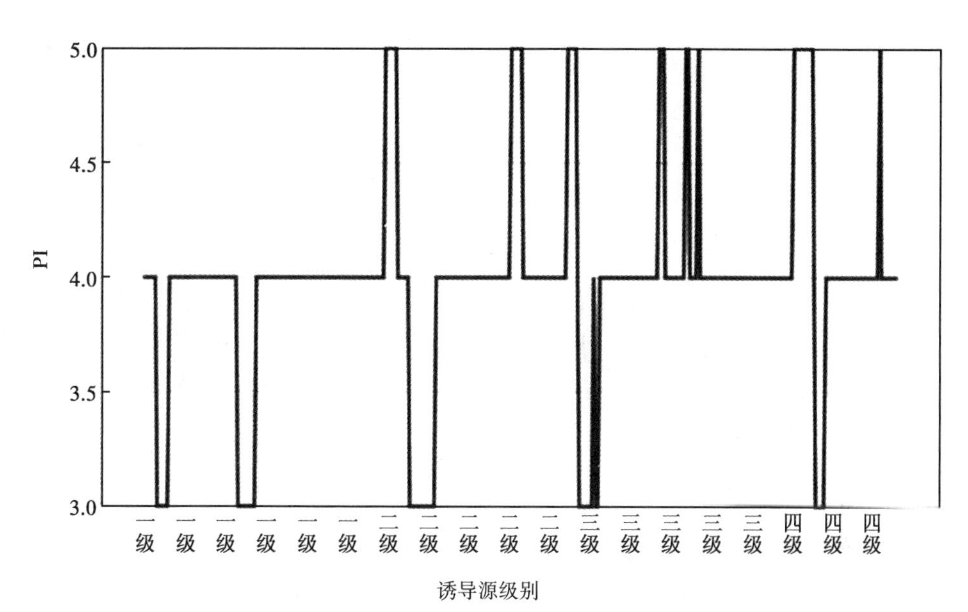

(d) PI 随诱导源级别变化曲线

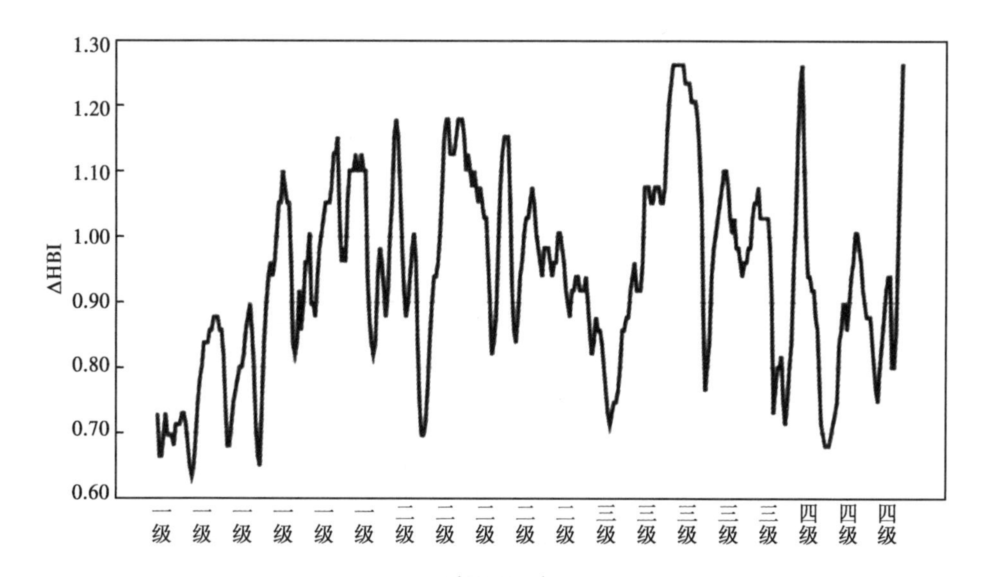

(e) ΔHBI 随诱导源级别变化曲线

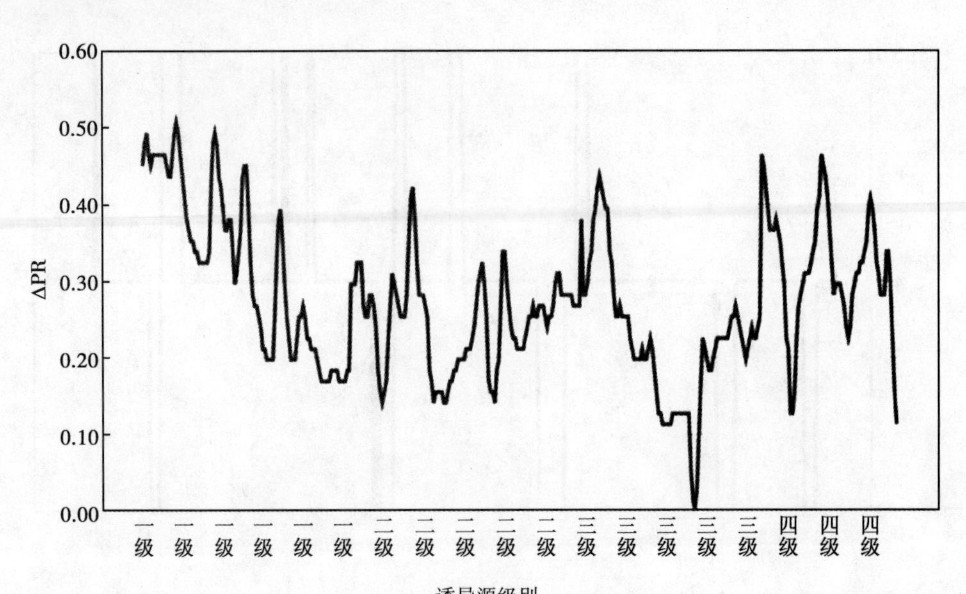

(f) ΔPR 随诱导源级别变化曲线

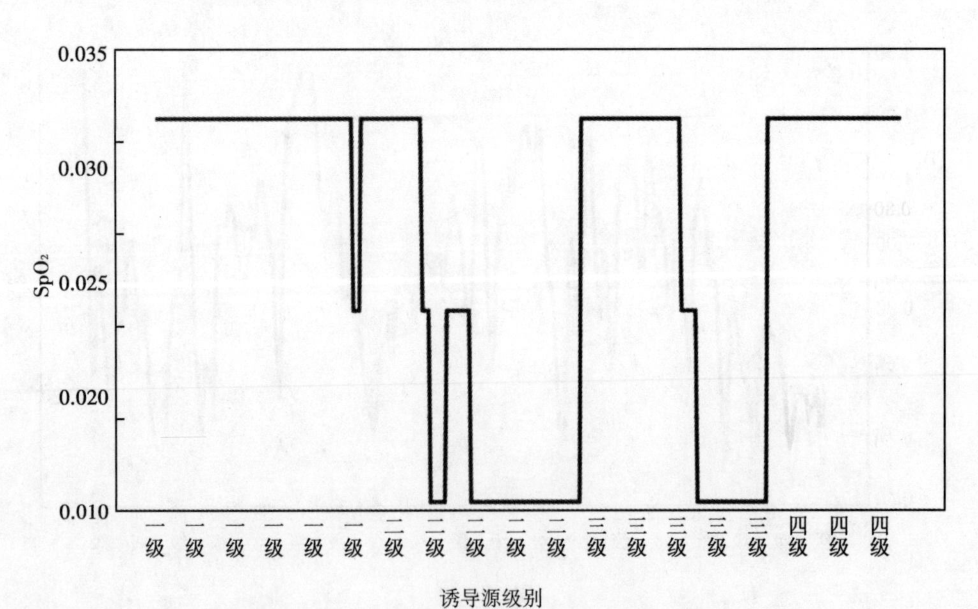

(g) ΔSpO_2随诱导源级别变化曲线

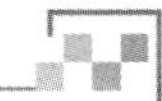

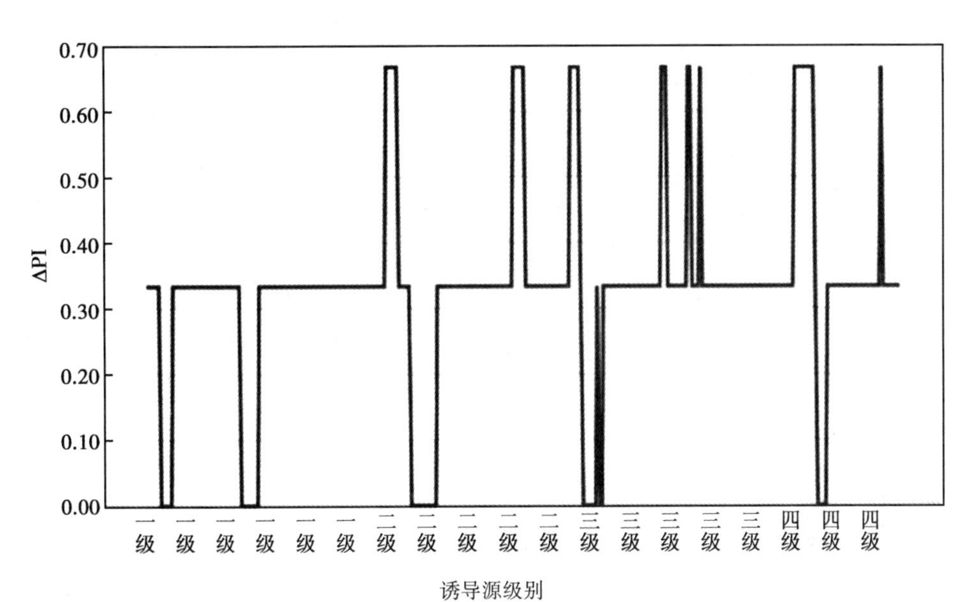

(h) ΔPI 随诱导源级别变化曲线

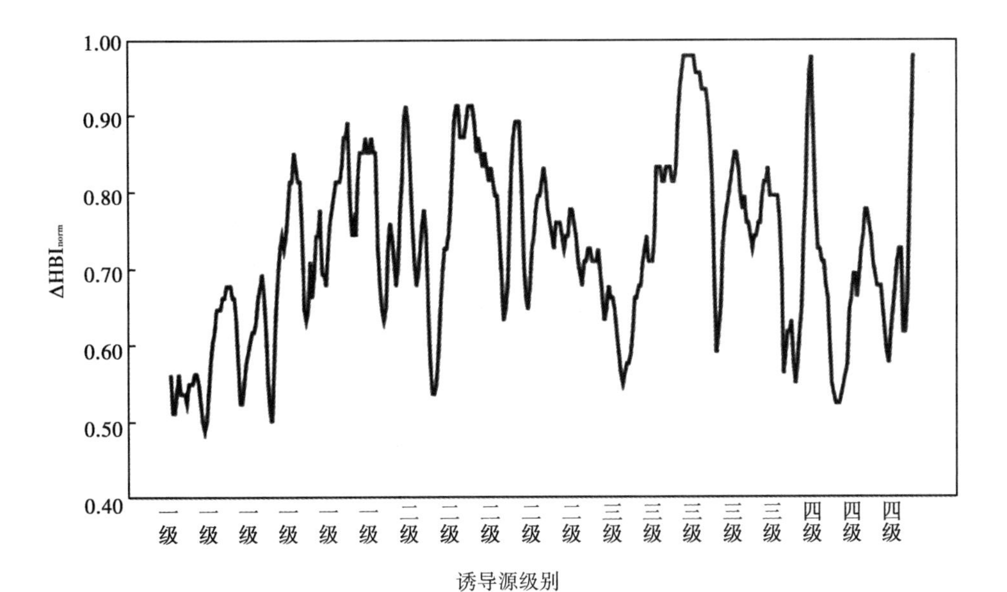

(i) ΔHBI_{norm} 随诱导源级别变化曲线

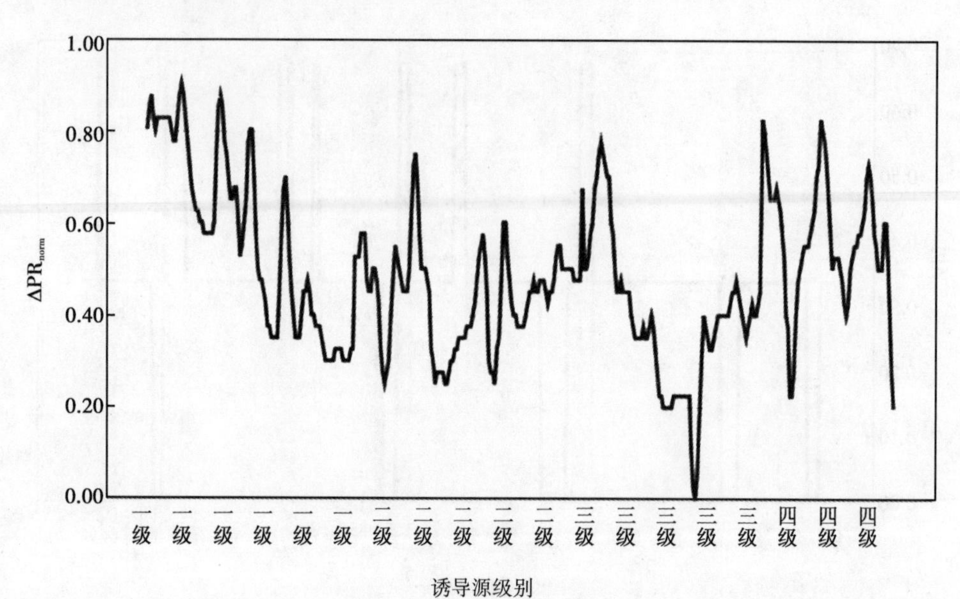

(j) ΔPR_{norm} 随诱导源级别变化曲线

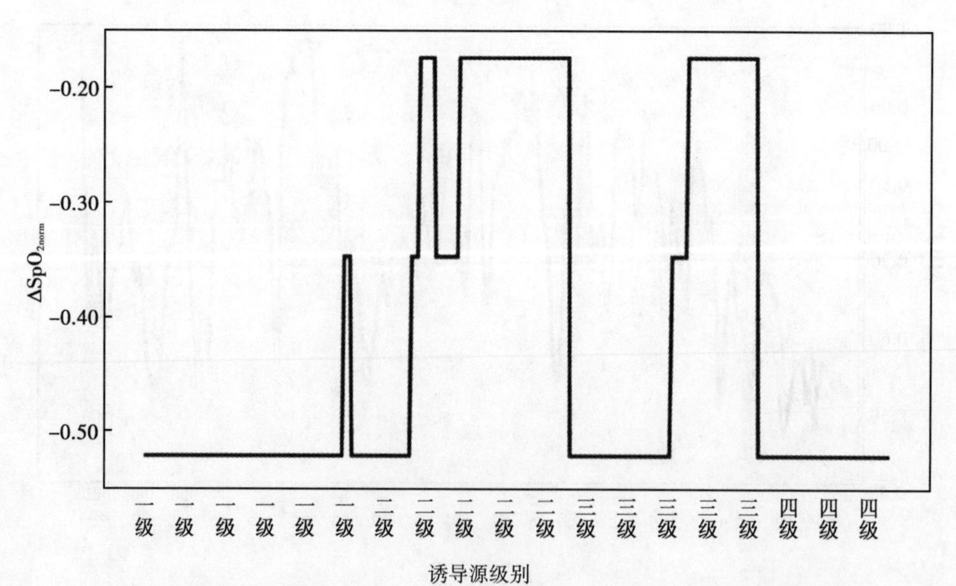

(k) $\Delta SpO_{2\,norm}$ 随诱导源级别变化曲线

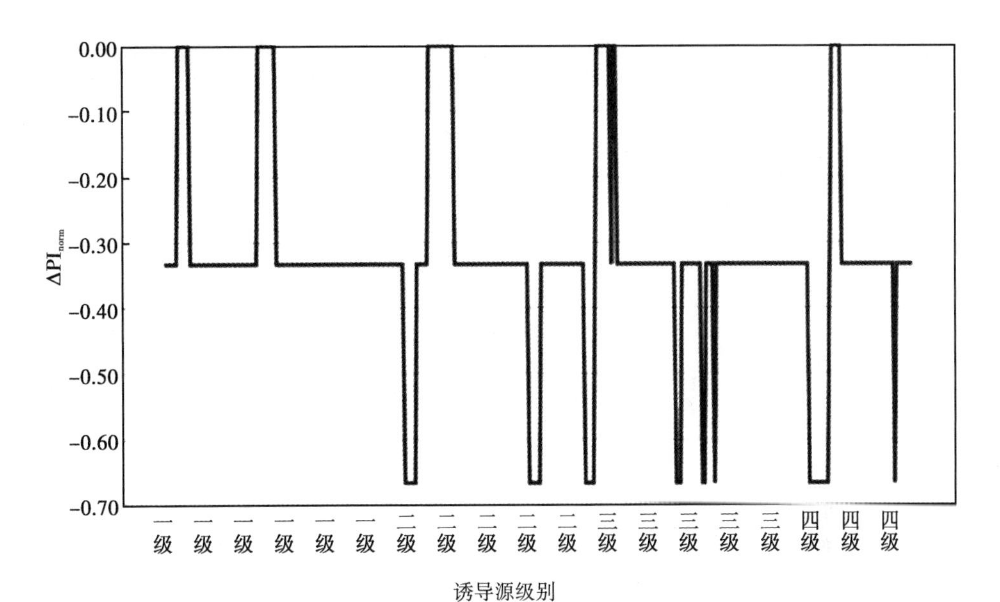

(l) ΔPI_{norm}随诱导源级别变化曲线

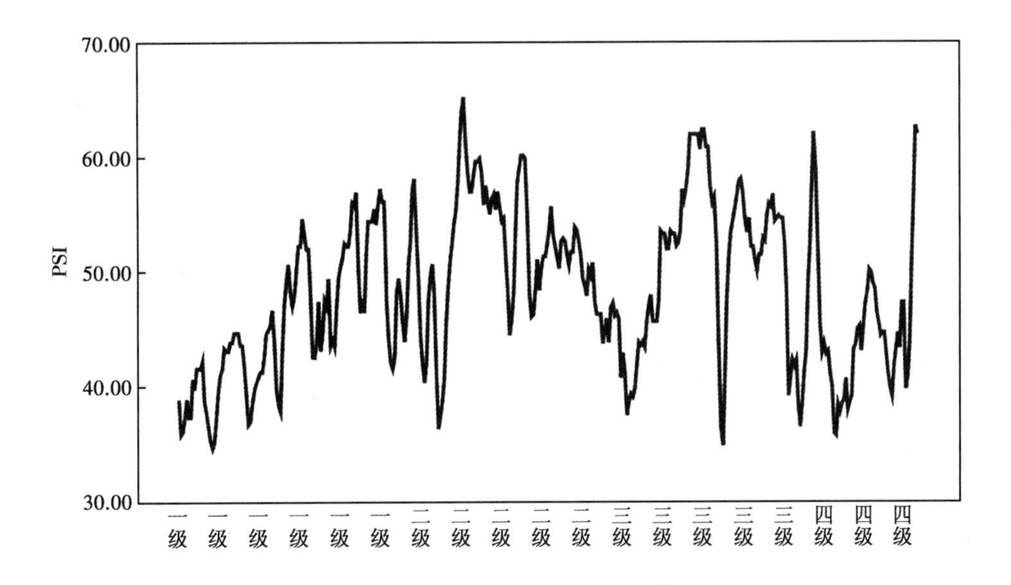

(m) PSI 随诱导源级别变化曲线

图 7.3　不同生理指标随诱导源级别变化曲线图

(5)心理压力等级识别

对同一被试者计算不同压力状态下 PSI 的均值和极差，由于个体差异性，将 PSI 按顺序排列，数值大的代表心理压力较大的，反之代表心理压力较小的。对心理压力状态进行分级后，计算结果见表 7.1。

表 7.1　　PSI 均值和极差表

压力等级	一级	二级	三级	四级
均值	17.92	21.31	28.07	31.28
极差	21.59	31.48	41.05	53.10

表 7.1 表明，均值数据较密集，不同心理压力状态的差异保持在 3~7，整体值域在 17~32；极差数据较离散，不同心理压力状态的差异在 9~12，整体值域在 21~54。

根据均值和极差将心理压力分为五级，其中均值分级划分范围是：一级 0~18(不含)，二级 18~21(不含)，三级 21~28(不含)，四级 28~32(不含)，五级 32~100；极差分级划分范围是：一级 0~22(不含)，二级 22~31(不含)，三级 31~41(不含)，四级 41~53(不含)，五级 53~100。根据均值和极差可将心理抗压能力分为优、良、正常、弱和差五级，将数据保留整数以便数据处理。分级结果见表 7.2。

表 7.2　　均值分级表

抗压能力	PSI 均值范围	PSI 极差范围
优	0~18(不含)	0~22(不含)
良	18~21(不含)	22~31(不含)
正常	21~28(不含)	31~41(不含)
弱	28~32(不含)	41~53(不含)
差	32~100	53~100

7.1.3　基于语音信号的心理压力等级识别验证

“深层语音分析(layered voice analysis，LVA)”软件是以色列国防部研发的核心技术，通过其专有的核心算法，在待测语音中抽取出 150 个参数进行压力程度分析，精确计算被试者真实压力状态，并将其分为三级：有压力、高压力和极高压力。基于 LVA 软件对被试者语音进行压力等级验证分为数据采集、数据处理和验证分析三部分。

（1）数据采集

语音的采集基于日本奥林巴斯株式会社的 LS－12 微型数码录音机。工作人员根据 PSTR 量表确定被试者可开始生理信号采集时，即可开始采集语音。生理信号采集结束时，即可结束语音的采集。

（2）数据处理

音频转存至计算机后，为 MP4 格式。对原始音频基于 Audition 软件进行降噪处理，去除生理信号监测设备警报声及实验室杂音。将音频格式转换为采样率为 11250Hz 的单声道 wave 格式，导入软件进行压力等级识别。音频被自动分割为语料片段后对其进行听觉分析，将被试语音判定为待测检材，将工作人员语音判定为待剔除噪声。对每名被试建立一个项目，进行自动压力级别分析。对同一被试者不同压力状态下的检测结果显示为有压力、高压力和极高压力的语料数目进行记录，检测结果见表 7.3。

表 7.3　　不同压力等级语音信号出现的次数

诱导源等级	有压力	高压力	极高压力	合计
一级	9	4	1	14
二级	4	12	5	21
三级	6	8	11	25
四级	3	4	9	16
合计	22	28	26	76

（3）验证分析

计算不同压力级别语料出现的次数占总语料数的比例（见表 7.4），与 PSI 随诱导源级别变化曲线图（见图 7.4）进行比对检验。检验结果表明，当诱导源级别为一级时，有压力语料最多，占 64%，极高压力语料极少，占 7%，整体压力等级偏低；当诱导源级别为二级时，有压力语料较少，高压力语料较多，整体压力等级适中偏高；当诱导源级别为三级时，各压力级别语料分布较平均，但极高压力语料较多，整体压力等级较高；当诱导源级别为四级时，极高压力语料在整段音频出现得最多，整体压力为极高。

表 7.4　　不同压力级别语音信号出现的比例　　%

诱导源等级	有压力	高压力	极高压力
一级	64	29	7
二级	19	57	24

续表7.4

诱导源等级	有压力	高压力	极高压力
三级	24	32	44
四级	19	25	56

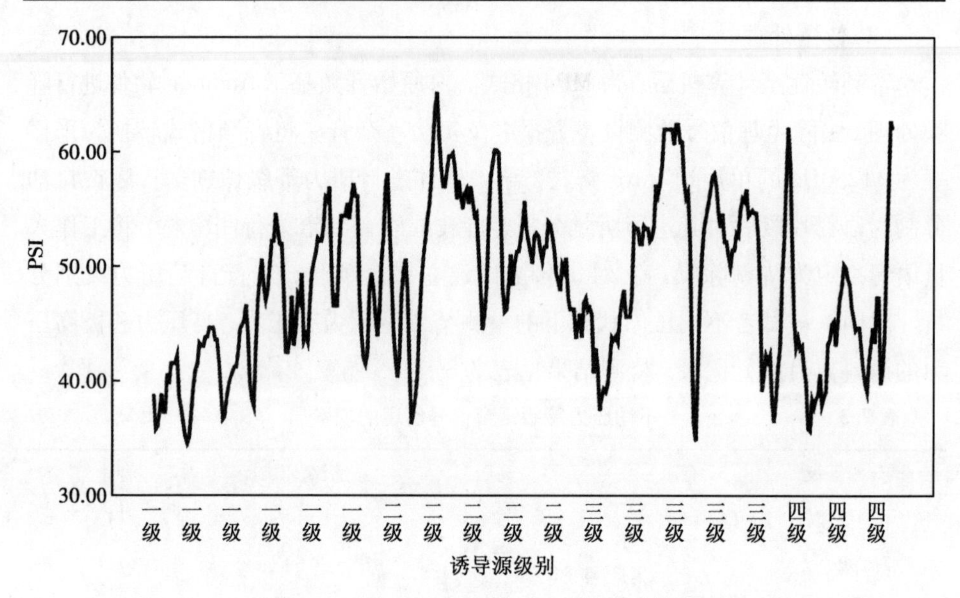

图 7.4 基于语音的心理压力级别识别曲线

结合 PSI 随诱导源等级变化曲线图进行检验分析，分析结果表明：基于改进后新模型计算的 PSI 对人体真实心理压力状态的拟合效果很好，能真实呈现被试者心理压力状态，为心理压力等级识别提供了准确的数据支撑。

7.2 基于 MFCC 和 GFCC 混合特征的语音情感识别研究

随着人工智能时代的到来，计算机的发展给人类的工作和生活方式带来了天翻地覆的变化，人机交互技术成为突破计算机与人类交流瓶颈的关键技术[152-154]。情感识别是指利用计算机分析表演者的面部表情、姿势和语音信号及其变化过程，进而确定该表演者的内心情绪或思想活动，实现人机之间更智能、自然的交互[155]。基于语音的情感识别研究对增强计算机的智能化和人性化、开发新型人机环境，以及信号处理等相关领域的发展有着重要意义[156]。

语音信号中用于情感识别的特征大致分为三类：韵律特征、音质特征和谱特征，包括音高、共振峰、Mel 滤波器倒谱系数以及 Gammatone 滤波器倒谱系数等。研究结果表明，基于频谱参数对语音情感识别是非常有效的，常见的有 MFCC、GFCC、线性判别倒谱系数(linear prediction cepstral coefficients，LPCC)等[142]。

最常用的 MFCC 是以根据人耳结构设计的 Mel 滤波器进行特征提取的，能提高特征的有效性；Gammatone 滤波器则能精确模拟人耳的听觉效应，且具有极强的鲁棒性[111, 157-158]。目前基于 MFCC 特征进行语音情感识别的研究学者较多，陶建华等人基于 MFCC 特征，将半监督学习引入情感计算，提高了语音情感识别模型的性能[159]。任浩等人采用 MFCC 特征对语音信号进行情感识别，运用主成分分析法进行降维，去除了冗余特征干扰[160]。文献[161]中，张波基于模糊支持向量机提取语音的 MFCC 特征进行了情感识别，提高了语音情感分类的精确度。而基于 GFCC 特征或 MFCC 与 GFCC 混合特征的语音信号识别技术仅在说话人识别领域应用广泛，王华朋等人在噪声环境下基于 GFCC 特征对法庭自动说话人识别系统进行了测试，提高了系统识别率与鲁棒性[162]。文献[70]中，茅正冲等人提取 GFCC 应用于说话人识别系统以提高系统识别率。周萍等人将 MFCC 与 GFCC 混合特征参数应用于说话人识别系统，提高了系统的识别性能与抗噪性[163]。

Mel 滤波器在语音高频部分变稀疏，存在语音高频信号泄漏的问题，而 Gammatone 滤波器能有效避免该局限性。为避免有效情感特征的缺失，本章结合 GFCC 强鲁棒性的特性，提出基于 MFCC 与 GFCC 混合特征进行语言情感识别的方法，分别使用情感语音经 Mel 滤波器组以及 Gammatone 滤波器组得到的特征参数作为情感特征，训练 CNN 模型。该方法的提出对 MFCC 及 GFCC 特征进行了有效混合，避免了基于 MFCC 单特征进行情感识别时不能较好表征语言信号的局限性，提高了语音信号情感识别的准确性，改善了语音情感计算的模型性能，为基于深度学习的语音情感识别研究提供了数据支撑，为对语音压力情感识别的深入研究奠定了理论基础。

7.2.1　基于混合特征的语音情感特征提取

(1)MFCC 特征及提取方法

MFCC 将人耳的听觉感知特性和语音信号的产生机制有机结合，通过对频谱能量谱用三角滤波器变换后得到滤波器组，然后取对数，最后进行反离散余弦变化得到 MFCC，计算公式如下：

$$C_n = \sum_{k=1}^{M} \lg X(k) \cos(\pi(k-0.5)n/M) \quad (n=1, 2, \cdots, L) \tag{7.12}$$

式中，C_n——特征参数；

M——滤波器数目；

$X(k)$——滤波后得到的输出；

L——MFCC 系数的个数，通常取 12~16。

MFCC 特征的具体提取方法如下：

① 将语音信号分成短帧计算功率谱的周期图估计；

② 使功率谱通过 Mel 滤波器组，将每个滤波器的能量求和；

③ 对所有滤波器组的能量取对数；

④ 对对数滤波器组的能量作离散余弦变换(discrete cosine transform，DCT)；

⑤ 保持 DCT 系数 2~24，其余部分丢弃。

MFCC 滤波器组为三角滤波器组(见图 7.5)，模拟人耳对声音的听觉响应，对低频信号采集较多，对高频信号采集较好，能充分模拟人耳的听觉效应，基于语音信号进行识别时具有较高的准确性。但 Mel 滤波器从低频到高频逐渐稀疏，通过滤波器组的高频信号存在泄漏，通常不能较好地表征完整语音，可能存在有效情感特征的缺失。

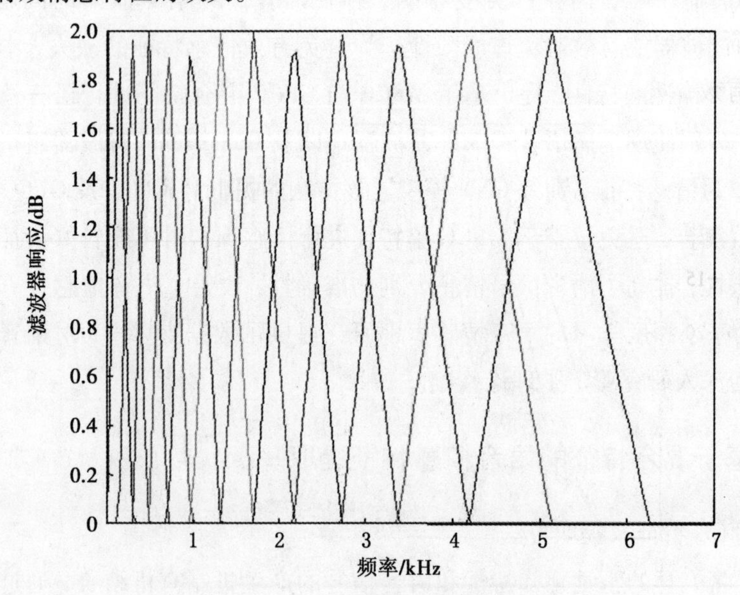

图 7.5 Mel 滤波器组的频率响应

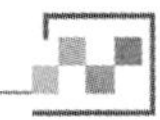

(2)GFCC 特征及提取方法

Gammatone 滤波器是一种基于标准耳蜗结构的滤波器，其时域表达式如下：

$$g_i(t) = A t^{n-1} e^{-2\pi b_i t} \cos(2\pi f_i + \phi_i) U(t) \quad (t \geqslant 0, 1 \leqslant i \leqslant N) \tag{7.13}$$

式中，A——滤波器的增益；

f_i——滤波器的中心频率；

$U(t)$——阶跃函数；

ϕ_i——偏移相位，而人耳相对偏移不敏感，因此为了简化模型，本章取为 0；

n——滤波器的阶数；

N——滤波器数目，通常取 64；

b_i——滤波器的衰减因子，决定当前滤波器对脉冲响应的衰减速度。

GFCC 特征的具体提取方法如下：

① 语音信号通过 64 通道 Gammatone 滤波器组；

② 对各通道滤波相应地取绝对值；

③ 对上述滤波响应的绝对值取对数；

④ 对上述对数结果进行 DCT，减少各维特征之间的相关性。

GFCC 滤波器组模拟人耳耳蜗，用指数压缩替代传统的对数压缩的方式模拟人耳听觉模型处理语音信号的非线性特性，见图 7.6。GFCC 滤波器从低频到高频逐渐密集，对高频语音信号捕捉较好，具有较强的鲁棒性，与 MFCC 特征结合能有效弥补 MFCC 特征的缺陷，提高模型识别性能。

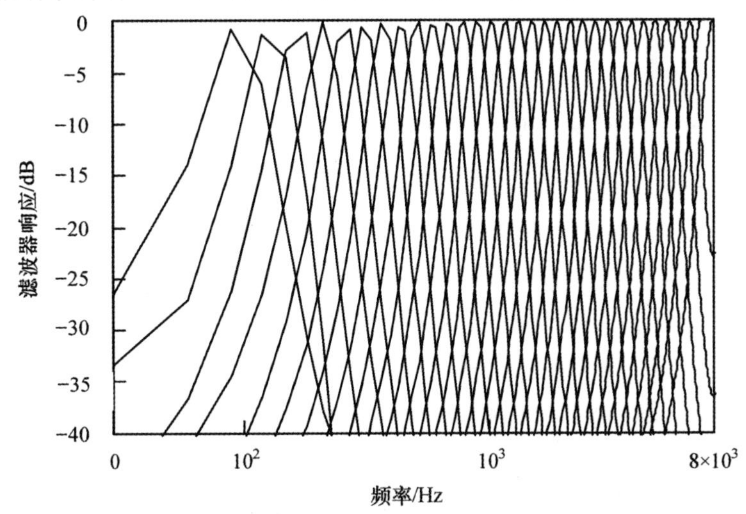

图 7.6　Gammatone 滤波器组的频率响应

(3)混合特征及提取方法

为避免基于单特征进行语音情感识别时有效特征缺失的局限性，结合 MFCC 特征的高准确性与 GFCC 特征的强鲁棒性，提出了基于 MFCC 与 GFCC 混合特征进行语音情感识别的方法，混合特征见下式：

$$M_{mix} = [(M_{MFCC}), (M_{GFCC})] \tag{7.14}$$

7.2.2 基于 CNN 的语音情感识别

(1)CNN

CNN 仿造生物的视觉机制构建，能以较小的计算量对特征进行学习，为深度学习在目标识别和分类领域的较早应用，在语音信号的识别上具有良好的优势。CNN 由输入层、隐藏层和输出层构成，隐藏层包括卷积层、池化层和全连接层。常见 CNN 的结构图见图 7.7。

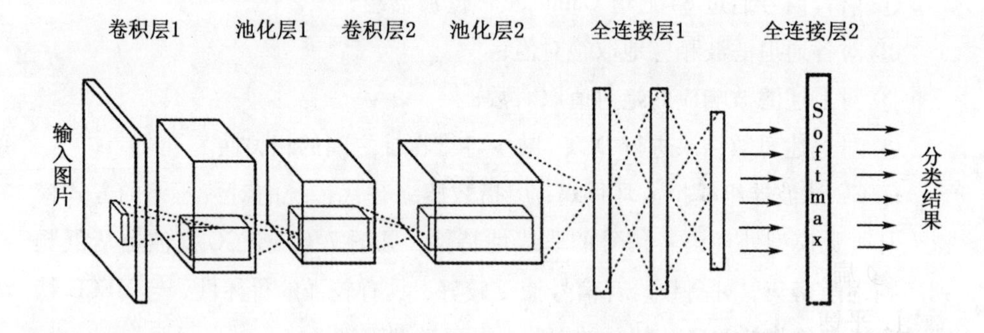

图 7.7 常见 CNN 的结构图

(2)具体实现

由于 MFCC 特征及 GFCC 特征的特征参数以二维形式存在，采用二维 CNN 模型实现对语音的情感分类，迭代次数为 200，步长取 16，隐藏层使用 relu 作为激活函数，全连接层使用 Softmax 函数作分类。

具体实现如下。

① 输入层：输入各语料已提取出的作为特征的大小为 20 × 126 的图像。

② 卷积层 1：滤波器大小为 1 × 5，共有 256 个滤波器，激活函数为 relu，得到 256 个大小为 20 × 122 的特征映射。

③ 卷积层 2：滤波器大小为 1 × 5，共有 128 个滤波器，激活函数为 relu。为避免过拟合，还进行正则系数为 0.001 的 L2 正则化，输出 128 个大小为 20 ×

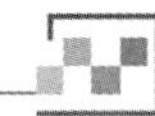

118 的特征映射。

④ 丢弃层 1：避免过拟合现象，对上一层输出进行参数正则化。每次迭代时随机选择一些节点，将它们连同相应的输入和输出以一定概率被一起删掉，取丢弃概率为 0.2。

⑤ 池化层 1：采用最大池化法，由特征映射中 1 × 8 的领域点采样为 1 个点，采样函数如下：

$$\text{pool}_{\max}(R_k) = \max_{i \in R_k} a_i \tag{7.15}$$

输出为 128 个大小为 20 × 14 的特征映射。

⑥ 卷积层 3：共有 128 个 1 × 5 的滤波器，激活函数为 relu，进行 L2 正则化，正则化系数为 0.001，输出为 128 个大小为 20 × 10 的特征映射。

⑦ 丢弃层 2：进行丢弃概率为 0.2 的参数正则化，输出的 128 个特征映射的大小为 20 × 10。

⑧ 卷积层 4：有 128 个 1 × 5 的滤波器，激活函数为 relu，进行 L2 正则化，正则化系数为 0.001，输出为 128 个大小为 20 × 6 的特征映射。

⑨ 丢弃层 3：进行丢弃概率为 0.2 的参数正则化，输出的 128 个特征映射的大小为 20 × 6。

⑩ 池化层 2：采用最大池化法将特征映射中 1 × 3 的领域点采样为 1 个点。

⑪ 扁平化层 1：实现 20 维特征映射的扁平化，将 20 维的数组拉伸为 1 维数组，平铺开来有 5120 个参数。

⑫ 全连接层 1：上一层输出的 5120 个神经元与 60 个神经元全连接。

⑬ 丢弃层 4：进行丢弃概率为 0.2 的参数正则化，输出的一维参数有 60 个。

⑭ 全连接层 2：将上一层的 60 个神经元与 4 个神经元进行全连接，输出 4 个神经元。

⑮ 输出层：通过 Softmax 回归算法将特征映射到目标的 4 个分类。

7.2.3　实验分析

(1)数据库的建立

使用包含 8 个人(其中 4 名为男性，4 名为女性)的普通话情感语料库，分为高兴、生气、悲伤和害怕四种情感，每种情感的语料有 250 条。录制人年龄

为22—25岁，采用日本奥林巴斯株式会社的LS-12微型数码录音机在专业语音采集室进行录制，语料采样率为22.05kHz，采样精度为16位，声道为双声数道，保存为“.wav”格式。录制人被要求以充分饱满的情绪朗读文本内容，包括四种情绪的文本共80条。使用Audition CC软件去除各条语音中的非语言片段，排除语料中非文本内容对识别结果的干扰。

(2)结果与分析

首先分别使用单特征作为特征参数，进行语言情感识别实验。然后使用混合特征对语言进行情感识别。相关研究结果表明，MFCC取前16维时可达全局最高识别率，GFCC取前21维时可达全局最高识别率[164-167]。因此，基于MFCC特征对语音进行情感识别时，采用MFCC特征的前20维作为CNN的特征输入，迭代次数为200次，识别结果见图7.8。

随着迭代次数的增长，训练集和测试集的损失函数都逐渐减少，准确率逐渐上升；从开始迭代到迭代次数达到50次，损失函数和识别率的变化速度逐渐下降；在迭代次数达到50次时，曲线趋近拟合，训练集的损失函数无限趋近于0.5，测试集的损失函数逐渐稳定在1.0附近，见图7.8(a)；训练集的准确率稳定在95%附近，而测试集识准确率稳定在70%左右，见图7.8(b)。显然识别效果并不理想。

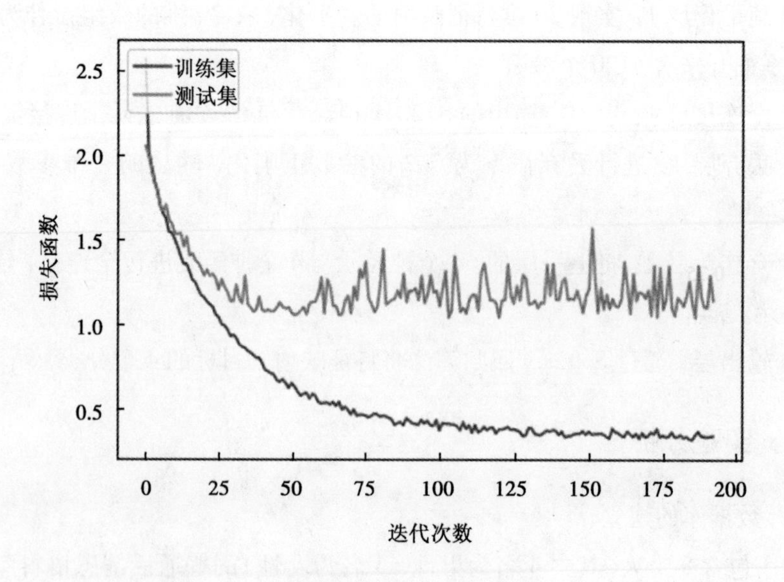

(a)损失函数随迭代次数变化图

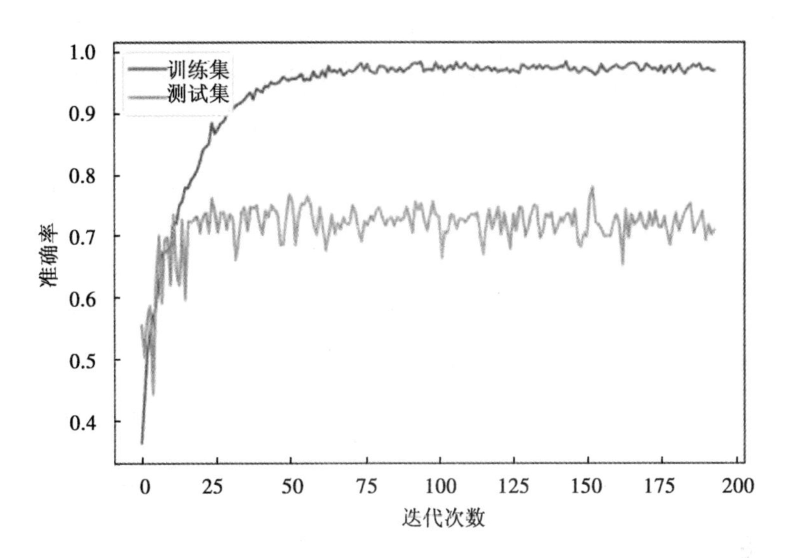

(b)准确率随迭代次数变化图

图 7.8　基于 MFCC 特征的语音情感识别结果

基于 GFCC 对语音进行情感识别时，采用 GFCC 特征的前 21 维作为 CNN 的特征输入，迭代次数为 200 次，识别结果见图 7.9。

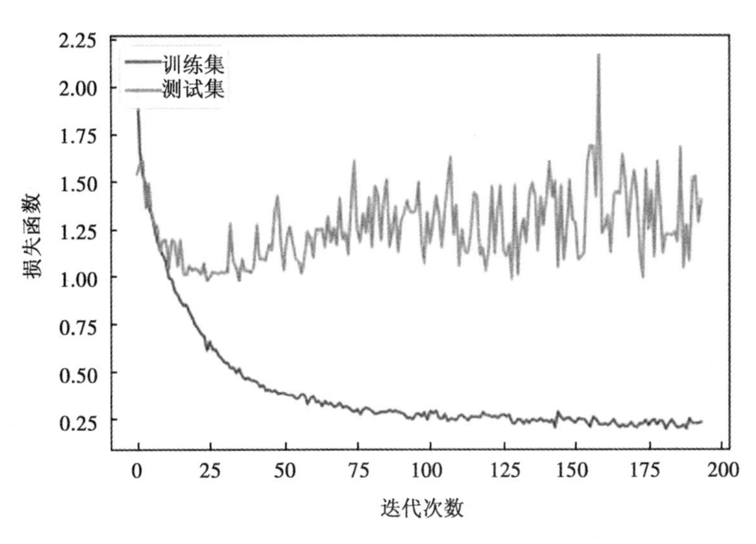

(a)损失函数随迭代次数变化图

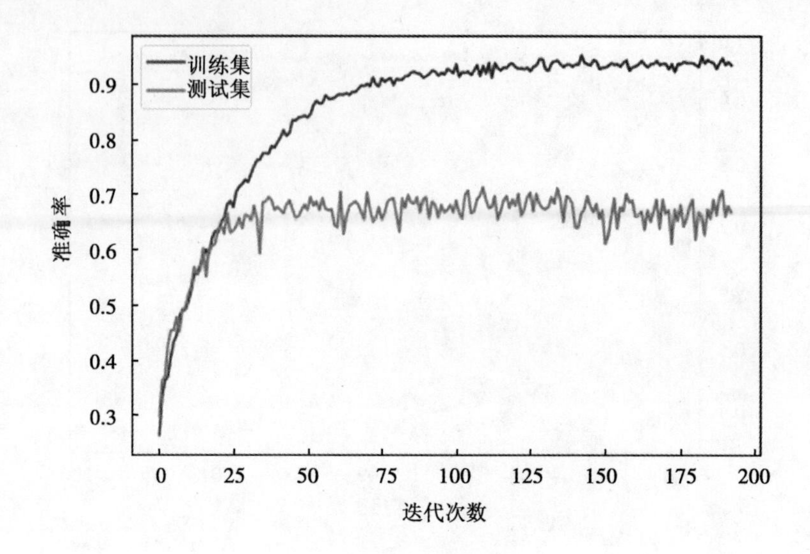

(b)准确率随迭代次数变化图

图 7.9　基于 GFCC 特征的语音情感识别结果

随着迭代次数的上升，损失函数逐渐减少，准确率逐渐上升；从开始迭代到迭代次数达到 25 时，损失函数和准确率的变化速度逐渐减小；在迭代次数达到 25 次时，损失函数和准确率趋近拟合，训练集的损失函数无限趋近于 0.25，而测试集的损失函数趋近于 1.00，见图 7.9(a)；训练集的准确率稳定在 90% 左右，而测试集的准确率稳定在 65%附近，见图 7.9(b)。识别效果不如基于 MFCC 特征的语言情感识别，同样不理想。

为提高情感识别准确率，基于 MFCC 与 GFCC 混合特征对语料进行情感分类，取 MFCC 特征的前 20 维和 GFCC 特征的前 64 维作为 CNN 的特征输入，迭代次数为 200 次，识别结果见图 7.10。

从开始迭代到迭代次数达到 25 次时，损失函数与识别率的变化速度逐渐下降；迭代次数达到 25 次时，损失函数和识别率趋近拟合，训练集的损失函数趋近于 0，而测试集的损失函数趋近于 1.0，见图 7.10(a)；训练集的识别准确率趋近于 98%，而测试集的准确率趋近于 83%，见图 7.10(b)。基于混合特征的语言情感识别达到了全局最高识别率 83%，相比于文献[168]中语言情感识别准确率的 81%，实现了准确率的有效提升。

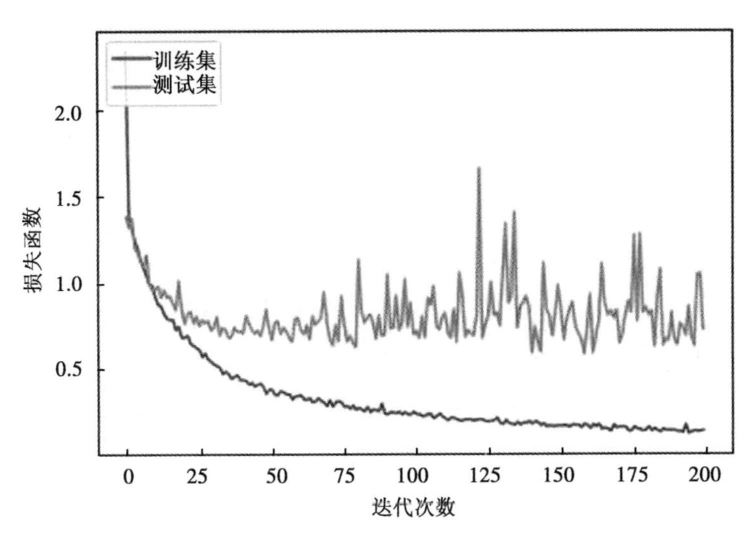

(a)损失函数随迭代次数变化图

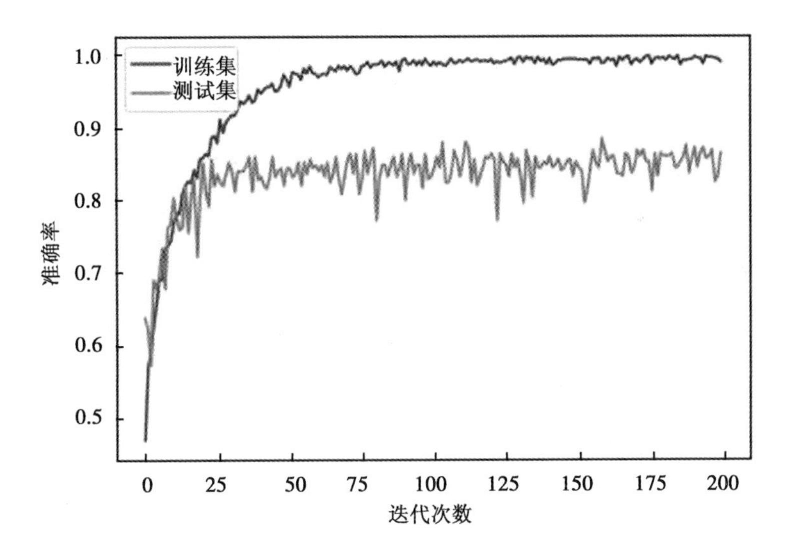

(b)准确率随迭代次数变化图

图 7.10　基于混合特征的语音情感识别结果

7.3 本章小结

本章主要从生理信号和语音信号两方面进行了心理压力分级与识别的研究。首先阐述了如何基于生理信号建模、识别心理压力等级，并将心理压力分为5个等级；然后从语音信号出发，结合MFCC特征的高准确性与GFCC的强鲁棒性，提出了基于混合特征的情感识别方法，识别效果有效提高，为多通道心理压力等级识别研究奠定了理论基础。

第 8 章　不同情感的语音声学特征分析

生活中，人类的情感主要通过表情、语音、动作等方式表达，语音是其中直观获取情感信息的载体，人们在交流过程中通过言语传递的信息，可以将说话人当时所处的情感状态表达出来。语音情感识别技术将会成为未来人机智能交互系统中不可或缺的一部分，随着语音情感识别技术的发展，语音情感识别的相关理论研究也不断成熟。但是在进行语音情感识别时，特征的选择直接影响了识别的效果，对于不同情感的语音声学特征分析可以对特征进行筛选。

目前，对于语音情感理论的研究不断进步。张立华等人进行情感分析时，选择时间构造、能量构造、基频构造和共振峰构造的特征与平静时期的语音特征比对，发现所选择的特征对分辨情感语音有着明显的作用，频谱、能量、基音频率对于分辨悲伤情感效果很好[166]。文献[169]提出语音特征和韵律特征相结合才能表达情感，韵律特征参数的变化是语音信号中情感信息的主要体现，语音信号情感特征的参数，包括韵律特征的参数、韵律特征结合语音学特征的参数。文献[170-171]提出语音声学特征包括韵律学特征、基于谱的特征和音质特征。其中，梅尔倒谱系数(MFCC)在情感识别中表现的性能最优。文献[171]在将语音特征分为韵律特征和基于谱的特征的基础上，提出将语音情感特征分为个性化特征和非个性化特征。

本章选择 CASIA 汉语情感语料库中生气、害怕、高兴、中性、惊讶、悲伤六种情感语音的共振峰频率特征、共振峰走向特征、音节间的过渡特征、音节内的过渡特征、基频曲线特征以及振幅曲线特征进行语音声学特征分析。通过对同一人的相同文本在不同情感下的语音进行声学特征差异性分析，得出不同情感下语音的共振峰动态走向特征、音节内过渡特征和音节间过渡特征稳定性较高，共振峰频率特征、基频曲线特征和振幅曲线特征稳定性较低的结论。

8.1 情感语音文本的选择

CASIA 汉语情感语料库由中国科学院自动化研究所录制，共包括四个专业配音人生气（angry）、高兴（happy）、害怕（fear）、悲伤（sad）、惊讶（surprise）和中性（neutral）的六种情感语音。选用的语料是不同情感下相同文本的语音，这些语料可以用来对比分析不同情感状态下的声学特征及韵律表现。

选用的语音为 CASIA 汉语情感语料库中男声 WANGZHE（下称 W1）和女声 LIUCHANG（下称 L1）中性文本下的生气、害怕、高兴、中性、惊讶、悲伤六种情感的“就是下雨也去”“银行拥有保安”“厂家提供原料”“团结就是力量”“北京召开奥运”“噪声产生污染”“市场制造机”“下雨耽误工作”情感语音。具体语料包括了汉语中的元音韵母、韵母和声母的组合，其中选择/ei/、/an/、/u/进行共振峰频率分析，选择/xiɑ/、/liɑng/进行音节内过渡特征分析，选择/chɑngjiɑ/进行音节间过渡特征分析，选择“市场制造机”进行基频曲线特征分析，选择“下雨耽误工作”进行振幅曲线特征分析。

8.2 情感语音声学特征分析

用 Praat 对选择的语音样本进行数据化分析，通过对语音的声学特征分析，包括元音共振峰频率特征、元音共振峰的动态走向特征、音节内过渡特征、音节间过渡特征、基频曲线特征、振幅曲线特征，确定在生气、害怕、高兴、中性、惊讶、悲伤六种不同情感语音特征的相似性和差异性。

8.2.1 共振峰频率特征

选择 CASIA 汉语情感语料库中 W1 在六种情感语音中的“北”“安”“污”三个音节中的元音/ei/、/an/、/u/进行定量分析，将三个元音的第一共振峰、第二共振峰、第三共振峰和第四共振峰分别测量三次后求平均值为共振峰频率并求出变异率，如表 8.1 所示。变异率是将共振峰频率的差异量化表示，通常用标准变异系数表示变异率，标准变异系数是一组数据的变异指标与其平均指标之比，它是一个相对变异指标，用 CV（coefficient of variance）表示，如下式所

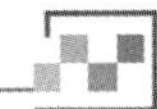

示：

$$CV = \frac{\lambda}{\mu} \tag{8.1}$$

式中，λ——标准差；

μ——均值。

表 8.1　　不同情感的共振峰变异频率

		振峰频率/Hz						变异率/%
		生气	害怕	高兴	中性	悲伤	惊讶	
/ei/	F1	332	325	343	322	337	334	2
	F2	2250	2109	2145	2166	2139	2106	2
	F3	2922	2926	2963	2926	2973	3028	1
	F4	3354	3610	3422	3450	3640	3681	3
/an/	F1	640	575	735	662	600	524	11
	F2	1619	1534	1751	1577	1545	1546	5
	F3	3055	2993	3281	2988	3176	3068	3
	F4	3596	3650	4146	3818	4041	4100	6
/u/	F1	341	336	391	349	352	323	6
	F2	753	678	803	657	868	696	10
	F3	2353	2861	2780	2837	2651	2586	7
	F4	3523	3583	3358	3286	3241	3276	4

不同情感会引起说话者自身心理因素的变化，从而导致声道在发声时产生形变，所以不同情感发音的共振峰频率会出现差异。由表 8.1 中各个情感的共振峰频率、变异率可以看出，不同的情感对于共振峰的频率有一定影响：对元音/ei/的影响较小，其 F1、F2、F3、F4 的变异率均小于 3%；对元音/an/的 F1 影响较大，变异率为 11%，F2、F3、F4 的变异率分别为 5%、3%、6%；对元音/u/的 F2 影响较大，变异率为 10%，F1、F3、F4 的变异率分别为 6%、7%、4%。共振峰频率特征变异率低，说明说话者自身的差异一定小于说话者之间的差异。

8.2.2　共振峰走向特征

共振峰动态特征变化越多的音节，包括说话人自身的语音细节特征越多，比对的价值就越高。直线形共振峰的走向可进行斜度的比对，曲线形共振峰的走向可进行斜度、凸凹、弯曲程度的对比[172-176]。图 8.1 是语料库中 L1“银行拥有保安”六种情感语音中的元音/an/的共振峰动态走向特征。

从图 8.1 可以看出，每一个宽带语图中共振峰的动态走向特征清晰，宽带语图中都出现 F1、F2、F3、F4，并且稳定，F1 呈下降趋势，F2 呈上升状态，F3 不变并且在 2.5kHz 以上，F4 在 3.75kHz 以上，共振峰的倾斜走向、凸凹程度一致。但是中性情感语音的宽带语图的能量比其他情感下的能量高；说话者表达情感时音长的影响会引起宽带语图的变化，惊讶情感语音的时长较长，导致宽带语图的长度比其他情感语音的宽带语图要长。不同的情感对元音共振峰动态走向特征的影响较小，而且六种不同情感语音的宽带语图之间的差异属于个体自身的差异。

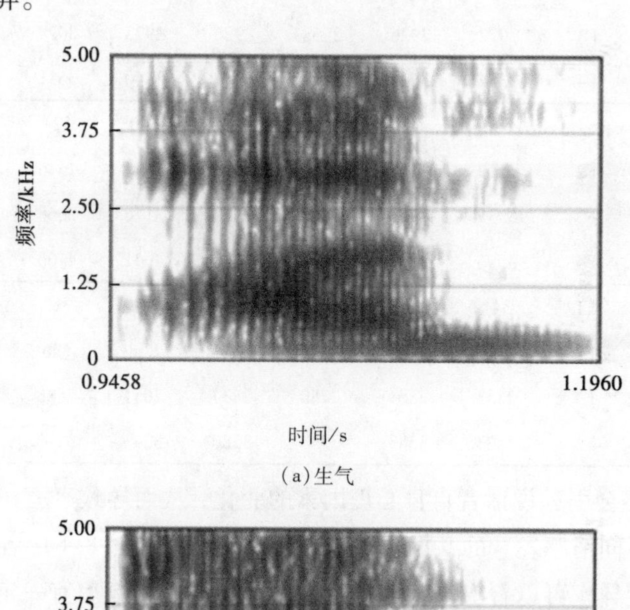

(a)生气

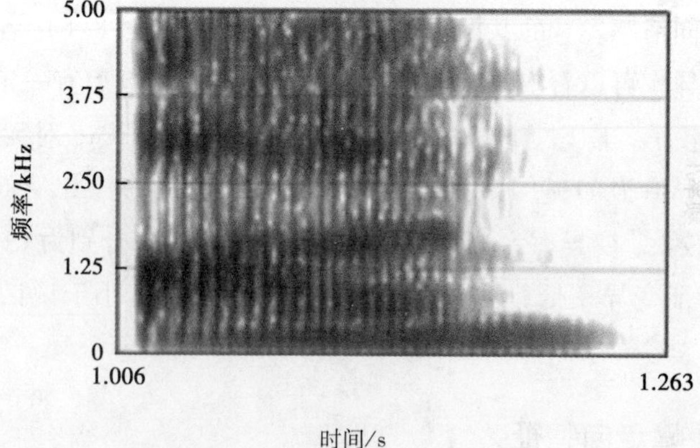

(b)害怕

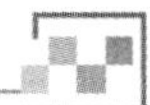

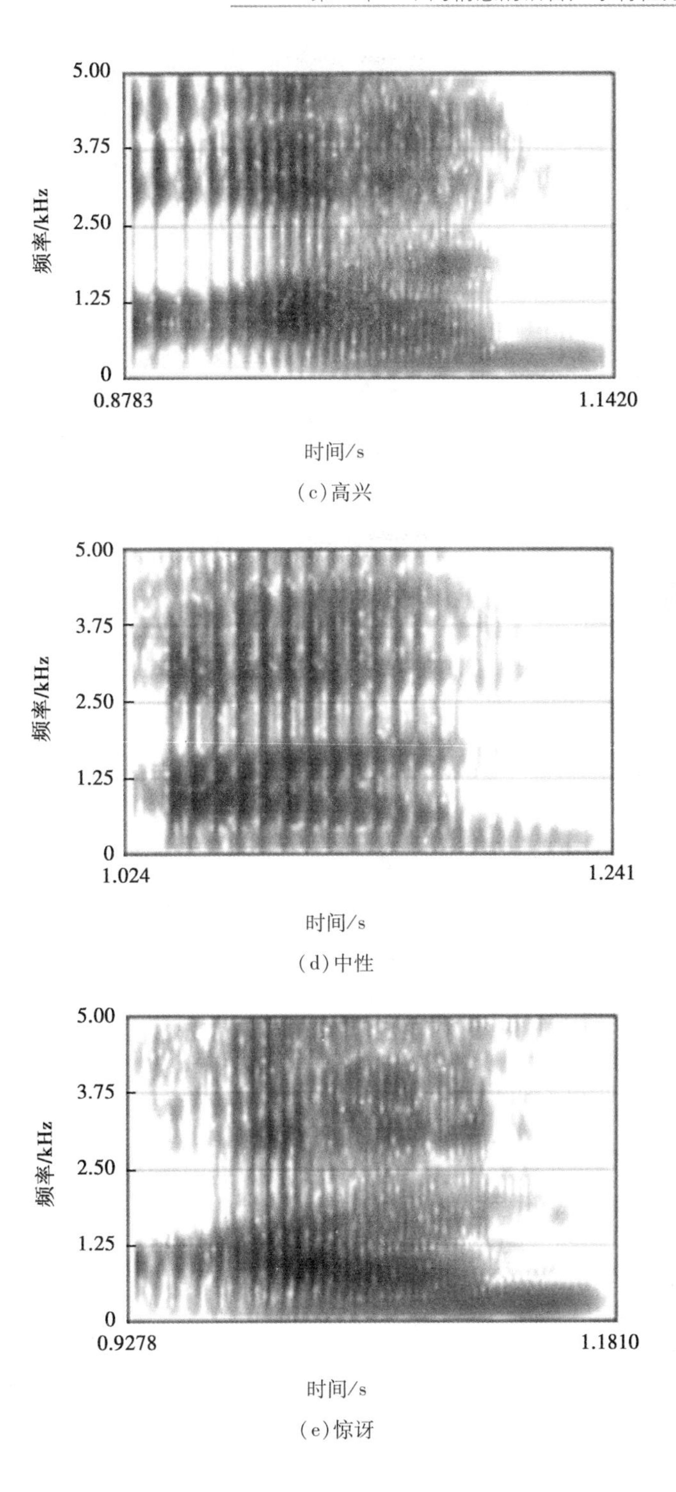
5.00
3.75
2.50
1.25
0
频率/kHz
0.8783
1.1420
时间/s

(c)高兴

5.00
3.75
2.50
1.25
0
频率/kHz
1.024
1.241
时间/s

(d)中性

5.00
3.75
2.50
1.25
0
频率/kHz
0.9278
1.1810
时间/s

(e)惊讶

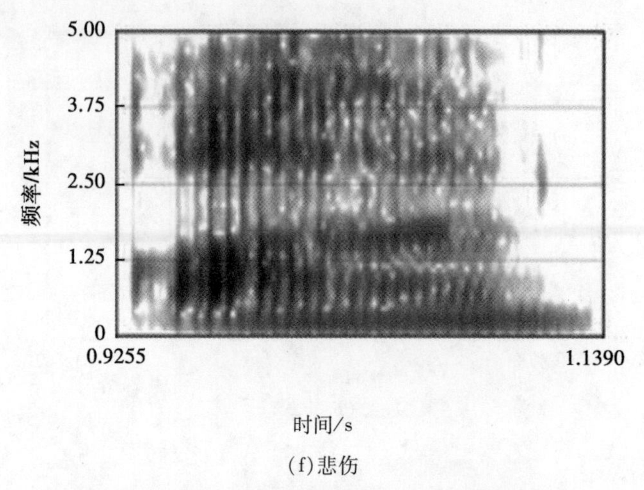

(f)悲伤

图 8.1 语音/an/在六种情感下的共振峰走向特征

8.2.3 音节内过渡特征

音节内过渡特征包括声母和韵母、韵母与鼻韵尾之间衔接过渡段所表现出来的动态性特征，在不同的情感下观察它们的共振峰是否具有连续性、稳定性、相似性，以及各共振峰之间的界限和联系、共振峰的变化特征，判断音节内过渡特征是否存在差异。图 8.2 是语料库中 W1“就是下雨也去”六种情感语音中“下雨”/xiayu/中/xia/的辅音/x/到复合元音/ia/的过渡特征，图 8.3 是语料库中 W1“团结就是力量”六种情感下汉字“量”/liang/中的元音/i/到复合元音/ang/之间的过渡特征。

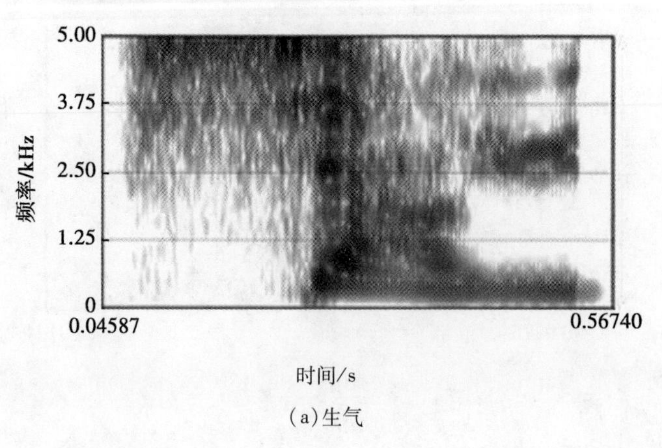

(a)生气

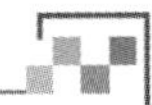

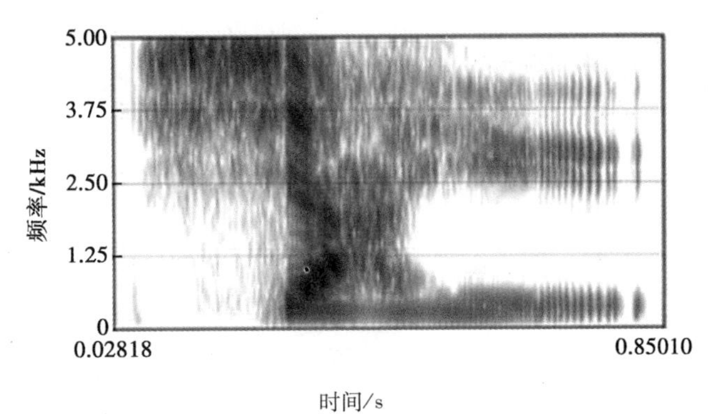
5.00
3.75
2.50
1.25
0
频率/kHz
0.02818
0.85010
时间/s

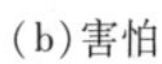

(b)害怕

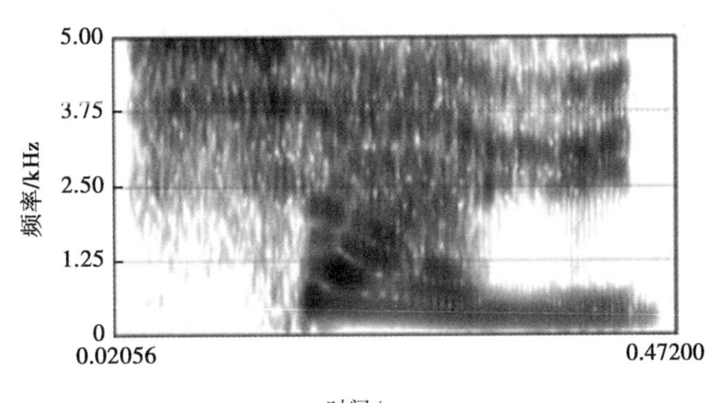
5.00
3.75
2.50
1.25
0
频率/kHz
0.02056
0.47200
时间/s

(c)高兴

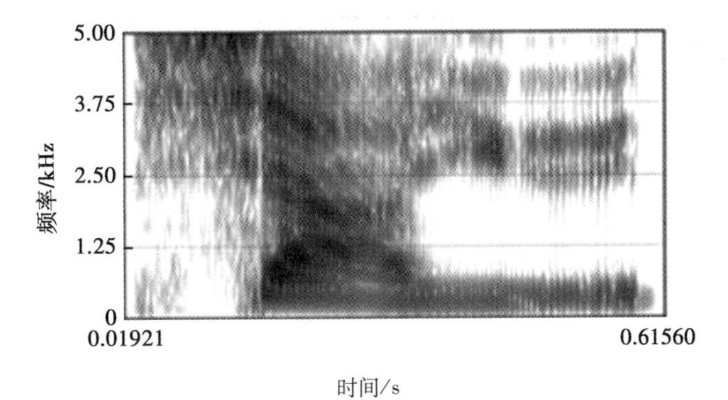
5.00
3.75
2.50
1.25
0
频率/kHz
0.01921
0.61560
时间/s

(d)中性

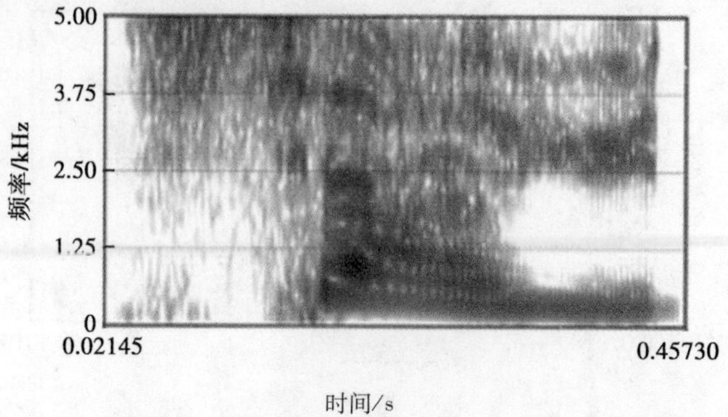

(e)惊讶

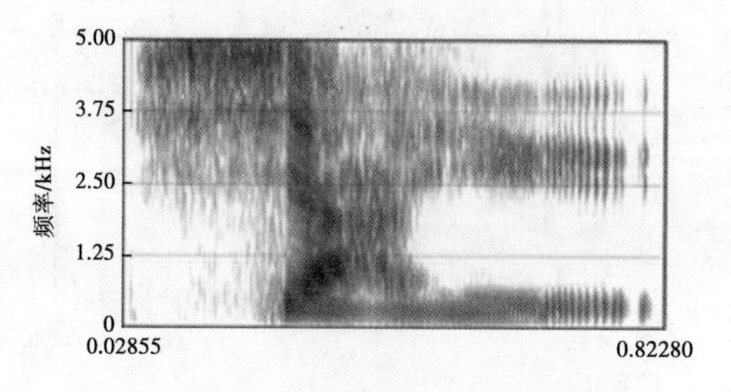

(f)悲伤

图 8.2　语音/xiɑ/在六种情感下的宽带语图

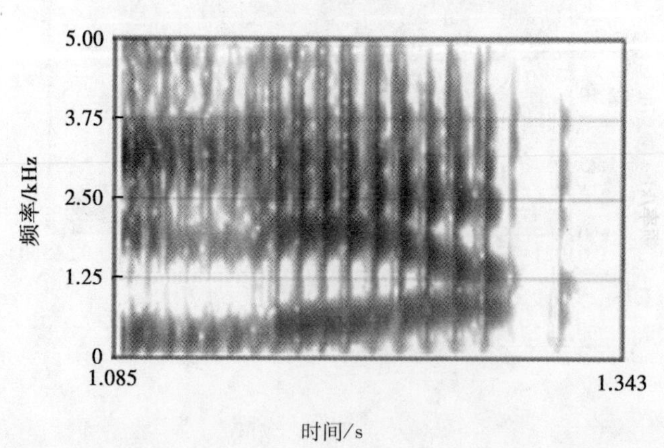

(a)生气

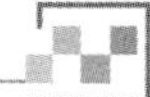

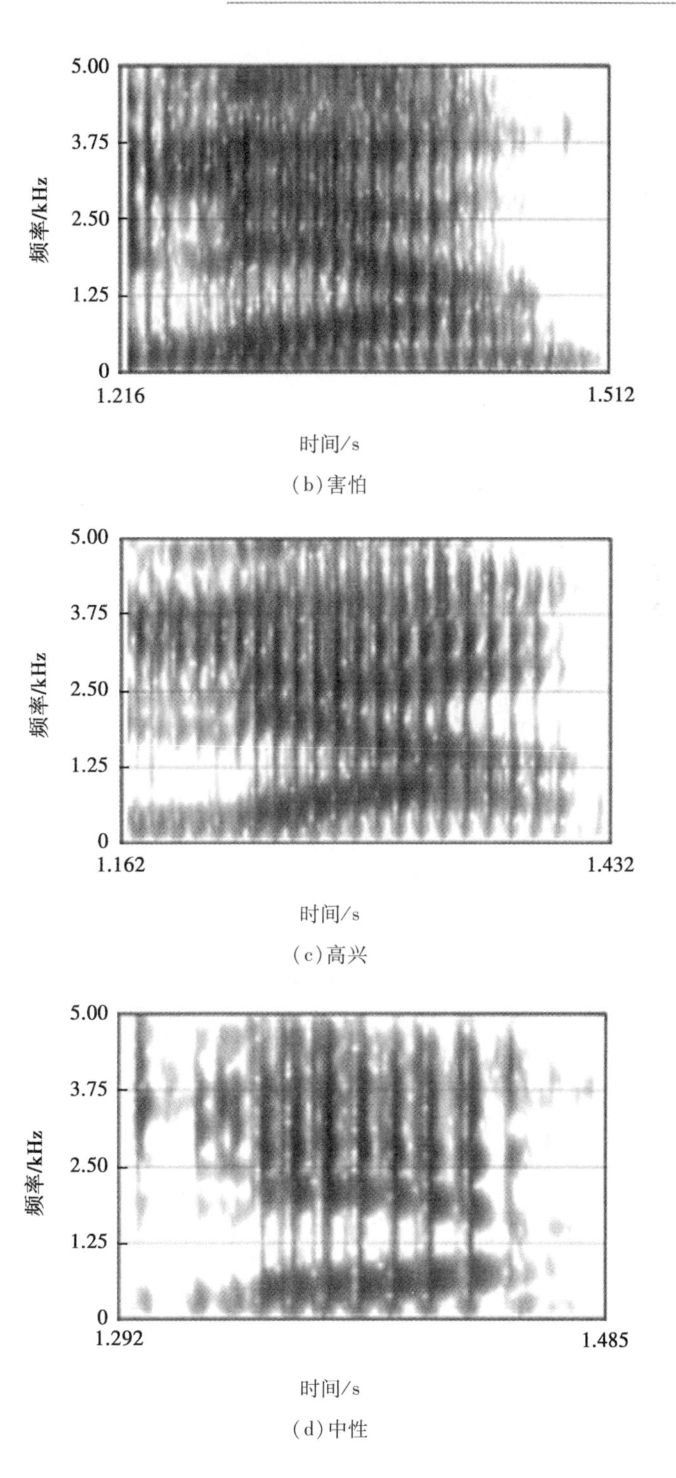
5.00
3.75
2.50
1.25
0
频率/kHz
1.216
1.512
时间/s

(b)害怕

5.00
3.75
2.50
1.25
0
频率/kHz
1.162
1.432
时间/s

(c)高兴

5.00
3.75
2.50
1.25
0
频率/kHz
1.292
1.485
时间/s

(d)中性

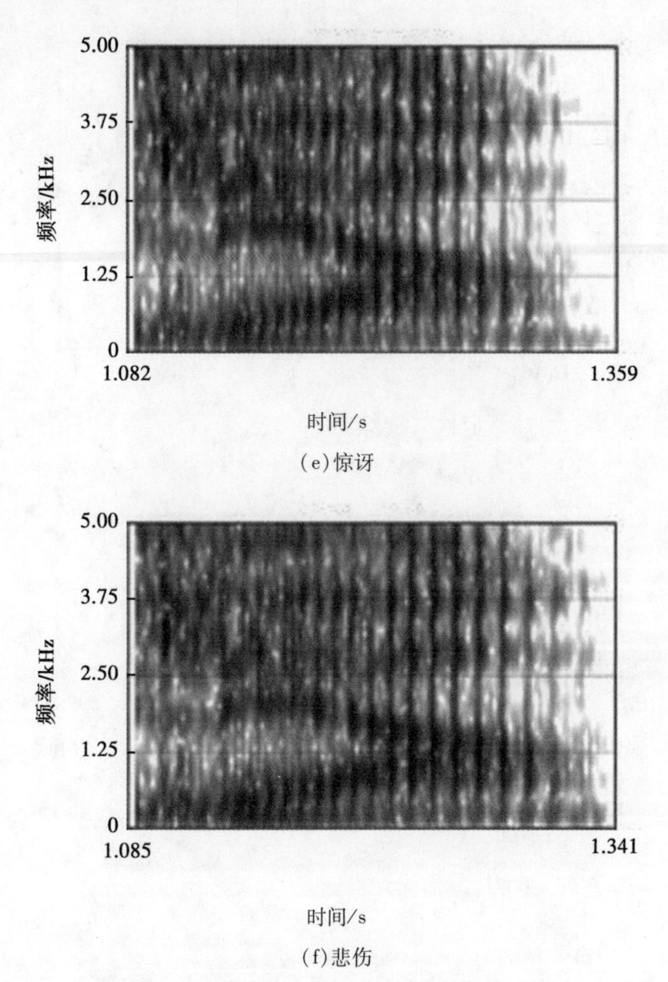

(e)惊讶

(f)悲伤

图 8.3　语音/liɑng/在六种情感下的宽带语图

(1)前音渡特征

从图 8.2 可以看出宽带语图中前半部分/xiɑ/的辅音声母和韵母元音衔接处的过渡特征的走向形态。对六种情感的宽带语图进行比对，同一个人在不同情感下发相同音的前音渡走向形态反映一致，过渡段清晰、明显，高频乱纹后面接着的 F1 是上扬的趋势，F2、F3 为下降的趋势。前音渡特征中过渡段变化形态一致，但是说话者发音的语速、时长以及音强的不同会引起说话者自身的差异。

(2)后音渡特征

从图 8.3 可以看出韵母元音/i/和鼻韵尾/ɑng/衔接处过渡特征的走向特征。六种情感下的后音渡形态特征明显、清晰，同一个人在不同情感下发相同

音的后音渡特征差异较小，衔接处的特征相似且衔接较紧，共振峰的动态运动趋势一致，F1 呈上升趋势，F2 呈下降趋势，F3 出现轻微的下降趋势，F4 没有出现上升或下降趋势，过渡段的走向特征稳定，但是发音时音强和音高的不同，引起各个情感语音的共振峰能量不同。

8.2.4　音节间过渡特征

音节间过渡特征是两个音节连接时，前音节韵尾和后音节声母之间过渡段的走向形态特征。对不同情感影响下的语音样本进行音节间的过渡特征的观察、分析，根据过渡段的稳定性、连续性等特点来判断同一人在不同情感下语音的过渡特征和宽带语图是否有明显差异，图 8.4 是语音库 W1 中“厂家提供原料”六种情感语音中“厂家”/changjia/的“厂”字音节的元音/ang/和“家”字音节的辅音/j/的过渡特征。

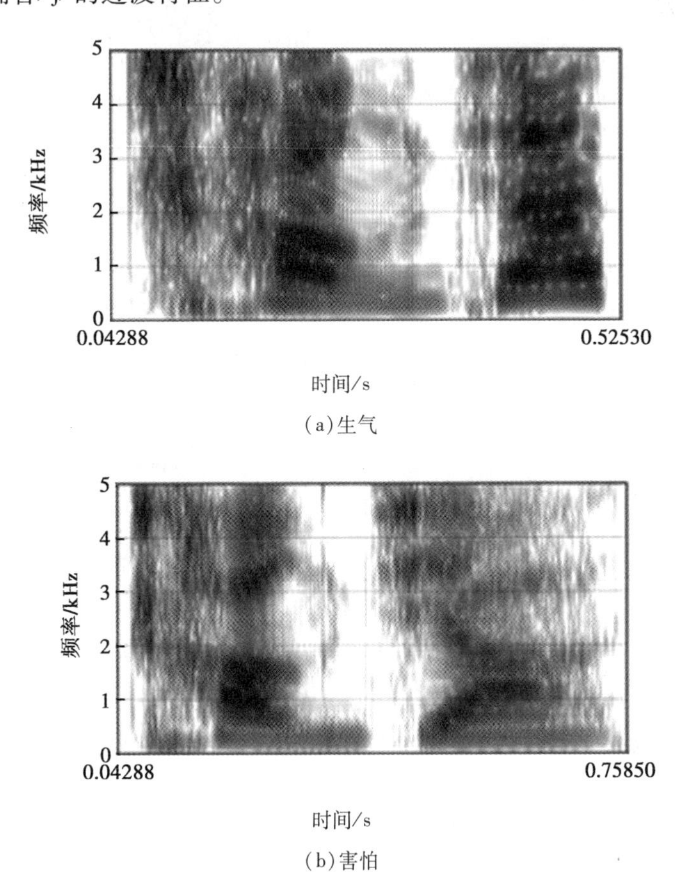

(a)生气

(b)害怕

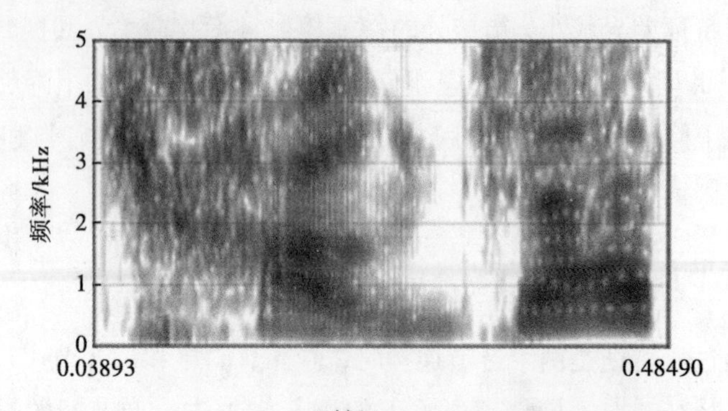
5
4
3
2
1
0
频率/kHz
0.03893
0.48490
时间/s

(c)高兴

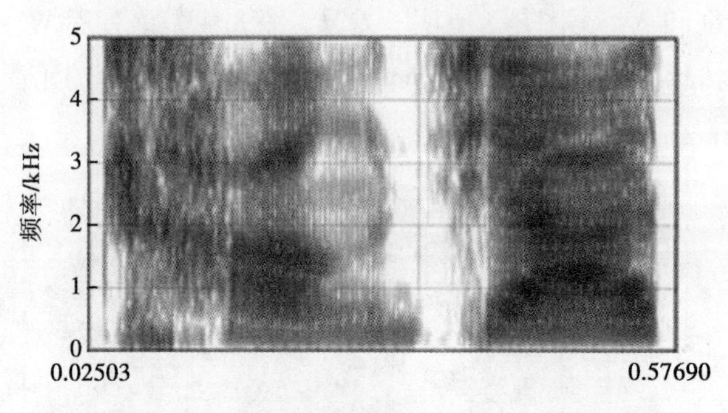
5
4
3
2
1
0
频率/kHz
0.02503
0.57690
时间/s

(d)中性

5
4
3
2
1
0
频率/kHz
0.02758
0.45750
时间/s

(e)惊讶

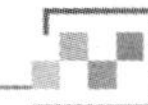

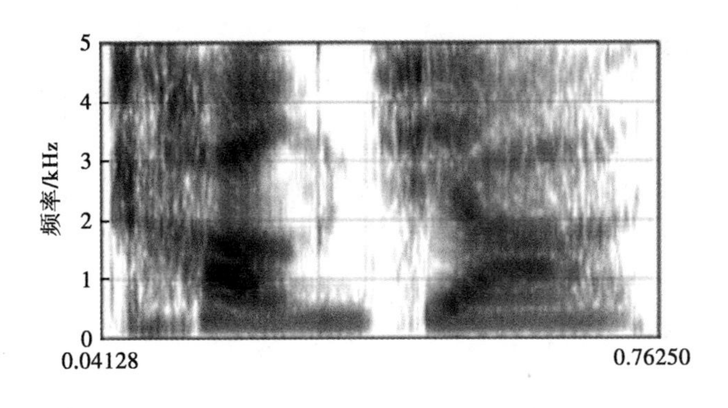

时间/s

(f)悲伤

图 8.4　语音/changjia/在六种情感下的宽带语图

从图 8.4 可以看出，同一人语音在不同情感下的过渡特征基本保持一致，从/ang/过渡到/j/都出现了冲直条、空白段，且过渡段的走向形态特征稳定。所以同一个人在不同情感下发同一种音时，音节间元音向元音过渡特征表现具有稳定性，且受到情感因素的影响较小。由于表达感情的发音方式不同，受语速、音长、强度的影响，同样也会表现出个体自身的差异。

由于音节间过渡特征的反映形态和共振峰的频率起始位置的稳定性较强，所以同一人在发相同音节时，音节间的过渡特征的相似性高，并且同一个人在不同情感下发相同音时音节间的过渡特征的差异是个体自身的差异。

8.2.5　基频曲线特征

基频曲线反映基音频率随时间的变化规律，即声调曲线。相对于共振峰走向特征、语音的过渡特征，基频曲线特征在不同情感下不一定稳定。选择语料库中 L1“市场制造机”六种情感语音进行基频曲线特征分析，如图 8.5 所示。

从图 8.5 可以看出，同一个人在不同情感下的相同语音基频曲线的基本走向是一致的，但是各个情感下的基频曲线并没有重合，由于说话者在表达不同情感时，受心理或生理作用引起声带的变异，基频曲线表现出一定的差异，所以不同的情感对同一说话人语音的基频曲线会产生影响。最后两个音节中由于声调的不同，不同情感下的基频曲线特征差异较大。

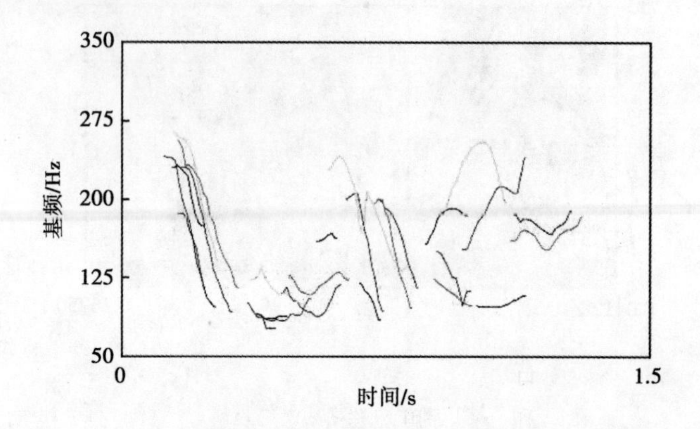

图 8.5 “市场制造机”基频曲线

8.2.6 振幅曲线特征

振幅曲线反映的是语音强度随时间变化的规律，振幅曲线的差别可以从曲线的走向、拐点数目和极差等方面进行比对分析。选择语料库中 L1“下雨耽误工作”六种情感语音进行振幅曲线特征分析，如图 8.6 所示。

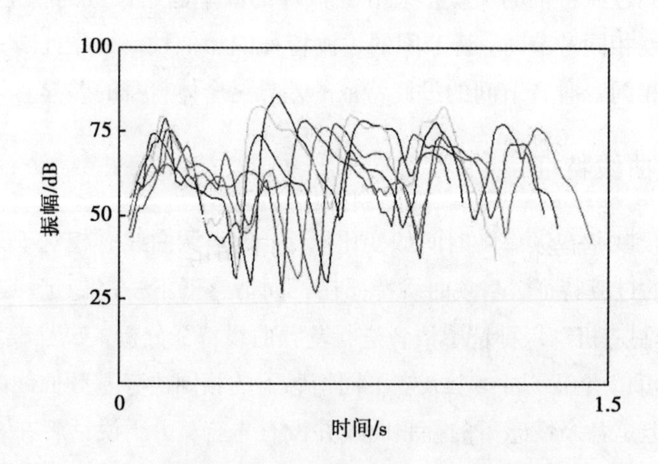

图 8.6 “下雨耽误工作”振幅曲线

从图 8.6 可以看出，振幅曲线差异点很大，起始点和结束点的动态趋势保持一致，但是高低起伏的位置差异点较大、没有同一性，图中所反映出来的能量大小也存在较大差异，宏观有相似性，但是微观局部并不具备可比性。同一个人在不同情感下发音的振幅曲线差异点较大，说话者受心理或生理的影响，

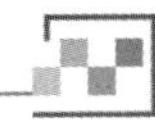

音强会发生较大的变化，从而引起振幅曲线的较大波动，特征不稳定，不同情感对同一说话人语音的振幅曲线会产生影响。

8.3　情感语音声学特征分析结果

① 同一个人在不同情感下的元音共振峰频率特征并不稳定，会随着情感而变化。通过定量分析，发现共振峰频率差异较大，但不同情感语音共振峰的变异率小于 10%或在 10%左右。

② 共振峰的倾斜程度和凸凹程度反映一致，并且细节存在的差异属于自身差异。共振峰走向特征稳定，是特征比对的定性重要参量，应用价值较高。

③ 音节间过渡特征、音节内过渡特征在宽带语图中过渡衔接特征稳定，高兴、悲伤、惊讶、中性、悲伤、害怕情感之间的差异小，说明情感对音节内过渡特征和音节间过渡特征的影响较小。

④ 通过分析发现，每个人的基频曲线特征和振幅曲线特征的稳定性低，会由于受到心理和生理因素的影响而产生一定的变动，二者的应用价值不大，因此在进行语音情感分析时，只能作为辅助分析。

8.4　本章小结

本章通过基于 CASIA 汉语情感语料库中生气、害怕、高兴、中性、惊讶、悲伤六种情感语音的声学特征变异分析，得出如下结论:同一个人的语音在不同情感下表现的特征差异均为非本质差异；同一人在相同文本的不同情感下，发音方式及发音的响度、能量不同，使得说话者自身出现差异；不同情感下的语音共振峰的形态、走向、过渡特征的稳定性较高，语音情感的不同并不能引起较强的个体差异性和改变其自身同一性。

研究不同情感下语音声学特征的变化规律，能够为语音情感识别中特征选择提供理论依据，在司法实务工作中，为语音的比对分析提供参考。

参考文献

[1] 胡航.现代语音信号处理[M].北京:电子工业出版社,2014.

[2] 科大讯飞.探索语音识别技术的前世今生[J].科技导报,2016,36(9):76-77.

[3] 傅秋良,陈芳,袁保宗,等.汉语语音闭环识别理解结构[J].铁道学报,1997(6):68-72.

[4] 王毅.基于聚类结合 HMM 对模糊语义语音识别的研究[D].兰州:兰州理工大学,2013.

[5] 李国强.语音识别的自适应算法研究[D].北京:中国科学院声学研究所,1999.

[6] 孙延冰.嵌入式语音识别系统的研究与实现[D].贵阳:贵州大学,2009.

[7] Cao Y, Huang T Y, Xu B, et al. A stochastically-based study on Chinese tone patterns in continuous speech[J]. Acta Automatica Sinica, 2004, 30(2): 191-198.

[8] 李虹,徐小力,吴国新,等.基于 MFCC 的语音情感特征提取研究[J].电子测量与仪器学报,2017,31(3):448-453.

[9] 李津涛.语音特征参数提取的仿真研究[J].中国新通信,2009,11(9):52-54.

[10] 石海燕.语音信号特征参数研究[J].电脑知识与技术,2008,1(4):754-757.

[11] 林俊潜.基于神经网络和小波变换的语音识别系统研究[D].广州:广东工业大学,2013.

[12] 吴大为.基于 HMM 模型改进算法的语音识别系统[D].哈尔滨:哈尔滨工业大学,2012.

[13] 陈立伟.基于 HMM 和 ANN 的汉语语音识别[D].哈尔滨:哈尔滨工程大

学,2005.

[14] Xin M, Gu W, Wang J. Speech emotion recognition with MPCA and kernel partial least squares regression[J]. Journal of Computers, 2014, 9(4): 998-1004.

[15] Gales M, Watanabe S, Fosler L E. Structured discriminative models for speech recognition: an overview[J]. IEEE Signal Processing Magazine, 2012, 29(6): 70-81.

[16] Shen H, Liu G, Guo J. Two-stage model-based feature compensation for robust speech recognition[J]. Computing, 2012, 94(1): 1-20.

[17] 杨福涛.基于 HMM 的汉语数字语音识别系统研究与实现[D].沈阳:东北大学,2007.

[18] 史海成,王春艳,张媛媛.浅谈模式识别[J].今日科苑,2007(22):169.

[19] 籍顺心.汉语语音合成:原理和技术[J].声学学报,2012(3):131.

[20] 冯志伟.计算语言学的历史回顾与现状分析[J].上海外国语大学学报,2011,34(1):9-17.

[21] 冯志伟.形式语言理论[J].计算机科学,1979(1):36-59.

[22] 柳春.语音识别技术研究进展[J].甘肃科技,2008,24(9):41-43.

[23] 冯志伟.自然语言处理的历史与现状[J].中国外语,2008,5(1):14-22.

[24] 宋轶.互联网语音交互通信平台[D].北京:中国科学院声学研究所,2000.

[25] 杨笔锋.基于改进训练算法的 HMM 语音识别技术研究[D].长沙:湖南大学,2010.

[26] 冯志伟.自然语言处理的学科定位[J].解放军外国语学院学报,2005,28(3):1-8.

[27] 向前.基于文本的说话人辨识研究[D].合肥:安徽大学,2014.

[28] 陈炜杰.噪声环境下的说话人识别技术研究[D].杭州:浙江工业大学,2008.

[29] 张丽,王福忠,张涛.基于小波分析和 HMM 的语音识别模型建立与仿真[J].计算机与现代化,2007(9):72-75.

[30] 刘欢,王骏,林其光,等.时域和频域特征相融合的语音端点检测新方法[J].江苏科技大学学报(自然科学版),2017,31(1):73-78.

[31] 傅菁菁.基于时域频域联合的连续语音关键词识别技术研究[D].兰州:

兰州大学,2017.

[32] 金学骥,叶秀清,顾伟康.预加重与 MMSE 结合的语音增强方法[J].传感技术学报,2005,18(2):300-302.

[33] 罗海涛.语音信号的前期处理[J].福建电脑,2018(5):91-92.

[34] 张俊敏,刘开培,汪立,等.基于乘法窗函数的插值 FFT 的谐波分析方法[J].电力系统保护与控制,2016,44(13):1-5.

[35] 赵学智,叶邦彦,陈统坚.短时傅里叶变换的时频聚集性度量准则研究[J].振动、测试与诊断,2017,37(5):948-956.

[36] Bendory T, Eldar Y C, Boumal N. Non-convex phase retrieval from STFT measurements[J].IEEE Transactions on Information Theory, 2018, 64(1): 467-484.

[37] 李富强,万红,黄俊杰.基于 MATLAB 的语谱图显示与分析[J].微计算机信息,2005,21(20):172-174.

[38] Dennis J, Tran H D, Li H.Spectrogram image feature for sound event classification in mismatched conditions[J].IEEE Signal Processing Letters,2010,18(2):130-133.

[39] 潘迪,梁士利,魏莹,等.语谱图傅里叶变换的二字汉语词汇语音识别[J].现代电子技术,2017,40(16):13-18.

[40] 孙海英.基于倒谱特征和浊音特性的语音端点检测方法的研究[D].青岛:青岛科技大学,2008.

[41] 赵立.语音信号处理[M].北京:机械工业出版社,2005.

[42] 韩纪庆,张磊,郑铁然.语音信号处理[M].北京:清华大学出版社,2004.

[43] 中国生,敖丽萍,赵奎.基于小波包能量谱爆炸参量对爆破振动信号能量分布的影响[J].爆炸与冲击,2009,29(3):300-305.

[44] 宋知用.MATLAB 在语音信号分析与合成中的应用[M].北京:北京航空航天大学出版社,2013:118-129.

[45] 王钟斐,王彪,李建文.基于小波包的语音谱熵端点检测方法研究[J].计算机与数字工程,2011,39(4):1-4.

[46] 苏晓庆.基于小波包变换的变形时间序列数据分析方法的研究[D].淄博:山东理工大学,2008.

[47] 张贤达.现代信号处理[M].3 版.北京:清华大学出版社,2015.

[48] Seman N, Bakar Z A, Bakar N A. An evaluation of endpoint detection measures for malay speech recognition of an isolated words[J]. Information Technology, 2010(10):1628-1635.

[49] Morita S, Unoki M, Lu X, et al. Robust voice activity detection based on concept of modulation transfer function in noisy reverberant environments[J]. Journal of Signal Processing Systems, 2016, 82(2):163-173.

[50] Di W U, Zhao H, Huang C, et al. Speech endpoint detection in low-SNRs environment based on perception spectrogram structure boundary parameter[J]. Chinese Journal of Acoustics, 2014, 39(4):392-399.

[51] 李晶皎,安冬,王骄.基于 EEMD 和 ICA 的语音去噪方法[J].东北大学学报(自然科学版),2011,32(11):1554-1557.

[52] Eshaghi M, Mollaei M R K. Voice activity detection based on using wavelet packet[J]. Digital Signal Processing, 2010, 20(4):1102-1115.

[53] LU Y, Zhou N, Xiao K, et al. Improved speech endpoint detection algorithm in strong noise environment[J]. Journal of Computer Applications, 2014, 34(5):1386-1390.

[54] Liang Y S, Su W Y. Fractal dimensions of fractional integral of continuous functions[J]. Acta Mathematica Sinica (English Series), 2016, 32(12):1494-1508.

[55] 刘悦,王晓婷.短时频域分形端点检测算法[J].微电子与计算机,2015,32(9):82-84.

[56] Ali Z, Elamvazuthi I, Alsulaiman M, et al. Detection of voice pathology using fractal dimension in a multiresolution analysis of normal and disordered speech signals[J]. Journal of Medical Systems, 2016, 40(1):20-21.

[57] 申希兵,韦容,杨毅.基于频域能量分布的分形维数提取型研究[J].控制工程,2016,23(6):834-838.

[58] Jia L, Yin Y, Yang H C. Endpoint detection of noisy speech based on fractal dimension [J]. Journal of Shenyang Aerospace University, 2017, 34(5):63-67.

[59] 张志敏,郭英,王博.一种基于倒谱特征的语音端点检测改进算法[J].电声技术,2016(4):40-43.

[60] Sun L, Su M, Yang Z. An adaptive speech endpoint detection method in low SNR environments[J]. International Journal of Speech Technology, 2017, 20(5): 1-8.

[61] Ezeiza A, Karmele L de I, Carmen H, et al. Enhancing the feature extraction process for automatic speech recognition with fractal dimensions[J]. Cognitive Computation, 2013, 5(4): 545-550.

[62] Dede G S, Murat H. Speech recognition with artificial neural networks[J]. Digital Signal Processing, 2010, 20(3): 763-768.

[63] Zhou B, Hansen J H. Unsupervised audio stream segmentation and clustering via the Bayesian information criterion[C]//Conference of the International Speech Communication Association, 2000: 714-717.

[64] Wang D, Vogt R J, Mason M, et al. Automatic audio segmentation using the generalized likelihood ratio[C]//International Conference on Signal Processing and Communication Systems, 2008: 1-5.

[65] Harb H, Chen L. Audio-based description and structuring of videos[J]. International Journal on Digital Libraries, 2006, 6(1): 70-81.

[66] 马勇.说话人分割与聚类的关键技术研究[D].北京:北京工业大学,2015.

[67] 郑凯鹏.基于混合倒谱 MFCC 和 GFCC 的声纹识别方法的研究[D].桂林:桂林电子科技大学,2017.

[68] 王华朋.基于听觉模型的法庭语音证据特征量化[J].中国刑警学院学报,2018(1):119-122.

[69] 胡峰松,曹孝玉.基于 Gammatone 滤波器组的听觉特征提取[J].计算机工程,2012(11):169-171.

[70] 茅正冲,王正创,王丹.基于 Gammatone 滤波器组的听觉特征提取[J].计算机工程与应用,2015,51(1):200-203.

[71] 李庆先,卞昕.基于 Gammatone 滤波器组的客观语音质量评估[J].计算机技术与自动化,2016(3):76-80.

[72] 林海波,王可佳.一种新的听觉特征提取算法研究[J].南京邮电大学学报(自然科学版),2017(2):27-32.

[73] 朱唯鑫.多人对话场景下的说话人分割聚类研究[D].合肥:中国科学技术大学,2017.

[74] 薛昊.基于 BIC 的通用音频分割方法研究[D].哈尔滨:哈尔滨工业大学,2010.

[75] 郑继明,俞佳.基于 GLR 距离和 BIC 的混合音频分割算法[J].计算机工程与设计,2009,30(13):3120-3123.

[76] 孙卫国,夏秀渝,乔立能,等.面向音频检索的音频分割和标注研究[J].微型机与应用,2017(5):38-41.

[77] 胡江强,郭晨,李铁山.启发式自适应免疫克隆算法[J].哈尔滨工程大学学报,2007,28(1):1-5.

[78] Ting H N, Yong B F, Mirhassani S M. Self-adjustable neural network for speech recognition[J]. Engineering Applications of Artificial Intelligence, 2013,26(9):2022-2027.

[79] Soliman M I,Mohamed S A.A highly efficient implementation of a backpropagation learning algorithm using matrix ISA[J].Journal of Parallel & Distributed Computing,2008,68(7):949-961.

[80] 郑永红.声纹识别技术的发展及应用策略[J].科技风,2017(21):9-10.

[81] 李慧慧.基于深度学习的短语音说话人识别研究[D].郑州:郑州大学,2016.

[82] Kinnunen T,Li H.An overview of text-independent speaker recognition:from features to supervectors[J].Speech Communication,2010,52(1):12-40.

[83] Perrot P,Morel M,Razik J,et al.Vocal forgery in forensic sciences[M]//Forensics in telecommunications, information and multimedia. Berlin: Springer Press,2009:179-185.

[84] 张翠玲.伪装语音的声学研究[D].天津:南开大学,2005.

[85] Stoll L L.Finding difficult speakers in automatic speaker recognition[D].Berkely,CA:University of California at Berkeley,2011.

[86] Perrot P,Chollet G.The question of disguised voice[J].Journal of the Acoustical Society of America,2008,123(5):3878.

[87] 陈越,王梓鑫,周盛恺,等.常见伪装语音样本真伪性的相关研究[J].科学家,2017,5(5):63-64.

[88] 申小虎,金恬,张长珍,等.假声伪装语音同一认定的可行性分析[J].中国刑警学院学报,2018(2):124-128.

[89] 李燕萍,陶定元,林乐.基于 DTW 模型补偿的伪装语音说话人识别研究[J].计算机技术与发展,2017,27(1):93-96.

[90] Campbell J P.Speaker recognition:a tutorial[J].Proceedings of the IEEE,1997,85(9):1437-1462.

[91] Baig F,Beg S,Khan M F.Speaker recognition based appliances remote control for severely disabled,low vision and old aged persons[J].Inae Letters,2018(5):1-9.

[92] Rabiner L.A tutorial on hidden markov models and selected applications in speech recognition[C]//Proc. of the IEEE,1989:257-286.

[93] Reynolds D A.Speaker identification and verification using gaussian mixture speaker models[J].Speech Communication,1995,17(1/2):91-108.

[94] Reich A R.Detecting the presence of vocal disguise in the male voice[J].Journal of the Acoustical Society of America,1981,69(5):1458.

[95] Hollien H,Majewski W.Speaker identification by long-term spectra under normal and distorted speech conditions[J].Journal of the Acoustical Society of America,1977,62(4):975-980.

[96] Rodman R, Powell M.Computer recognition of speakers who disguise their voice[C]//ICSPAT,2000.

[97] Matveev Y.The problem of voice template aging in speaker recognition systems[M]//Speech and Computer.Berlin:Springer Press,2013.

[98] Wu H, Wang Y, Huang J.Identification of electronic disguised voices[J].IEEE Transactions on Information Forensics & Security,2014,9(3):489-500.

[99] Wu Z,Khodabakhsh A,Demiroglu C,et al.SAS:a speaker verification spoofing database containing diverse attacks[C]//IEEE International Conference on Acoustics,Speech and Signal Processing,2015:4440-4444.

[100] Wang Y,Wu H,Huang J.Verification of hidden speaker behind transformation disguised voices[M].New York:Academic Press,2015.

[101] 张巍.伪装语音的听觉识别研究[J].科技视界,2016(13):10-12.

[102] 李燕萍,林乐,陶定元.基于 GMM 统计特性的电子伪装语音鉴定研究[J].计算机技术与发展,2017,27(1):103-106.

[103] 张仕良.基于深度神经网络的语音识别模型研究[D].合肥:中国科学技术大学,2017.

[104] Geoffrey E H,Simon O,Yee W T.A fast learning algorithm for deep belief nets[J].Neural Computation,2006,18(7):1527-1554.

[105] Delalleau O,Bengio Y.Shallow vs.deep sum-product networks[J].Advances in Neural Information Processing Systems,2011,10(1):666-674.

[106] Schmidhuber J.Deep learning in neural networks:an overview[J].Neural Networks,2015,61:85-117.

[107] He K,Zhang X,Ren S,et al.Deep residual learning for image recognition [C]//Computer Vision and Pattern Recognition.Las Vegas,2016:770-778.

[108] 李银国,欧阳希子,郑方.语音识别中听觉特征的噪声鲁棒性分析[J].清华大学学报(自然科学版),2013(8):1082-1086.

[109] Jothilakshmi S,Ramalingam V,Palanivel S.Unsupervised speaker segmentation with residual phase and MFCC features[J].Expert Systems with Applications,2009,36(6):9799-9804.

[110] 魏艳,张雪英.噪声条件下的语音特征 PLP 参数的提取[J].太原理工大学学报,2009,40(3):222-224.

[111] Qi J,Wang D,Jiang Y,et al.Auditory features based on gammatone filters for robust speech recognition[C]//IEEE International Symposium on Circuits and Systems,2013:305-308.

[112] 房安栋.复杂背景下声纹特征提取与识别[D].长沙:中南林业科技大学,2014.

[113] Djellali H,Laskri M T.Random vector quantisation modelling in automatic speaker verification[J].International Journal of Biometrics,2013,5(3):248-265.

[114] Huda S,Yearwood J,Togneri R.Hybrid metaheuristic approaches to the expectation maximization for estimation of the hidden Markov model for signal modeling[J].IEEE Transactions on Cybernetics,2014,44(10):1962.

[115] Tang Z,Shen F,Zhao J.Speaker recognition based on SOINN and incremental learning gaussian mixture model[C]//International Joint Conference on Neural Networks,2013:1-6.

[116] Ferras M, Leung C C, Barras C, et al. Comparison of speaker adaptation methods as feature extraction for SVM-based speaker recognition[J]. IEEE Transactions on Audio Speech & Language Processing, 2010, 18(6): 1366-1378.

[117] 鄞勇.基于深度学习的说话人识别建模研究[D].重庆:重庆大学,2016.

[118] 余凯,贾磊,陈雨强,等.深度学习的昨天、今天和明天[C]//中国计算机学会人工智能会议,2013.

[119] Bakir G, Hofmann T, Schölkopf B, et al. Energy-based models[C]. Cambridge, MA: MIT Press, 2007: 191-246.

[120] 鄞勇,熊庆宇,石为人,等.一种基于受限玻尔兹曼机的说话人特征提取算法[J].仪器仪表学报,2016,37(2):256-262.

[121] Abdollahi M, Nasersharif B. Noise adaptive deep belief network for robust speech features extraction[C]//Electrical Engineering, 2017.

[122] Huang J T, Li J, Gong Y. An analysis of convolutional neural networks for speech recognition[C]//IEEE International Conference on Acoustics, 2015.

[123] 郭丽丽,丁世飞.深度学习研究进展[J].计算机科学,2015,42(5):28-33.

[124] 耿国胜.基于深度学习的说话人识别技术研究[D].大连:大连理工大学,2014.

[125] Dahl G E, Yu D, Deng L, et al. Large vocabulary continuous speech recognition with context-dependent DBN-HMMS[C]//IEEE International Conference on Acoustics, Speech and Signal Processing, 2011: 4688-4691.

[126] 孙捷.基于文本提示的说话人识别系统的研究和实现[D].合肥:中国科学技术大学,2005.

[127] 张翠玲.法庭语音技术研究[M].北京:中国社会出版社,2009.

[128] Han F, Zheng J J. Improved resonance peak detection alogrithm based on LPC[J]. Electronic Design Engineering, 2017, 25(17): 85-89.

[129] 陈世雄,宫琴,金慧君.用 Gammatone 滤波器组仿真人耳基底膜的特性[J].清华大学学报(自然科学版),2008,48(6):1044-1048.

[130] 郑鑫.基于深度神经网络的声学特征学习及音素识别的研究[D].北京:清华大学,2014.

[131] Bengio Y, Lamblin P, Dan P, et al. Greedy layer-wise training of deep net-

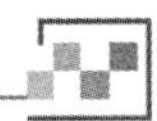

works[J]. Advances in Neural Information Processing Systems, 2007, 19: 153-160.

[132] Geoffrey E H. A practical guide to training restricted Boltzmann machines [J].Momentum,2012,9(1):599-619.

[133] 李飞,高晓光,万开方.基于动态 Gibbs 采样的 RBM 训练算法研究[J].自动化学报,2016,42(6):931-942.

[134] 胡洋.基于马尔可夫链蒙特卡罗方法的 RBM 学习算法改进[D].上海:上海交通大学,2012.

[135] Mohamed A R, Dahl G E, Hinton G. Acoustic modeling using deep belief networks[J]. IEEE Transactions on Audio Speech & Language Processing, 2011, 20(1):14-22.

[136] Srivastava N, Hinton G, Krizhevsky A, et al. Dropout: a simple way to prevent neural networks from overfitting[J]. Journal of Machine Learning Research, 2014, 15(1):1929-1958.

[137] Sasha L S. Individual differences in the association between subjective stress and heart rate are related to psychological and physical well-being[J]. Association for Psychological Science, 2019, 2:1-14.

[138] Huikueat M. Assessment of surgical stress during general anaesthesia[J]. British Journal of Anaesthesia, 2007, 98(4):447-455.

[139] Wennervirta J. Surgical stress index as a measure of nociception/antinociception balance during deneral anaesthesia [J]. Acta Anaesthesia Scand, 2008, 52(8):1038-1045.

[140] 乔明明,曹雪飞.警务反恐与心理危机干预的问卷调查分析[J].铁道警察学院学报,2015,25(4):89-93.

[141] 刘光远,温万惠,陈通.人体生理信号的情感计算方法[M].北京:科学出版社,2014:11-23.

[142] 毛启容.语音情感特征提取及识别方法研究[D].镇江:江苏大学,2009.

[143] 陈义峰.心理压力指数测量系统研制及其分析方法研究[D].武汉:武汉理工大学,2014:1-63.

[144] 王坤.压力状态下的心跳生理模式研究[D].重庆:西南大学,2017.

[145] Mao Q, Wang X, Zhan Y. Speech emotion recognition method based on se-

lective features and decision binary tree[J].Journal of Computational Information Systems.2008,4(4):1795-1801.

[146] Zeng Z H, Pantic M J, Roisman G I, et al. A survey of affect recognition methods: audio, visual and spontaneous expressions [J]. IEEE Transactions on Pattern Analysis and Machine Intellegence, 2009, 31(1):39-58.

[147] Xie B, Chen L, Chen G C, et al. Statistical feature selection for mandarin speech emotion recognition [C]//International Conference on Intelligent Computing, 2005:591-600.

[148] Sethu V, Ambikairajah E, Epps J. Speaker normalization for speech-based emotion detion[C]//15th International Conference on Digital Signal Processing, 2007:611-614.

[149] 闫利华.FCBF 特征选择算法优化及基于语音的心理压力评估研究[D].兰州:兰州大学,2017.

[150] 李娜.基于脑电和语音信号的心理压力识别研究[D].兰州:兰州大学,2014.

[151] Ei Ayadi M, Kamel M S, Karray F. Survey on speech emotion recognition: features, classification schemes, and databases [J]. Pattern Recognition, 2011, 44(3):572-587.

[152] 易克初.语音信号处理[M].北京:国防工业出版社,2000:234-265.

[153] 尤鸣宇.语音情感识别的关键技术研究[D].杭州:浙江大学,2007.

[154] 韩文静,李海峰,阮华斌,等.语音情感识别研究进展综述[J].软件学报,2014:25(1):37-50.

[155] Zhan Y Z, Shen R R, Zhang J M.3-D personalized face reconstruction based on multi-layer and multi-region with RBFs [M]. Berlin: Springer Press, 2006:775-784.

[156] 詹永照.视觉语音情感识别[D].北京:科学出版社,2018.

[157] Wang Y, Qian Z H, Wang X, et al. An auditory feature extraction algorithm based on gammatone filter-banks[J]. Acta Electronica Sinica, 2010, 38(3):525-528.

[158] Shi X, Yang H, Zhou P. Robust speaker recognition based on improved GFCC [C]//International Conference on Computer and Communications, 2017:

1927-1931.

[159] Tao J H, Huang T, Li Y. Semi-supervised ladder networks for speech emotion recognition[J]. International Journal of Automation and Computing, 2019: 16 (4): 437-448.

[160] 任浩,叶亮,李月,等.基于多级SVM分类等语音情感识别算法[J].计算机应用研究,2017,34(6):1682-1684.

[161] 张波.基于改进模糊支持向量机算法的语音情感识别研究[D].太原:太原理工大学,2018.

[162] 王华朋,姜囡,晁亚东,等.噪声环境下法庭语音证据量化评价方法[J].计算机应用与软件,2019:36(7):65-68.

[163] 周萍,沈昊,郑凯鹏.基于MFCC与GFCC混合特征参数的说话人识别[J].应用科学学报,2019,37(1):24-32.

[164] 钱向民.包含在语音信号中情感特征的分析[J].电子技术应用,2000(5):18-20.

[165] 赵力,钱向民,邹采荣,等.语音信号中的情感特征分析和识别的研究[J].通信学报,2000(10):18-24.

[166] 张立华,杨莹春.情感语音变化规律的特征分析[J].清华大学学报(自然科学版),2008(Sl):652-657.

[167] 陈建厦.语音情感识别综述[C]//第一届中国情感计算及智能交互学术会议论文集,2003:6.

[168] 邵兵,杜鹏飞.基于卷积神经网络的语言情感识别方法[J].科技创新导报,2016,8(7):87-90.

[169] 姜晓庆,田岚,崔国辉.多语种情感语音的韵律特征分析和情感识别研究[J].声学学报,2006(3):217-221.

[170] 余伶俐,蔡自兴,陈明义.语音信号的情感特征分析与识别研究综述[J].电路与系统学报,2007(4):76-84.

[171] 张雪英,孙颖,张卫,等.语音情感识别的关键技术[J].太原理工大学学报,2015,46(6):629-636,643.

[172] 刘振焘,徐建平,吴敏,等.语音情感特征提取及其降维方法综述[J].计算机学报,2018,41(12):2833-2851.

[173] 岳俊发.语音识别与鉴定[M].北京:中国人民公安大学出版社,2007.

[174] 王薇,杨丽萍,魏丽,等.语音情感特征的提取与分析[J].实验室研究与探索,2013,32(7):91-94,191.

[175] Jiang Y T, Deng K F, Wu C X. Speech emotion feature analysis based on emotion fingerprints[C]//IOP Conference Series: Materials Science and Engineering, 2018: 1-4.

[176] 李文华,姜林.中文语音情感常用特征识别性能分析[J].智能计算机与应用,2017,7(2):56-58.